普通高等教育电子电气类"十三五"规划系列教材

印刷电路板设计实用教程
——Protel DXP 2004 SP4

主　编　刘会衡
副主编　刘　蔚　李明辉

本书精选配套资源

西南交通大学出版社
·成　都·

图书在版编目（CIP）数据

印刷电路板设计实用教程：Protel DXP 2004 SP4 / 刘会衡主编. —成都：西南交通大学出版社，2016.8（2021.8 重印）
普通高等教育电子电气类"十三五"规划系列教材
ISBN 978-7-5643-4917-2

Ⅰ. ①印… Ⅱ. ①刘… Ⅲ. ①印刷电路 – 计算机辅助设计 – 应用软件 – 高等学校 – 教材 Ⅳ. ①TN410.2

中国版本图书馆 CIP 数据核字（2016）第 194345 号

普通高等教育电子电气类"十三五"规划系列教材

印刷电路板设计实用教程
——Protel DXP 2004 SP4
主编　刘会衡

责 任 编 辑	宋彦博
封 面 设 计	墨创文化
出 版 发 行	西南交通大学出版社 （四川省成都市二环路北一段 111 号 西南交通大学创新大厦 21 楼）
发 行 部 电 话	028-87600564　028-87600533
邮 政 编 码	610031
网　　　　址	http://www.xnjdcbs.com
印　　　　刷	四川森林印务有限责任公司
成 品 尺 寸	185 mm × 260 mm
印　　　　张	19.5
字　　　　数	487 千
版　　　　次	2016 年 8 月第 1 版
印　　　　次	2021 年 8 月第 4 次
书　　　　号	ISBN 978-7-5643-4917-2
定　　　　价	39.80 元

课件咨询电话：028-81435775
图书如有印装质量问题　本社负责退换
版权所有　盗版必究　举报电话：028-87600562

前言

Protel DXP 2004 是 Altium 公司于 2004 年推出的一款功能强大的电子电路设计软件。2005 年，Altium 公司对 Protel DXP 2004 进行了升级，推出了 Protel DXP 2004 SP4 版，它也是 Altium Designer 的初期版本。虽然目前已经推出了多个版本的 Altium Designer，但其基本功能仍保持了 Protel DXP 2004 SP4 的特点。同时，在各个高校和科研院所，Protel DXP 2004 仍是当下使用最广泛、最受欢迎的电子电路设计软件。因此，本书以 Protel DXP 2004 SP4 为基础来阐述 PCB（印刷电路板）的设计方法。使用 Altium Designer 版本的用户也可以本书为参考。

本书将 PCB 设计的内容和方法分成了三部分：

第一部分是 Protel DXP 2004 SP4 的功能概述和基本操作，对应第 1 章内容。这部分主要介绍了 Protel DXP 2004 SP4 的基本特点和应用领域；软件的安装与卸载方法；未打开任何文件时系统的工作界面、菜单栏和工具栏；Protel DXP 2004 文件的组织与管理方式；文件的基本操作和工作流程。这部分内容是 PCB 设计的基础内容，旨在让读者了解 Protel DXP 2004 SP4 的特点和应用领域，熟悉 Protel DXP 2004 SP4 的工作界面，掌握文件的基本操作方法和设计流程。

第二部分是电路原理图设计的内容和方法，由第 2 章~第 6 章组成。这部分内容简要介绍了原理图绘图环境下的菜单栏和工具栏、原理图图纸及相关参数的设置；详细阐述了原理图的设计方法，包括元器件库的管理与操作、元器件的放置与编辑、原理图布线工具的使用、原理图对象的编辑、原理图绘图工具的使用等操作；介绍了原理图元器件库的管理、元器件的制作与报表生成；说明了原理图绘制完成后的编译、报表生成以及原理图输出等原理图设计后处理；讲解了层次原理图的基本概念及自顶向下和自底向上两种设计方法。这部分内容是本书的重点内容，是设计 PCB 的基础。通过学习，读者应该掌握原理图（包括层次原理图）的设计方法，以及元器件的制作方法，从而能自行设计一张电路原理图。

第三部分是 PCB 设计的内容和方法，由第 7 章~第 10 章组成。这部分内容简要介绍了 PCB 环境参数和系统参数的设置、PCB 绘图环境下的菜单栏和工具栏、板层和工作层以及 PCB 文件的创建方法；详细阐述了 PCB 的设计方法，包括规划电路板、PCB 布线工具的使用、加载元器件封装库和数据、元器件的调整和布局、PCB 设计规则、自动布线和手工布线等内容；介绍了 PCB 封装库的管理、元器件封装的制作与报表生成；说明了 PCB 设计完成后的补滴泪、放置敷铜、DRC 检查、报表生成、Gerber 文件输出以及 PCB 文件打印等 PCB 设计后处理。这部分内容同样是本书的重点内容。通过对这部分内容的学习，读者应该掌握 PCB 的设计方法，以及元器件封装的制作方法，从而能在设计电路原理图的基础上，完成 PCB 的设计工作。

在设计电路原理图和 PCB 的过程中，Protel DXP 2004 SP4 提供了许多快捷键供用户使用，以提高设计速度和效率。为了方便读者查阅，本书最后详细列出了软件的各种快捷键，并进行了功能说明。

本书具有如下特色：

1. 项目驱动，案例教学

本书采用"案例教学法"，在实际项目"声控显示电路"的驱动下，教会读者如何根据项目需求，一步一步地设计电路原理图和 PCB。这样不仅让读者学会了软件操作方法，而且让读者收获了项目设计的工程经验。

2. 讲练结合，应用性强

本书在每章最后都配有"实训操作"内容，以便读者在学习完各章内容后进行上机操作，以巩固所学的知识。只有将讲与练有效结合，才能切实提高读者的实践技能和应用能力。

3. 简明实用，通俗易懂

本书的编写融入了编者多年的教学经验，尽量用通俗易懂的语言和简明扼要的描述方式来阐述每一个知识点，以锻炼实际操作技能为目的，让读者通过对本书的学习具备设计 PCB 的能力。

本书适合作为高校"电子线路 CAD"课程的教材，也可作为 PCB 设计的培训教材和工程参考用书。

本书由刘会衡任主编，刘蔚、李明辉任副主编。第 1、2、6、7 章由刘蔚编写，第 3、8、10 章由刘会衡编写，第 4、5、9 章由李明辉编写。全书由刘会衡统稿。

本书在编写与出版过程中，得到了西南交通大学出版社王小龙、宋彦博编辑的热情帮助和支持，在此表示感谢。

由于编者水平有限，书中难免存在不足之处，敬请广大读者批评指正。

刘会衡

2016 年 8 月

目录

第1章　Protel DXP 2004 SP4 概述 ... 1
- 1.1 Protel DXP 2004 SP4 简介 ... 2
- 1.2 Protel DXP 2004 SP4 的安装与卸载 ... 4
- 1.3 Protel DXP 2004 SP4 工作界面 ... 7
- 1.4 Protel DXP 2004 SP4 文件管理与基本操作 ... 18
- 1.5 Protel DXP 2004 SP4 工作流程 ... 26
- 实训操作 ... 27

第2章　原理图绘图环境设置 ... 28
- 2.1 原理图的设计流程 ... 29
- 2.2 原理图设计环境 ... 30
- 2.3 原理图图纸的设置 ... 41
- 实训操作 ... 50

第3章　原理图设计 ... 51
- 3.1 原理图创建与保存 ... 52
- 3.2 元器件库操作 ... 55
- 3.3 元器件放置与编辑 ... 65
- 3.4 原理图布线工具的使用 ... 81
- 3.5 原理图对象编辑 ... 92
- 3.6 原理图绘图工具的使用 ... 104
- 3.7 原理图的其他操作 ... 111
- 实训操作 ... 122

第4章　原理图元器件制作与管理 ... 124
- 4.1 元器件库的编辑管理 ... 125
- 4.2 创建项目元器件库 ... 130
- 4.3 原理图的元器件符号制作 ... 132
- 4.4 生成元器件报表 ... 140
- 实训操作 ... 142

第5章　原理图设计后处理 ... 144
- 5.1 原理图的编译 ... 145
- 5.2 原理图报表 ... 148
- 5.3 原理图的输出 ... 153
- 实训操作 ... 155

第 6 章 层次原理图设计 156
6.1 层次原理图设计的概念及优点 157
6.2 层次原理图设计方法 157
6.3 建立层次原理图 158
6.4 层次原理图之间的切换 170
实训操作 172

第 7 章 PCB 绘图环境设置 175
7.1 PCB 的设计流程 176
7.2 PCB 的基本知识 177
7.3 PCB 参数设置 186
7.4 PCB 编辑器 193
7.5 PCB 文档基本操作 199
实训操作 205

第 8 章 PCB 设计 206
8.1 规划电路板 207
8.2 PCB 布线工具的使用 211
8.3 加载元器件封装库和 PCB 数据 223
8.4 元器件调整与布局 227
8.5 PCB 设计规则 241
8.6 元器件布线 253
实训操作 262

第 9 章 PCB 封装制作与管理 264
9.1 PCB 库文件编辑器 265
9.2 创建 PCB 封装 267
9.3 建立项目 PCB 封装库 276
实训操作 279

第 10 章 PCB 设计后处理 281
10.1 补泪滴 282
10.2 放置敷铜 283
10.3 设计规则检查 285
10.4 生成 PCB 报表 287
10.5 输出 Gerber 文件 293
10.6 文件的打印输出 298
实训操作 302

附录 Protel DXP 常用快捷键 303

参考文献 305

第 1 章

Protel DXP 2004 SP4 概述

随着科学技术和电子工业的飞速发展，庞大复杂的电子电路设计对电子设计自动化（EDA）技术提出了新的要求。Protel 作为一款电子电路设计软件，进入国内的时间较早，在各大公司、企业的使用率较高，是 PCB（印刷电路板）设计者的首选软件，也是硬件设计行业的"标准化"软件。Protel DXP 是 Altium 公司推出的经典版本，它不但继承了 Protel 99 的各项优点，而且功能更加强大、风格更加成熟、界面更加灵活。本章主要介绍 Protel DXP 2004 SP4 的特点及应用、安装和卸载、工作界面、文件管理及其基本操作等内容。

本章学习重点：

（1）Protel DXP 2004 SP4 的安装与卸载。
（2）Protel DXP 2004 SP4 的工作界面。
（3）文件的管理与基本操作。
（4）系统工作流程。

1.1 Protel DXP 2004 SP4 简介

1.1.1 Protel DXP 2004 SP4 的诞生

Altium 公司作为 EDA 领域里的领先公司之一，在 Protel 99 SE 的基础上，应用先进的软件设计方法，于 2002 年率先推出了一款基于 Windows 2000 和 Windows XP 操作系统的 EDA 设计软件——Protel DXP。2004 年，Altium 公司又推出了整合 Protel 完整 PCB 板级设计功能的一体化电子产品开发系统环境——Protel DXP 2004 SP4（后续内容中我们将简称其为 Protel DXP），也即 Altium Designer 2004 版。

Protel DXP 在以前版本的基础上增加了许多新的功能，包括双显示器支持，可固定、浮动以及弹出面板，强大的过滤和对象定位功能，增强的用户界面等。Protel DXP 是第一个将所有设计工具集于一身的板级设计系统，令电子设计者从最初的项目模块规划到最终形成生产数据都可以按照自己的设计方式实现。Protel DXP 运行在优化的设计浏览器平台上，并且具备当今所有先进的设计特点，能够处理各种复杂的 PCB 设计过程。通过设计输入仿真、PCB 绘制编辑、拓扑自动布线、信号完整性分析和设计输出等技术的融合，Protel DXP 为电子电路的设计提供了全面的解决方案。

1.1.2 Protel DXP 的特点及应用领域

1. Protel DXP 的特点

（1）Protel DXP 使各种设计工具的集成更加紧密，提高了同步化程度。
（2）Protel DXP 与 Microsoft Windows XP 相适应，界面更加协调、友好。
（3）Protel DXP 支持自由的非线性设计流程，即双向同步设计。
（4）Protel DXP 支持 VHDL 设计和混合模式设计。
（5）Protel DXP 增加了电路原理图与电路板之间的双向同步设计功能。
（6）Protel DXP 支持多重组态设计。对于同一个文件，可以指定使用或不使用其中的某些元件，然后形成元件表或插置文件等。
（7）Protel DXP 含有集成式元件与元件库。
（8）Protel DXP 可接受设计者自定义的元件与参数。
（9）Protel DXP 强化了设计检验功能。
（10）Protel DXP 具有强大的尺寸线工具。
（11）Protel DXP 可直接在电路板内进行信号的分析。
（12）Protel DXP 可进行波形数据的输入、输出。

2. Protel DXP 的应用

Protel DXP 主要应用于电子电路设计与仿真、PCB 设计及大规模可编程逻辑器件的设计。例如，利用 Protel DXP 可以绘制出如图 1-1 所示的电路原理图，还可以利用电路原理图直接生成如图 1-2 所示的 PCB 图。

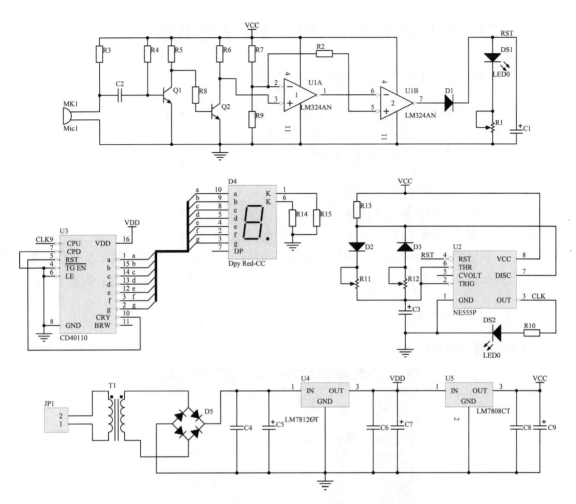

图 1-1 电路原理图

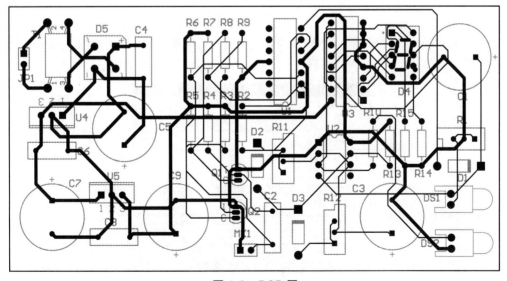

图 1-2 PCB 图

1.2　Protel DXP 2004 SP4 的安装与卸载

1.2.1　Protel DXP 对计算机配置的要求

Protel DXP 对计算机配置有一定的要求，但随着计算机配置的日益提高，目前的计算机基本都可以满足它的运行要求。推荐的系统配置是：

（1）Windows XP、Win7、Win8 等操作系统。
（2）CPU：主频 1.2 GHz 以上。
（3）RAM：512 MB 以上。
（4）硬盘：至少留给 Protel DXP 4 GB 的硬盘空间。
（5）显示器：1 280×1 024 的分辨率，32 位色，32 MB 显存。

当然，系统的配置越高越好。分辨率越高，则界面中容纳的工具相应越多，查找起来也更方便，更明确。

1.2.2　Protel DXP 的安装

（1）运行 Protel DXP 安装盘中的 Setup 应用程序，将会弹出如图 1-3 所示的安装向导窗。

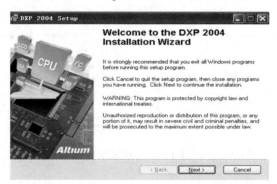

图 1-3　安装向导

（2）点击 "Next" 按钮，弹出如图 1-4 所示的软件许可协议窗口，请选择 "I accept the license agreement" 选项。

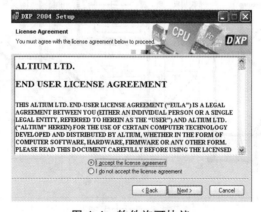

图 1-4　软件许可协议

（3）点击"Next"按钮，弹出如图 1-5 所示的输入用户信息窗口，在"Full Name"栏中输入用户名，在"Organization"栏中输入组织机构名称。如果要安装网络版，选择"Anyone who uses this computer"选项；如果要安装单机版，选择"Only for me"选项。

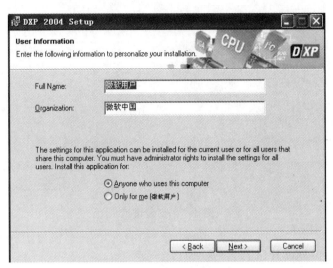

图 1-5　用户信息窗口

（4）点击"Next"按钮，弹出如图 1-6 所示的选择目标文件夹窗口，单击"Browse"按钮选择 Protel DXP 的安装路径。

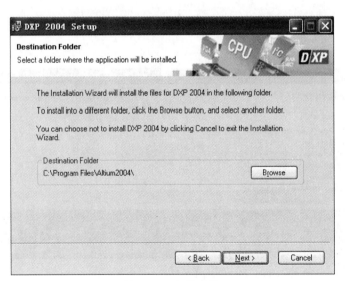

图 1-6　安装路径

（5）点击"Next"按钮开始安装，如图 1-7 所示。
（6）当安装进度达到 100%后，单击"Finish"按钮，完成安装。
（7）安装完主程序后，依次运行安装盘中 Protel DXP 的升级软件包——SP2、SP3、SP4 补丁及相应的库文件补丁，安装过程与主程序安装相似，在此不再赘述。

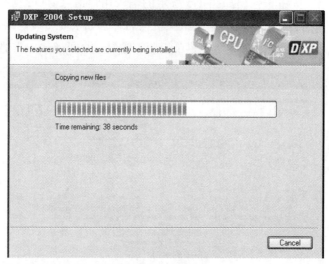

图 1-7　安装进度

1.2.3　Protel DXP 的卸载

Protel DXP 的卸载同其他程序的卸载类似，用户可以进入控制面板找到相应的程序执行卸载操作。卸载 Protel DXP 时，可以先卸载安装的补丁程序，然后卸载主程序。卸载主程序的操作如下：

（1）通过"开始"菜单进入"控制面板"，在"添加或删除程序"对话框里选中"DXP 2004"，如图 1-8 所示。

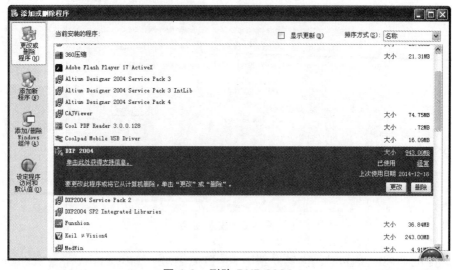

图 1-8　删除 DXP 2004

（2）单击"删除"按钮，出现如图 1-9 所示的确认对话框，点击"是"，即可卸载 Protel DXP。

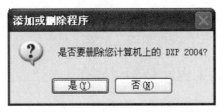

图 1-9 删除 DXP 2004 的确认对话框

1.3 Protel DXP 2004 SP4 工作界面

1.3.1 Protel DXP 工作界面简介

Protel DXP 提供了简洁、友好的工作界面，其中包括菜单栏、工具栏、导航栏、面板标签、工作区等模块。当用户第一次运行 Protel DXP 程序，或在上次退出 Protel DXP 前关闭了所有打开的文件时，则主程序界面如图 1-10 所示，此时工作界面中没有打开任何文件。

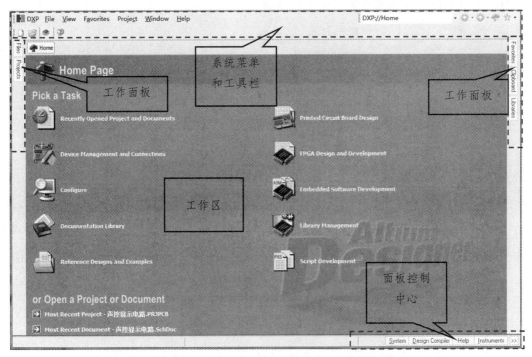

图 1-10 未打开任何文件时程序工作界面

Protel DXP 的工作界面主要分为四个区域。其中，中间部分为工作区。由于此时未打开任何文件，所以在该区域可以选择开始某个任务（Pick a Task），如开始一个 PCB 设计任务（Printed Circuit Board Design），或者打开一个项目或文档（Open a Project or Document），比如图 1-10 中最近打开的项目文件"声控显示电路.PRJPCB"或原理图文件"声控显示电路.SchDoc"。工作界面的上方为菜单栏和工具栏，用户可以选择其中的菜单或者工具执行相应的操作。工作界面的左右两侧为工作面板，主要用于显示或关闭某些常用的功能，包括文件面板（Files）、项目面板（Projects）、库文件面板（Libraries）等。工作界面的最下方为面板控制中心，主要用于控制左右两侧面板的显示或隐藏。

1.3.2 Protel DXP 的主界面及相关操作

1．菜单栏

当 Protel DXP 主程序没有打开任何项目或文件时，其工作界面的菜单如图 1-11 所示。菜单栏中包括 7 个菜单选项，分别是 DXP（系统配置）、File（文件操作）、View（视图操作）、Favorites（收藏操作）、Project（项目操作）、Window（窗口操作）和 Help（帮助）。

图 1-11　Protel DXP 菜单栏

1）DXP 菜单

该菜单显示 Protel 系统的一些软件信息，同时提供一些用户配置选项。单击"DXP"按钮，弹出如图 1-12 所示的系统配置菜单。

图 1-12　DXP 菜单

① Customize：单击"Customize"选项将出现如图 1-13 所示的用户自定义菜单对话框。该对话框用于定义菜单、热键和工具按钮以及它们之间的关系，如添加、删除、修改菜单栏和工具栏上的按钮，以及创建和修改快捷键等。

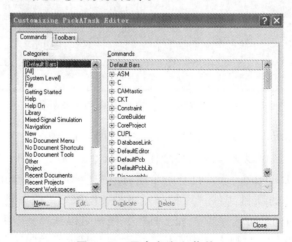

图 1-13　用户自定义菜单

② Preferences：该选项用来帮助用户定义系统环境，单击该选项会出现如图 1-14 所示的 Protel 系统参数设置对话框。在该对话框中可以设置 Protel 工作状态，如启动时是否打开最近编辑的一个设计项目、是否显示启动屏幕、更改系统字体等。

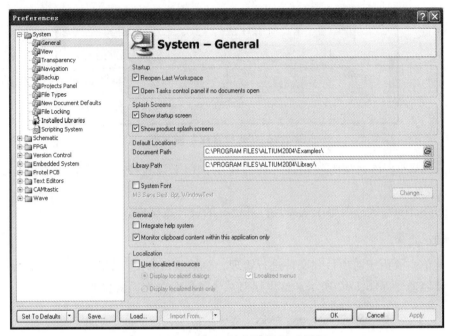

图 1-14　Protel 系统参数设置对话框

③ System Info："System Info"为系统信息选项。单击"System Info"选项会出现如图 1-15 所示系统信息对话框。该对话框用来帮助用户查看系统信息。

图 1-15　系统信息对话框

④ Run Process：该选项给出了命令形式的启动进程方式，单击此选项会出现如图 1-16 所示的"运行进程"对话框。单击"Browse"按钮，可以选择要运行的进程或服务，并可以在"Parameters"下拉列表框中指定运行参数。

图 1-16　"运行进程"对话框

⑤ Licensing：该选项为使用许可管理选项，用于设置授权许可的方式和增加许可文件等。

⑥ Run Script：该选项用于选择且打开已有的设计数据库。

2）File 菜单

File 菜单主要用于对项目和文件进行管理，包括项目和文件的新建、打开、保存、关闭等操作，具体命令如图 1-17 所示。这里仅对几个菜单命令作简要说明。

图 1-17　File 菜单

① New：将鼠标停留在该选项上，将会弹出二级子菜单选项，如图 1-18 所示。利用该子菜单可以新建各种 Protel DXP 支持的文件，包括 SCH 原理图文件、PCB 文件、元件集成

库、FPGA 项目文件等。有些子菜单右侧还有"▶"标志，表示该子菜单还有下一级子菜单。例如，图 1-18 中的 Project、Library 等均有三级子菜单。

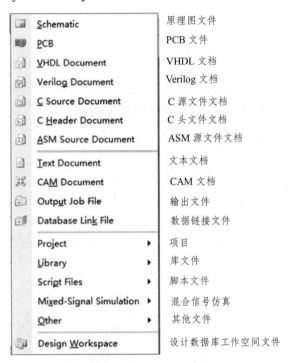

图 1-18 New 二级子菜单

② Open Design Workspace：用于打开已经存在的设计数据库工作空间文件。所谓设计数据库工作空间文件，是指当前设计项目环境下所有的设计内容、参数和数据等，该文件后缀为".DsnWrk"，默认文件名为"Workspace 1.DsnWrk"。

③ Protel 99 SE Import Wizard：用于将 Protel 99 SE 中的设计数据库直接导入 Protel DXP 中，将其转换成 DXP 2004 的项目格式。

3）View 菜单

View 菜单如图 1-19 所示，在未打开任何文件时，主要包括 Toolbars、Workspace Panels、Desktop Layouts、Devices View、Home、Status Bar 和 Command Status 等菜单命令。

图 1-19 View 菜单

4）Favorites 菜单

该菜单用于对多个不同的页面进行收藏和管理，未打开任何文件时有两个菜单命令。

① Add to Favorites：增加新的页面到收藏夹。

② Organize Favorites：管理收藏夹。

5）Project 菜单

该菜单用于对项目文件进行管理，包括为当前项目添加文件、移除文件和编译项目等菜单命令，如图 1-20 所示。这里仅对几个菜单命令作简要说明。

图 1-20　Project 菜单

① Compile：该菜单命令用于对当前设计的项目进行编译。项目只有进行编译操作后，才能建立项目原理图的网络表，并建立原理图和 PCB 文件的链接。

② Show Differences：该菜单命令用于比较多个文件之间或文件与项目之间存在的不同。

③ Version Control：该菜单命令为版本控制，用于将当前设计的文件加入到版本控制中去，便于多用户设计时文件之间的同步及项目设计中文件的及时更新。

④ Project Options：此菜单命令用于项目选项设置。通过该命令可以查看当前设计项目的有关属性，如项目的编译结构、电路仿真等。

6）Window 菜单

该菜单提供对当前打开的窗口的水平平铺、垂直平铺及关闭等操作。

7）Help 菜单

该菜单提供各种帮助信息。

2．工具栏

当 Protel DXP 主程序没有打开任何项目或文件时，主界面上方的工具栏中共有四个可用工具，如图 1-21 所示。也可在菜单栏中找到各个工具按钮的对应功能菜单。

图 1-21　主界面工具栏

① ▯：打开任意文档，快捷键为"Ctrl + N"。
② ▯：打开已经存在的文档，快捷键为"Ctrl + O"。
③ ▯：打开设备视图窗口。
④ ▯：打开帮助向导，快捷键为"Shift + F1"。

3. 工作区

Protel DXP 的工作区位于主窗口中间，是用户进行电路图绘制、PCB 制作和其他操作的工作区域。当没有打开任何文件时，工作区主要包括两项内容。

1）启动一项任务（Pick a Task）

Pick a Task 区域主要显示一些用户可能需要启动的设计项目，具体如图 1-22 所示。

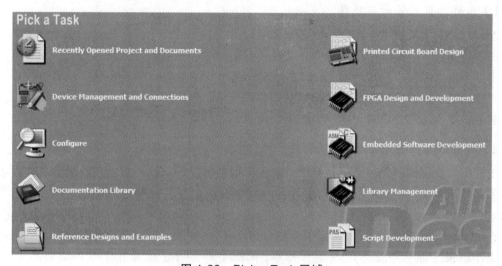

图 1-22 Pick a Task 区域

① Recently Opened Project and Documents：打开最近打开过的项目和文档。
② Device Management and Connections：设备管理和链接。
③ Configure：配置 DXP。
④ Documentation Library：文档资源中心。
⑤ Reference Design and Examples：打开系统自带的设计样例。
⑥ Printed Circuit Board Design：启动一个 PCB 设计项目。
⑦ FPGA Design and Development：启动一个 FPGA 设计与开发项目。
⑧ Embedded Software Development：启动一个嵌入式软件开发项目。
⑨ Library Management：管理 DXP 库文件。
⑩ Script Development：脚本相关。

2）打开一个项目或文档（Open a Project or Documents）

Open a Project or Documents 区域主要用于快捷地打开某些最近打开过或编辑过的项目或文档，如图 1-23 所示。

图 1-23　Open a Project or Documents 区域

① Most Recent Project：最近打开的项目。
② Most Recent Document：最近打开的文档。
③ Open any Project or Document：打开任意项目或文档。

4．工作面板

1）工作面板的显示与隐藏

Protel DXP 大量使用工作面板以方便用户进行项目设计。用户可通过工作面板打开和关闭文件、访问和管理文件、浏览库文件、执行导航操作和查看编译信息等。工作面板默认分布在主界面左右两侧。当用户将鼠标放置在某个工作面板标签上等待片刻，或者直接单击该工作面板标签，则可以打开该工作面板。如需隐藏该工作面板，可以在工作面板以外工作区的任意位置单击左键，或者再次单击该工作面板标签即可。

2）工作面板标签的打开与关闭

根据用户使用的需要，可以打开或关闭工作面板标签，从而不显示该面板。工作面板标签的关闭或者打开，可以通过主界面下方的面板控制中心来控制，如图 1-24 所示。单击"System"标签，将出现该标签可控制的各类面板，如 Clipboard 面板、Files 面板、Projects 面板、Libraries 面板等。以 Files 面板为例，当图 1-24 中的"Files"没被选中时，则表示此时在工作面板区将不会出现 Files 面板标签，如图 1-25 所示。读者可将图 1-25 与图 1-10 比较，显然，左侧的 Files 面板标签不见了。若用户需要再次显示该工作面板标签，只需在如图 1-24 所示的面板控制中心选中"Files"选项即可。

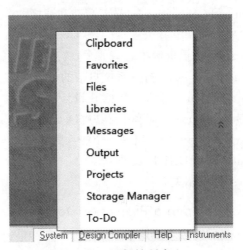

图 1-24　面板控制中心

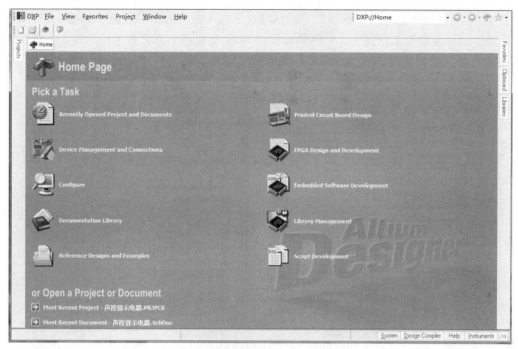

图 1-25　Files 工作面板标签关闭后的程序主界面

工作面板标签的关闭或打开还可以通过菜单操作来实现。如图 1-26 所示，执行"View→Workspace Panels"菜单命令，可以看到对应于图 1-24 的四类控制选项。类似地，我们选择"System"选项，可以看到和图 1-24 完全相同的工作面板标签，通过选择相应的选项即可打开或关闭某工作面板标签。

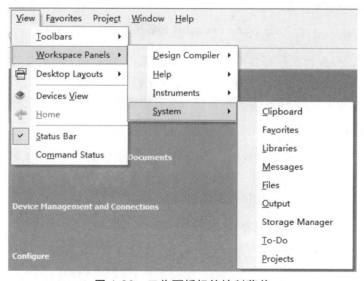

图 1-26　工作面板标签控制菜单

3）工作面板标签的移动

用户在使用工作面板的过程中，可以根据个人习惯来调整工作面板在整个工作区中的位置。以 Files 面板为例,打开该面板后,默认情况下位于主界面的最左侧,如图 1-27(a)所示。若需将该面板置于工作区中,可将鼠标放在 Files 面板最上方的蓝色标题栏上,然后按住鼠标左键不放拖动面板到合适位置后松开鼠标左键即可,如图 1-27(b)所示。

(a)面板位于左侧

(b)面板位于工作区

图 1-27　Files 工作面板显示方式

如果用户想将 Files 面板标签放在主界面的最右侧,只需将该面板标签拖动到最右侧边界上,当出现黑色向右的三角形标记""时,松开左键即完成操作;同时可以在松开鼠标左键之前,上下移动,来调整 Files 面板标签在所有右侧面板标签中的相对位置。

4)工作面板标签的置顶

默认情况下,工作面板是非置顶的,当用户在工作区进行绘图等操作时,面板会自动隐藏。如果用户需要某工作面板置顶,只需要点击该面板上方的置顶控制按钮" ",此时面板会始终处于工作区最前端,且置顶控制按钮变为" "。

5)Files 和 Projects 面板简介

① Files 面板:Files 面板如图 1-27(a)所示,主要用于快速实现打开与关闭一些文件或项目、新建项目与文件等操作。用户可以单击某类项目名称右侧的" "标记来隐藏该项目下的所有子项目。所有大类项目都隐藏后的 Files 面板如图 1-28 所示。从图中可以看出,Files 面板共包括 5 类快捷操作,分别是:打开文档(Open a document)、打开项目(Open a project)、新建操作(New)、从已有文件创建(New from existing file)和从模板创建(New from template)。

用户点击某子菜单即可执行相应的操作，例如点击图 1-27（a）中的"声控显示电路.SchDoc"，将会打开该文件。该操作等同于执行 Files 菜单下的打开文件操作。在图 1-28 中，用户只需单击" "按钮即可将某大类项目展开显示。

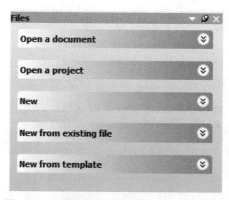

图 1-28　隐藏子项目后的 Files 工作面板

② Projects 面板：如图 1-29 所示，Projects 面板主要用于对项目文件的管理，如添加项目文件和删除项目文件等操作，并能直观显示当前项目中文件的组织结构。从图中可以看出，本项目包含了两大类文件，即 Source Documents 和 Libraries，每个大类文件中又包含了具体的文件。需要注意的是，这里直观地显示了这些文件的逻辑组织关系，但是在存储时所有文件都是独立存储的，用户可以单独进行文件相关的操作，具体内容我们将在下一节中详述。在图 1-29 中，点击" - "标志，可以将某大类下的文件名称隐藏起来；反之，点击某个大类前的" + "标志，则可以将原本隐藏的文件名显示出来。

关于其他工作面板这里不赘述，在后续的内容中，当应用到某工作面板时还会进行详细介绍。

图 1-29　Projects 工作面板

1.4 Protel DXP 2004 SP4 文件管理与基本操作

1.4.1 Protel DXP 项目文件组织与管理

当用户打开任何一个文件时，Protel DXP 都会默认新建了一个设计数据库工作空间文件，名称为"WorkSpace1.DsnWrk"，如图 1-30 所示。该数据库工作空间中链接了相关设计的各种文档，使得用户可以轻松访问与目前正在开发的某种产品相关的所有文档。在将诸如原理图、PCB 图等文档添加到项目中时，项目文件中将会加入每个文档的链接。这些文档可以存储在网络或硬盘的任何位置，无须与项目文件放置于同一文件夹中。若这些文档存放于项目文件所在目录或子目录之外，在 Projects 面板中，这些文档图标上则会显示小箭头标记。如图 1-30 所示，我们在"声控显示电路"这个项目文件中添加了一个 PCB 文件，名称为"BOARD 1.pcbdoc"，由于该文件与项目文件不在同一个目录下，其图标上有一个小箭头标记。

图 1-30 文档链接标记

设计数据库工作空间文件也是一个独立的文件，记录用户打开了哪些项目、文件等内容。工作空间也是需要保存的，一般可保存在本项目开发的工作目录下，也可保存在用户专用的工作空间存储文件夹中。一般来说，当用户只是临时打开某个项目文件或开发小型项目时，可不保存设计数据库工作空间文件。本案例中，我们没有保存该文件。

Protel DXP 通过设计数据库工作空间来组织和管理各种不同类型的项目文件。Protel DXP 中的项目共有 6 种类型，分别为 PCB 项目、FPGA 项目、内核项目、嵌入式项目、脚本项目和库封装项目（继承库的源）。如图 1-31 所示，在该数据库工作空间中，我们可以建立 PCB 和 FPGA 两种不同类型的工程项目，它们同属于一个项目组，用户可将其保存在"WorkSpace1.DsnWrk"中或重命名保存。通过"Project"按钮左边的下拉列表或者单击某个工程项目文件则可设置其为当前工作项目。

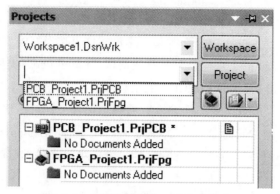

图 1-31 设计数据库工作空间文件

如图 1-30 所示，工程项目文件下面有各类文件。但需要注意的是，工程项目文件并不包含任何其他源文件，其作用只是建立与源文件之间的链接关系。因此，所有电路的设计文件都接受项目工程文件的组织和管理。用户可以通过打开项目工程文件来查找电路的各类设计文件，同时也可单独打开各种源文件，如原理图文件、PCB 文件和报表文件等。各个源文件可以单独存储和管理，但为了用户管理方便，建议将同一个工程项目的所有文件存储在同一个文件夹中。Protel DXP 支持的部分源文件类型及其扩展名如表 1-1 所示。

表 1-1　Protel DXP 支持的部分源文件类型及其扩展名

文件类型	扩展名	文件类型	扩展名
设计数据库工作空间文件	DsnWrk	PCB 库文件	PcbLib
PCB 工程文件	PrjPCB	集成式元器件库文件	IntLib
FPGA 工程文件	PrjFpg	网络报表文件	NET
电路原理图文件	SchDoc	网络表比较结果文件	REP
PCB 文件	PcbDoc	CAM 报表文件	Cam
原理图库文件	SchLib	元器件交叉参考文件	XRF

1.4.2　Protel DXP 文件的基本操作

Protel DXP 采用三级文件组织模式，即设计数据库工作空间文件（项目组级文件）、工程级文件和设计文档级文件。从项目文件组织的角度看，这非常便于用户操作各类源文件；从文件存储的角度看，这又方便用户按需存储，提高了设计效率。下面我们对文件的基本操作进行详细介绍。

1. 工程项目文件的基本操作

1）创建工程项目文件

要创建一个 PCB 工程项目文件，可以通过以下三种方式操作：

（1）执行"File→New→Project→PCB Project"菜单命令，如图 1-32 所示，将弹出如图 1-33 所示的对话框，选择"Protel Pcb"类型。用户在这里选择好类型后，也可以勾选复选框"Don't show this dialog again"，这样以后就默认新建"Protel Pcb"类型的 PCB 项目。此时将出现默认文件名为"PCB Project1.PrjPCB"的工程项目文件，如图 1-34（a）所示。在该项目上单击鼠标右键并选择"Save Project"命令，将弹出保存文件对话框。用户可以选择保存的具体位置（默认文件存储位置为 Protel DXP 安装目录下的"Examples"目录）。例如，我们输入新的文件名"叮咚门铃"，点击"保存"后，新的项目文件"叮咚门铃.PrjPCB"将出现在 Projects 面板中，如图 1-34（b）所示。

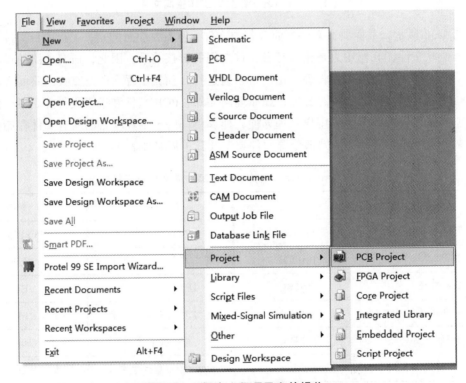

图 1-32　新建工程项目文件操作

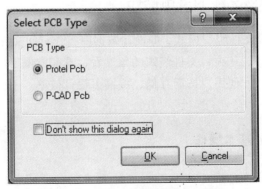

图 1-33　新建 PCB 类型设置对话框

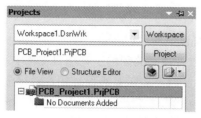 

（a）未保存的项目文件　　　　　　（b）重命名并保存好的项目文件

图 1-34　项目文件的保存

（2）在图 1-27 所示 File 面板中的"New"栏单击"Blank Project（PCB）"。该操作等同于第（1）种操作。

（3）在图 1-29 所示 Projects 面板中的"Project"按钮上点击左键，在弹出的二级菜单中执行"Add New Project→PCB Project"菜单命令，如图 1-35 所示。该操作等同于第（1）种操作。

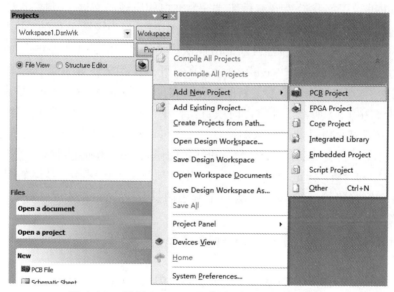

图 1-35　利用 Projects 面板新建 PCB 工程项目

2）保存工程项目文件

要保存一个工程项目文件，有以下三种方法：

（1）在该项目上单击鼠标右键，在弹出的菜单中执行"Save Project"或"Save Project As"菜单命令。

（2）选中该文件，在 Projects 面板中的"Project"按钮上点击左键，在弹出的二级菜单中执行"Save Project"或"Save Project As"菜单命令。

（3）选中该文件，执行菜单栏上的"File→Save Project"或"File→Save Project As"菜单命令。

3）打开工程项目文件

要打开一个工程项目文件，直接双击该工程项目文件名即可，系统将默认利用 Protel DXP 软件打开该项目。也可通过执行"File→Open Project"菜单命令打开一个工程项目文件。

21

4）关闭工程项目文件

要关闭某个工程项目文件，可在 Projects 面板中的"Project"按钮上点击左键，在弹出的二级菜单中执行"Close Project"菜单命令；或者在要关闭的工程项目文件名上单击右键，在弹出的菜单中执行"Close Project"菜单命令。此时会提示是否保存用户对当前文件所做的修改，项目中所有文件都将被关闭。

需要注意的是，若用户在关闭 Protel DXP 软件之前，没有关闭其中已打开的项目文件或其他源文件，则下次启动 Protel DXP 时，这些项目文件或源文件将默认已加载到该软件中，并可在 Projects 面板中查看所有文件。

2. 原理图文件基本操作

1）创建原理图文件

以前面创建的"叮咚门铃.PrjPCB"项目为基础，此时该项目下没有任何文件，显示为"No Documents Added"。下面我们为该项目新建一个空白的原理图文件，具体方法有以下四种：

（1）选中该项目（用鼠标单击该项目）后，选中的项目为浅蓝色背景，执行"File→New→Schematic"菜单命令，在该项目目录下出现默认文件名"Sheet1.SchDoc"的原理图文件。在该文件名上点击右键，选择"Save"命令，在打开的保存文件对话框中输入新的文件名，例如"叮咚门铃"，点击"保存"后，新的原理图文件"叮咚门铃.SchDoc"将出现在 Projects 面板中，如图 1-36（a）所示。注意此时项目文件中由于加入了新文件，其组织结构发生了变化，所以要重新保存项目文件。从图 1-36（a）可以看出，当更改了项目的组织结构后，若没有保存，将在项目文件名后出现"*"和红色的修改（Modified）标记"▤"。当用户点击"保存"后，"*"和"▤"标记均消失，以示意用户项目文件已保存，具体如图 1-36（b）所示。同时，在"叮咚门铃.SchDoc"后有一个灰色的打开（Open）标记"▤"，表示目前该文件处于打开状态。

（2）选中该项目，在图 1-27 所示 File 面板中的"New"栏单击"Schematic Sheet"。该操作等同于第（1）种操作。

（3）选中该项目，在图 1-29 所示 Projects 面板中的"Project"按钮上单击左键，在弹出的二级子菜单中执行"Add New Project→Schematic"菜单命令。该操作等同于第（1）种操作。

（4）在该项目上单击鼠标右键，在弹出的菜单中执行"Add New Project→Schematic"菜单命令。该操作等同于第（1）种操作。

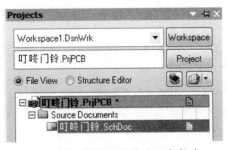　　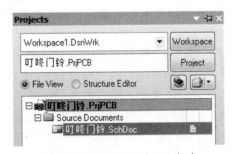

（a）新建原理图后项目未保存　　　　　　（b）新建原理图后项目已保存

图 1-36　新建原理图文件

2）保存原理图文件

要保存一个原理图文件，有以下三种方法：

（1）在该文件上单击鼠标右键，在弹出的菜单中执行"Save"或"Save As"菜单命令。

（2）选中该文件，在 Projects 面板中的"Project"按钮上单击左键，在弹出的菜单中执行"Save"或"Save As"菜单命令。

（3）选中该文件，执行"File→Save"或"File→Save As"菜单命令。

3）打开原理图文件

要打开一个原理图文件，具体的操作方法有以下三种：

（1）直接双击该文件名，系统将默认利用 Protel DXP 软件打开该文件。但需要注意的是，此时仅打开该原理图文件，并没有打开与工程项目的链接关系，Projects 面板中显示为"Free Documents"。

（2）执行"File→Open"菜单命令，找到该原理图文件并打开。该操作等同于第（1）种操作。

（3）先打开该原理图所在的工程项目文件，然后在 Projects 面板中单击该文件名即可，此时能清晰地看到原理图文件与项目文件的链接关系。

4）关闭原理图文件

要关闭一个原理图文件，主要有以下几种操作方法：

（1）在工作区中右击要关闭文件的标签，在弹出的快捷菜单中选择"Close"命令，这是最常用的方法。

（2）在 Projects 面板上，右击要关闭的文件名，在弹出的快捷菜单上选择"Close"命令。

（3）单击要关闭的文件标签，使该文件出现在工作区中，然后执行"File →Close"菜单命令。当关闭最后一个已打开的电路原理图文件时，原理图编辑器会自动关闭；当关闭最后一个已打开的 PCB 文件时，PCB 编辑器会自动关闭。对于其他编辑器也有相同的操作。

需要注意的是，对于一个已经打开的工程项目文件，以上关闭原理图文件的操作都只是从工作区中关闭其显示，并没有真正关闭该文件。要在 Protel DXP 中关闭该文件，用户只需关闭该文件所在的项目文件即可。

PCB 文件的创建、保存、打开和关闭操作与原理图文件类似，这里不再赘述。

1.4.3　在 PCB 项目中添加和移除文件

1. 添加文件

在设计 PCB 的过程中，用户可以将已存在的文件添加到当前的项目中。执行"Project →Add Existing to Project"菜单命令，弹出如图 1-37 所示的选择文件对话框，找到文件所在目录，选中需要添加的文件，如"电源电路.SchDoc"，然后点击"打开"按钮，即可将"电源电路.SchDoc"文件添加到"叮咚门铃.PrjPCB"项目中，如图 1-38 所示。此时该项目中有两个原理图文件。

图 1-37 添加已有文件到项目中的对话框

图 1-38 添加原理图文件至项目中

如果需要添加的文件已经在 Projects 面板中，此时可以通过快捷操作将该文件直接拖入"叮咚门铃.PrjPCB"项目中。具体操作为：将鼠标放在"电源电路.SchDoc"上方，按住左键不放并拖动其至"叮咚门铃.PrjPCB"项目文件所在区域，如图 1-39 所示，然后松开鼠标左键，则将"电源电路.SchDoc"加入到该项目中。

图 1-39 快速添加原理图文件至项目中

2. 移除文件

如果在设计 PCB 的过程中，不再需要项目中的某个文件，可以直接将其从项目中移除。以图 1-38 为例，假设"叮咚门铃.PrjPCB"项目中的"电源电路.SchDoc"文件不再需要了，则可以移除该文件。具体操作为：使"电源电路.SchDoc"文件处于选中状态，执行"Project→Remove from Project"菜单命令，或者在该原理图文件上点击鼠标右键，选择"Remove from Project"命令，将弹出如图 1-40 所示对话框，单击"Yes"按钮，该原理图文件将被移除。

图 1-40　移除文件对话框

1.4.3　自由文档

当只需绘制一张原理图，而不需要设计 PCB 时，用户不需要创建一个完整的项目，此时只需要单独创建一个原理图文件。同样，如果只需要单独制作 PCB 文件，而不需要原理图时，也可单独创建一个 PCB 文件。这种不在项目文件中进行组织和链接的独立文件称为自由文档。

在没有新建任何项目文件的环境下，执行"File→New→Schematic"菜单命令，即可创建一个原理图文件的自由文档。若不进行重命名，则默认名称为"Sheet1.SchDoc"，如图 1-41（a）所示。同样，用户也可以单独创建 PCB 文件的自由文档。执行"File→New→PCB"菜单命令，若不进行重命名，则生成默认文件名为"PCB1.PcbDoc"的 PCB 文件自由文档，如图 1-41（b）所示。

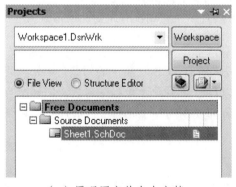 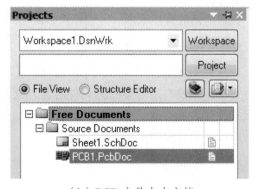

（a）原理图文件自由文档　　　　　　　（b）PCB 文件自由文档

图 1-41　自由文档

需要特别注意的是，此时即使同时创建了如图 1-41（b）所示的原理图文件和 PCB 文件，但由于两者均是自由文档，没有任何关联，因此无法将原理图转换成PCB。一般来说，用户设计原理图就是为了设计PCB，所以在设计原理图之前，一定要先创建PCB项目文件，然后在该项目下创建原理图文件、PCB文件及其他所需文件。

1.5 Protel DXP 2004 SP4 工作流程

为了对电路设计过程有更好的理解，我们应当了解利用Protel进行PCB设计的一般工作流程。这个流程中的有些步骤并不是在设计每种PCB时都需要的，读者应根据实际情况决定采用哪些步骤。

通常情况下，从接到设计要求到最后制成PCB，主要经过以下几个步骤：

1）硬件电路设计与方案分析

这个步骤并不是Protel DXP的操作内容，但是对每个PCB设计来说又是必不可少的。方案分析既决定了原理图电路如何设计，同时也会影响PCB的规划。

2）电路仿真

在设计电路原理图之前，有时候对某一部分电路如何设计并不十分确定，因此需要通过电路仿真来验证。同时，电路仿真还可以用于确定电路中某些重要器件的参数。对于一般的低频电路设计来说，此过程不是必需的。

3）设计原理图元器件

虽然Protel DXP提供了丰富的原理图元器件库，但是不可能将所有的元器件都集成到这些库中。如果发现元器件库中没有所需要的元器件，用户可以自己动手设计原理图元器件，建立自己的原理图元器件库。建议将所有自行设计的元器件都放在自定义的同一个库中。

4）绘制原理图

在找到所有需要的原理图元器件后，就可以开始绘制原理图。具体电路的复杂程度决定了是否需要使用层次原理图。完成原理图的设计后，用户需要利用ERC（电气规则检查）工具查错。找到出错的具体原因后，应修改原理图电路，重新查错，直到没有原则性的错误为止。

5）设计元器件封装

和原理图元器件库一样，Protel DXP也不可能提供所有PCB元器件的封装。如果发现元器件封装库中没有所需要的元器件封装，这时候可以自己动手设计元器件封装，以建立自己的元器件封装库。建议将所有自行设计的元器件封装都放在同一个元器件封装库中，以便在今后的设计工作中使用。

6）设计PCB

在确认原理图没有错误之后，就可以开始PCB的绘制工作了。首先，根据系统设计和工艺要求，绘出PCB的轮廓，并确定PCB的工艺要求（如使用几层板、如何规划电路板、设定加工精度等）。然后，将原理图信息传输到PCB图中，在网络表、设计规则和原理图的引导下布局和布线。最后，利用DRC（设计规则检查）工具查错。

7）设计后处理

在设计完电路原理图和 PCB 图后，经常还需要进行一些后续的处理工作，主要包括一些报表文件的生成、文件的打印和文件的整理工作。这项工作也是很有必要的，能给今后维护、改进带来极大方便。通常需要打印的文件包括原理图、PCB 图的丝印层以及器件清单文件等各种报表文件。

进行一项开发工作时，基本的工作流程就是上述内容。其中有些步骤常常会穿插进行。例如，在原理图的绘制过程中，因为事先可能并不知道原理图中需要哪些库和哪些元器件，所以会在发现缺少某个元器件后创建该元器件，这样才能逐步完成整个原理图的绘制和 PCB 的制作。

实训操作

1. 在磁盘中创建一个项目设计文件夹"PCB 项目设计"，并在该文件夹中创建一个 PCB 工程项目文件"PCB 项目设计.PrjPCB"，同时在该工程项目中创建原理图文件"PCB 项目设计.SchDoc"和 PCB 文件"PCB 项目设计.PcbDoc"。试观察保存项目文件前后 Projects 面板中显示内容的变化。

2. 在磁盘中创建一个项目设计文件夹"我的工程项目"，并在该文件夹中直接创建一个原理图文件"我的工程项目.SchDoc"。

3. 在 Protel DXP 中打开工程项目文件"PCB 项目设计.PrjPCB"，利用不同的操作方法将另一个原理图文件"我的工程项目.SchDoc"添加至本项目中。

4. 在"实训操作 3"的基础上，将原理图文件"我的工程项目.SchDoc"从项目中移除。

5. 练习 Protel DXP 工作面板的相关操作，包括工作面板的打开与关闭、工作面板的移动、工作面板的置顶操作等。

6. 小组讨论：一般在设计工程项目时，用户是否需要创建原理图或 PCB 文件的自由文档？为什么？

第 2 章

原理图绘图环境设置

在设计原理图前先要对原理图设计环境进行设置，使其符合原理图设计要求和设计者的习惯。设置好设计环境之后，Protel DXP 将保留环境的配置结果，以避免用户重复设置设计环境，提高工作效率。

本章学习重点：

（1）原理图的设计流程。

（2）原理图编辑器的工作界面。

（2）原理图编辑器环境下的工具栏与菜单栏。

（3）原理图图纸相关参数的设置。

2.1 原理图的设计流程

一般来说，原理图的设计流程包含两个方面的内容：原理图元器件的制作和原理图的设计。原理图元器件的制作主要包括：

（1）查阅元器件的说明书。当某个元器件不属于 Protel DXP 标准库文件中的元器件时，用户需要制作该元器件符号及其封装。此时，用户首先要查阅该元器件的说明书（一般为 PDF 格式），以确定元件的引脚定义、引脚的电气属性、引脚尺寸和位置、元器件外形和尺寸等参数。

（2）绘制元器件的原理图符号。即根据元器件的引脚定义和元器件各部分的尺寸参数，绘制其原理图符号，并保存在元器件库中。需要注意的是，绘制原理图符号一定要注意各个引脚的编号和电气特性。

（3）绘制元器件的封装。元器件的原理图符号绘制完毕后，一定要制作其 PCB 封装，并将二者关联起来，这样将该元器件从原理图导入 PCB 图中后，才会出现该元器件。需要注意的是，元器件封装中引脚的大小、位置和间距，一定要和元器件实物保持一致，否则将难以焊接。

原理图的设计是设计 PCB 的基础，至关重要，一般来说包括以下几个流程：

（1）设置原理图绘图环境。启动原理图编辑器后，首先要构思好元器件位置，例如可以按照功能模块来划分，将具有同一功能的元器件放在一块，以便于连线和提高原理图的可读性。同时，应根据电路和绘图的需要，设置好纸张的大小与方向，以及栅格的大小和光标类型等参数。

（2）放置元器件。即根据绘图的需要，从元器件库中选取需要的元器件，放置到原理图合适的位置上，并编辑好元器件的流水号、封装等属性。

（3）布线。即将原理图上的元器件用具有电气特性的导线连接起来，构成一张完整的电路原理图。布线可以边放置元器件边布线，也可以在元器件放置完毕后再布线，一般推荐第一种方式。

（4）调整线路。有时在原理图布线完毕后，可能还需要对元器件的位置和方向、布线的合理性和美观性等进行调整，使得原理图更具可读性。

（5）电气规则检查。用户可通过编译操作来对电路原理图进行电气规则检查。电气规则检查主要是检查元器件的连接关系是否符合最基本的规则，可以发现一些简单的布线错误。这种检查只是简单的形式检查，真正的检查必须靠设计师来完成。

（6）生成网络表。确认原理图无误后，就可以生成网络表了。网络表中记录着原理图中所有元件的相关信息以及元器件之间的电气连接。在 Protel DXP 中，网络表不需要用户手工生成。在 PCB 图中导入原理图时会默认利用网络表来加载元器件和电气连接。但是为了尽量减少错误，还是建议用户在设计项目时生成网络表并加以检查。

（7）生成其他报表。用户可以根据需要，通过原理图的各种报表生成操作来生成各种报表文件。

（8）保存和输出。用户一定要注意随时保存与设计相关的所有文档，若有需要还可以将原理图打印输出。

2.2 原理图设计环境

当进入原理图编辑器界面后，其工作窗口如图 2-1 所示。原理图编辑器工作界面主要包括菜单栏、工具栏、工作面板、面板控制中心、状态栏、命令行和工作区域等内容。

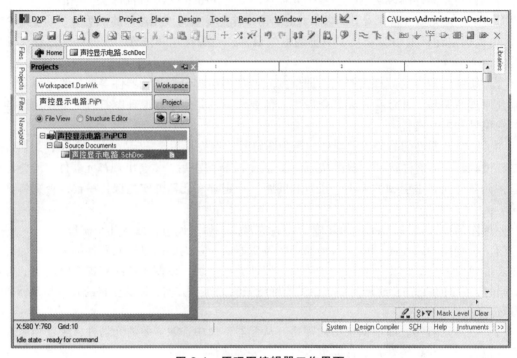

图 2-1 原理图编辑器工作界面

2.2.1 菜单栏

原理图编辑器的菜单栏如图 2-2 所示。通过菜单栏可以执行绘制原理图的各种操作。单击菜单栏的菜单项可以打开菜单项的子菜单。

图 2-2 菜单栏

1. DXP 菜单

该菜单用于高级用户设定，可以设定界面内容、查看系统信息等，同没有打开任何文件情况下的 DXP 菜单类似，这里不再赘述。

2. File 菜单

File（文件）菜单主要包含与文档相关的操作，如新建、打开、保存文档等，如图 2-3 所示。该菜单同没有打开任何文件情况下的 File 菜单基本类似，不再赘述。

File 菜单项	快捷键	说明
New		新建文件
Open...	Ctrl+O	打开已有文件
Import		导入文件
Close	Ctrl+F4	关闭当前文件
Open Project...		打开项目文件
Open Design Workspace...		打开设计数据库工作空间文件
Save	Ctrl+S	保存文件
Save As...		文件另存为
Save Copy As...		复制文件并另存为
Save All		保存所有文件
Save Project As...		项目文件另存为
Save Design Workspace As...		设计数据库空间文件另存为
Page Setup...		打印设置
Print Preview...		打印预览
Print...	Ctrl+P	打印
Default Prints...		默认打印
Smart PDF...		智能 PDF
Protel 99 SE Import Wizard...		Protel 99 SE 格式文件导入向导
Recent Documents		最近打开的文档
Recent Projects		最近打开的项目
Recent Design Workspaces		最近打开的工作空间
Exit	Alt+F4	退出

图 2-3　File 菜单

3. Edit 菜单

Edit（编辑）菜单主要包含与原理图编辑相关的各种操作，如撤销与恢复，复制、剪切、粘贴及阵列式粘贴，查找与替换，选取对象与取消选中状态、删除、移动与排列，查找相似对象等操作，如图 2-4 所示。注意这里的很多菜单命令是灰色的，这是因为这些操作需要事先选定某些操作对象才有效。

4. View 菜单

View（视图）菜单，主要包含与视图相关的操作，即在原理图编辑器工作界面中看到的内容都可以通过该菜单进行操作或设置，主要包括工作窗口的显示与缩放、工具栏和工作面板标签的打开与关闭、桌面布局设置等操作，具体如图 2-5 所示。

Edit 菜单项	说明
Undo Ctrl+Z	撤销
Nothing to Redo Ctrl+Y	恢复
Cut Ctrl+X	剪切对象
Copy Ctrl+C	复制对象
Copy As Text	将对象复制成文本
Paste Ctrl+V	粘贴对象
Paste Array...	阵列式粘贴对象
Clear Del	清除对象
Find Text... Ctrl+F	查找文本
Replace Text... Ctrl+H	替换文本
Find Next F3	查找下一个对象
Select	选取对象
DeSelect	取消对象选取状态
Delete	删除对象
Break Wire	截断导线
Duplicate Ctrl+D	偏移复制
Rubber Stamp Ctrl+R	橡皮图章
Change	更改属性
Move	移动对象
Align	对齐对象
Jump	跳转
Selection Memory	选择存储器
Increment Part Number	切换多部件元器件的子件
Find Similar Objects Shift+F	查找相似对象

图 2-4　Edit 菜单

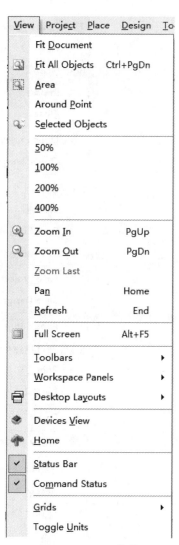

图 2-5　View 菜单

1）原理图显示方式

① Fit Document：显示完整的原理图文档，包括原理图的边界区域。

② Fit All Objects：显示原理图中的所有对象，不包括原理图的边界区域。

③ Area：显示指定区域的对象。执行该命令后，允许用户选择一个矩形的区域并显示该区域内的所有对象。

④ Around Point：显示指定区域周围的对象。执行该命令后，允许用户选择一个矩形的区域并显示该区域周围的所有对象。

⑤ Selected Objects：显示选定的对象。该操作需要用户先选取需要显示的单个对象或多个对象。

2）按指定比例显示对象

显示比例包括 50%、100%、200%和 400%。

3）放大、缩小或刷新对象

① Zoom In：放大当前对象，等同于单击键盘上的"Page Up"键。

② Zoom Out：缩小当前对象，等同于单击键盘上的"Page Down"键。

注意"Page Up"和"Page Down"两个键是绘图过程中使用得最多的快捷键。单击这两个键将以光标所在位置为中心放大或缩小原理图对象。

③ Zoom Last：以上次的比例来显示原理图对象。

④ Pan：以鼠标为中心，确定屏幕中心位置，等同于单击键盘上的"Home"键。

⑤ Refresh：刷新屏幕，等同于单击键盘上的"End"键。

4）全屏显示

Full Screen：全屏显示，快捷键为"Alt+F5"。

5）工具栏、工作面板的控制及桌面布局

① Toolbars：用于工具栏的打开与关闭。单击该菜单命令将打开二级菜单，对应各个工具栏的打开与关闭操作。

② Workspace Panels：用于工作面板的打开与关闭。单击该菜单命令将打开二级或继续打开三级菜单，可以控制各个工作面板的打开与关闭。该操作等同于单击工作界面右下角的工作面板控制中心的相应选项。

③ Desktop Layouts：用来设置不同的桌面布局方式。

6）Device View 和 Home 菜单

① Device View：显示和软件连接的设备。

② Home：显示系统启动时的 Home 界面。

7）状态栏和命令行

① Status Bar：用于状态栏的打开与关闭。

② Command Status：用于命令行的打开与关闭。

8）栅格和单位设置

① Grids：与栅格类型相关的设置。

② Toggle Units：设定系统单位。Protel DXP 共有两种单位供用户选择，分别是英制单位 mil（密耳，即 0.001 英寸）和公制单位 mm。系统默认使用英制单位 mil，单击一次该命令将切换成另一种单位。英制单位 mil 与公制单位 mm 之间的转换关系为：1 mil = 0.0254 mm，1 mm = 40 mil。

5. Project 菜单

Project（项目）菜单包含与项目管理相关的操作，如编译原理图或项目、新建项目、打开项目、关闭项目、添加文件、移除文件、设置项目管理参数等，如图 2-6 所示。

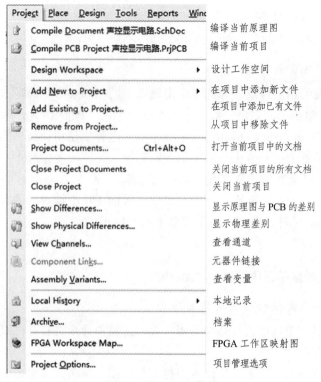

图 2-6　Project 菜单

6. Place 菜单

Place（放置）菜单用于放置原理图中的各种电气元件符号和注释符号，如图 2-7 所示，其中大部分命令等同于 Wiring 工具栏的各种命令按钮。

图 2-7　Place 菜单

7. Design 菜单

Design（设计）菜单的内容主要包括：元器件库相关操作、生成网络报表、层次原理图的设计和原理图绘图环境设置等，如图 2-8 所示。

图 2-8 Design 菜单

8. Tools 菜单

Tools（工具）菜单为设计者提供了各种工具，主要包括查找元器件、层次原理图的切换、原理图的更新、元器件流水号的标识、FPGA 项目相关操作和原理图参数设置等内容，如图 2-9 所示。

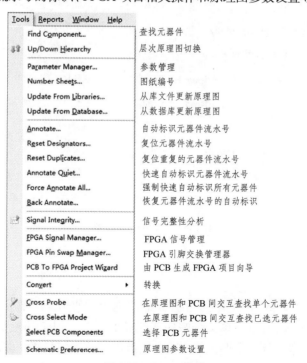

图 2-9 Tools 菜单

9. Reports 菜单

Reports（报告）菜单主要用于生成与原理图相关的各种报表，比如元器件清单、元器件交叉参考报表和项目层次关系报表等，如图 2-10 所示。

图 2-10　Reports 菜单

10. Window 菜单

Window（窗口）菜单主要用于设置工作窗口的显示方式，比如水平排列、垂直排列、窗口平铺、关闭文档等，如图 2-11 所示。这里需要注意的是，"Close Documents"命令将关闭所有打开的文档，但是这些文档仍在 Protel DXP 系统中运行，而"Close All"命令则会关闭所有打开的文档，同时这些文档会退出 Protel DXP 系统。

图 2-11　Window 菜单

2.2.2　工具栏

Protel DXP 提供了丰富的工具栏供用户绘制原理图时使用。大部分工具栏都有相应的菜单命令，使得用户也可以通过菜单命令来完成相应的操作，但工具栏更加快捷方便。Protel DXP 原理图编辑器中的工具栏主要包括：标准工具栏、布线工具栏、辅助工具栏和导航工具栏等，其中辅助工具栏集合了一些常用的绘图工具。

1. 工具栏的打开与关闭

以布线（Wiring）工具栏为例，若该工具栏没有打开，用户只需执行"View→Toolbars→Wiring"菜单命令，打开布线工具栏，如图 2-12 所示。执行完该菜单命令后，图 2-12 中"Wiring"前面将出现"√"标志，表示该工具栏目前处于打开状态。

用户若要关闭布线工具栏，只需再次执行该命令即可。

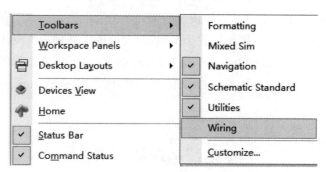

图 2-12　工具栏的打开与关闭

2. 工具栏位置调整

工具栏默认显示在菜单栏下方。在用户绘制原理图的过程中，有时某些工具栏的位置不方便用户操作，此时用户可以根据需要将其置于工作区域的任何位置。以布线工具栏为例，将鼠标置于该工具栏最前方"　"处，按住鼠标左键不放，将工具栏拖至任何指定位置后松开鼠标左键，即完成工具栏的位置调整。如图 2-13（a）所示，布线工具栏处于悬浮状态，图（b）中，该工具栏位于工作界面最下方。用户还可以将工具栏置于工作界面最左边、最右边或者工作区域的其他任意位置。当工具栏处于悬浮状态时，用户可以单击该工具栏右上角的关闭按钮"×"来关闭该工具栏。

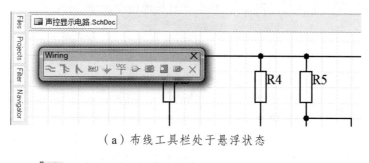

（a）布线工具栏处于悬浮状态

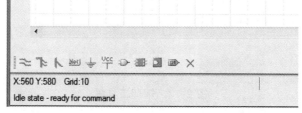

（b）布线工具栏位于工作界面下方

图 2-13　工具栏位置调整操作效果示意图

3. 常用工具栏简介

1）原理图标准（Schematic Standard）工具栏

执行"View→Toolbars→Schematic Standard"菜单命令，可以打开或关闭标准工具栏，如图 2-14 所示。点击原理图标准工具栏中的各个按钮，等同于执行 Edit 菜单中相应的命令。该工具栏提供了常用的文件操作、视图操作和编辑功能，如打印、缩放、复制、粘贴等。当把鼠标停留在某个按钮图标上时，则该按钮所要完成的功能会在图标下方显示出来，以便于用户操作。如图 2-15 所示，当把鼠标置于按钮" "上，并停留片刻后，就在该按钮图标下方显示该按钮的功能是"DeSelect All On Current Document"，表示取消当前文档中对象的选中状态，该操作等同于执行"Edit→DeSelect→All On Current Document"菜单命令。

图 2-14 原理图标准工具栏

图 2-15 工具栏命令按钮的信息提示功能

2）布线（Wiring）工具栏

布线工具栏列出了绘制原理图所需要的布线操作，主要包括放置导线、总线、总线入口、网络标号、电源端口、元器件、图纸符号、图纸入口、端口和 No ERC 标志等操作，如图 2-16 所示。执行"View→Toolbars→Wiring"菜单命令，可以打开或关闭布线工具栏。布线工具栏中各个按钮的操作等同于执行"Place"菜单下的各种命令。

图 2-16 布线工具栏

3）辅助（Utilities）工具栏

辅助工具栏是一些用于辅助电路设计的工具的集合，包括绘图工具、对齐工具、电源工具、数字元器件工具、仿真工具和栅格工具等，如图 2-17 所示。执行"View→Toolbars→Utilities"菜单命令，可以打开或关闭辅助工具栏。

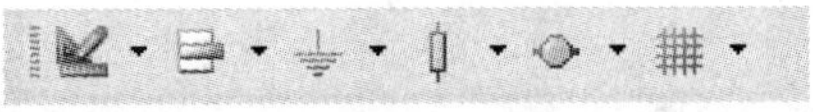

图 2-17 辅助工具栏

① 绘图工具（Drawing Tools）：主要用于绘制没有电气特性的图形，如图 2-18 所示。绘图工具中各个按钮的操作等同于执行"Place→Drawing Tools"菜单下的各种命令。

图 2-18 绘图工具

② 对齐工具（Alignment Tools）：主要用来对齐原理图中的各种对象，需要用户先选定需要对齐的原理图对象才能执行各种排列操作。该工具如图 2-19 所示。对齐工具中各个按钮的操作等同于执行"Edit→Align"菜单下的各种命令。

图 2-19 对齐工具

③ 电源（Power Sources）工具：用来放置各种常用的电源符号，包括电源和地网络两种类型。用户可以直接点击图 2-20 所示的各种电源按钮来放置对应的符号。

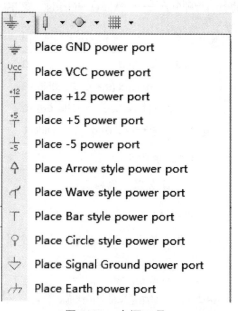

图 2-20 电源工具

④ 数字元器件（Digital Device）工具：用来帮助用户快速地放置一些常用的数字元器件，比如各种常见阻值的电阻、各种常见的逻辑门电路和芯片等，如图2-21所示。

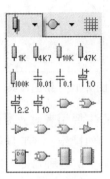

图2-21 数字元器件工具

⑤ 仿真源（Simulation Sources）工具：提供了在仿真电路的过程中常用的一些仿真源，比如+5 V的电压源、-5 V的电压源等，如图2-22所示。

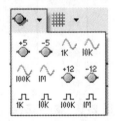

图2-22 仿真源工具

⑥ 栅格（Grids）工具：主要是用来快捷地执行设置栅格和触发栅格操作，如图2-23所示。栅格工具中各个按钮的操作等同于执行"View→Grids"菜单下的各种命令。

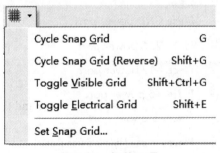

图2-23 栅格工具

4）导航（Navigation）工具栏

导航工具栏可以让用户方便地进入某个目录、前进、后退或回到Home页，具体如图2-24所示。

图2-24 导航工具栏

2.2.3 工作面板与标签

正如第 1 章所介绍的，工作面板为用户进行原理图的设计提供了极大的方便。常用的工作面板除了前面介绍的 Files 面板和 Projects 面板外，还包括 Libraries 面板、Navigator 面板、Messages 面板、Clipboard 面板等，这里不一一介绍，在后面的绘图过程中将进行详细说明。

工作面板的显示和隐藏可以通过单击工作界面两侧的工作面板标签进行控制。为了不影响绘图工作，一般在布线等操作中我们都会隐藏工作面板，以保证工作区域视图最大化。

2.2.4 面板控制中心

当某个工作面板标签没有出现在工作界面左右两侧时，说明该工作面板标签已经关闭，用户可以单击工作界面最下方的面板控制中心来打开或关闭该标签。在原理图编辑器环境下面板控制中心的内容如图 2-25 所示。

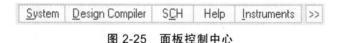

图 2-25 面板控制中心

其中：

System 标签主要控制 Clipboard、Favorites、Files、Libraries、Messages、Output、Projects、Storage Manager 和 To-Do 等工作面板标签的打开与关闭。

Design Compiler 标签主要控制 Compile、Compiled Object Debugger、Differences 和 Navigator 等工作面板标签的打开与关闭。

SCH 标签主要控制 Filter、Inspector、List 和 Sheet 等工作面板标签的打开与关闭。

2.2.5 状态栏与命令行

状态栏与命令行位于工作界面的最下方。其中状态栏所在行用于显示当前鼠标所在点的坐标位置和栅格信息，命令行则提示当前系统的状态，如图 2-26 所示。状态栏和命令行的显示与关闭可通过执行"View→Status Bar"和"View→Command Status"菜单命令完成。

```
X:170 Y:430  Grid:10
Idle state - ready for command
```

图 2-26 状态栏和命令行

2.3 原理图图纸的设置

要设计一张原理图，就需要一张图纸，不仅要大小合适，而且有的还需要进行个性化设计。原理图图纸的设置主要包括图纸的大小、标题栏、图纸颜色和栅格等内容。

2.3.1 设置图纸样式

在原理图编辑环境下，执行"Design→Document Options"菜单命令，或者在原理图工作区域的空白位置单击鼠标右键，在弹出的快捷菜单中执行"Options→Document Options"命令，可打开文档选项设置对话框，如图 2-27 所示。

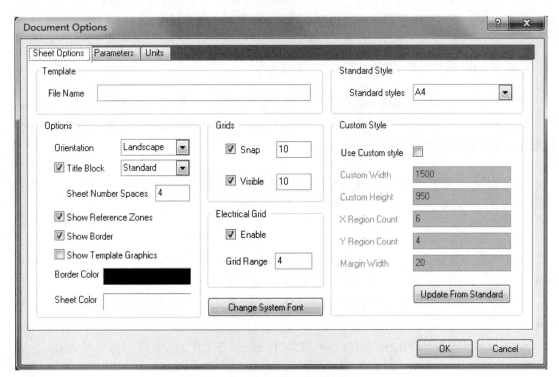

图 2-27　文档选项设置对话框

这里的图纸样式指的是图纸的大小，它分为标准化图纸和自定义图纸两种类型。在文档选项对话框中的"Standard Style"区域中点击向下三角形按钮，可选择图纸的类型（如图 2-28 所示），选择完毕后点击"OK"按钮确定。

在文档选项设置对话框的"Custom Style"区域，选择"Use Custom style"选项，则可以自定义图纸大小，其中各个参数的意义为：

① Custom Width：图纸宽度。

② Custom Height：图纸高度。

③ X Region Count：图纸水平等间距分割数目，比如采用默认的 6 个间距，则会将图纸 X 方向等间隔分为 6 个区域，且分别用阿拉伯数字 1~6 来标注。

④ Y Region Count：图纸垂直等间距分割数目，比如采用默认的 4 个间距，则会将图纸 Y 方向等间隔分为 4 个区域，且分别用大写英文字母 A~D 来标注。

⑤ Margin Width：边界宽度，指图纸中标注等间距数字或字母位置的宽度。

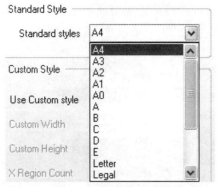

图 2-28　图纸大小

2.3.2　设置图纸和边框属性

1. 图纸方向设置

在文档选项设置对话框中的"Orientation"下拉列表中可选择图纸的方向，如图 2-29 所示。其中，"Landscape"表示水平放置图纸，"Portrait"则表示垂直放置图纸。

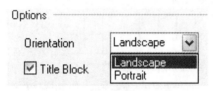

图 2-29　设置图纸方向

2. 图纸标题栏设置

在文档选项设置对话框中选中"Title Block"选项，表示在图纸中显示标题栏，并可以在其后的下拉列表中选择标题栏的类型——"Standard（标准型）"和"ANSI（美国国家标准协会型）"，如图 2-30 所示。

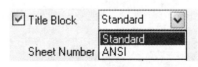

图 2-30　图纸标题栏设置

3. 边框属性设置

① Show Reference Zones：设置是否显示图纸的参考边界，默认选中。
② Show Border：设置是否显示图纸的边框，默认选中。
③ Show Template Graphics：设置是否显示图纸的模板图形，默认不选中。

4. 图纸颜色设置

在文档选项设置对话框中可以设置图纸边框颜色和图纸颜色。单击"Border Color"右边的颜色框，将弹出如图 2-31 所示的颜色设置对话框。用户可根据个人喜好选择合适的颜色。单击"Sheet Color"右边的颜色框可为图纸设置合适的颜色。

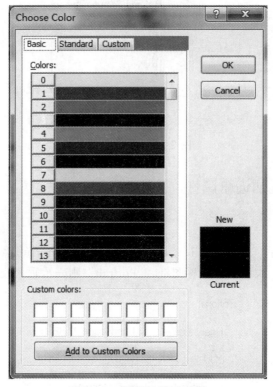

图 2-31　颜色设置对话框

5. 系统字体设置

单击文档选项设置对话框中的 Change System Font 按钮，将弹出如图 2-32 所示对话框，供用户设置系统字体。为了增强可读性，一般来说无须修改系统字体。

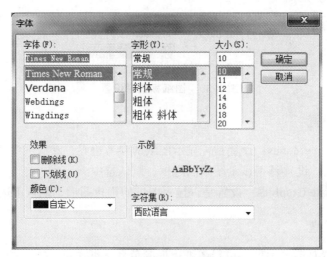

图 2-32　系统字体设置对话框

2.3.3 设置图纸栅格

原理图编辑器环境下，主要有三种栅格需要设置：捕捉栅格（Snap Grid）、可视栅格（Visible Grid）和电气栅格（Electrical Grid）。这些都可在文档选项设置对话框中进行设置，如图 2-33 所示。

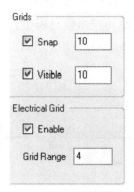

图 2-33 设置栅格

捕捉栅格主要用于元器件的定位和对齐，默认选中。若捕捉栅格有效，则所有元器件可自动对齐到栅格上，如图 2-34（a）所示，同时鼠标将以该数值为基本单位进行移动。这样非常方便用户进行布线操作。如果未勾选捕捉栅格，则原理图对象的起点或终点可以不对齐于栅格顶点上，而可处于栅格线上的任何位置，如图 2-34（b）所示。这样用户布线时极有可能没有与元器件引脚真正连接起来。读者需要注意的是，在绘制原理图时一定要使捕捉栅格有效。

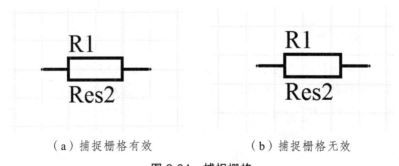

（a）捕捉栅格有效　　　　　（b）捕捉栅格无效

图 2-34 捕捉栅格

可视栅格，顾名思义，就是图纸上显示的栅格，默认选中。需要注意的是，可视栅格一定要有效，且其数值一般和捕捉栅格大小一致，这样用户可以直观地看到元器件是否处于可视栅格上（由于二者数值一致，因此实际上看到的是元器件处于捕捉栅格上），否则设置可视栅格无任何意义。

电气栅格即具有电气特性的栅格，默认有效，即"Enable"复选框被选中。当设定电气栅格大小后，在用户布线的过程中，光标将以该数值为半径查找其最近的节点，使导线的端点和附近的电气节点自动对齐，从而使得布线非常方便。由于是以该数值为半径寻找附近节点，因此电气栅格的大小一定要小于捕捉栅格，否则寻找半径大于捕捉栅格，有可能会遗漏可连接的电气节点。

若电气栅格有效，连线一旦进入电气栅格的范围内，且在该范围内存在另一个电气节点（一般为元器件的引脚），无论是否需要连接，导线端点均会自动对齐到该节点上，并在该节点上出现一个红色的"×"（电气热点标记），如图2-35（a）中电阻R2的左边引脚所示。如果用户未选中"Enable"复选框，则在用户布线过程中，即使光标无限靠近另一个电气节点，也不会出现电气热点提示，如图2-35（b）所示。因此，建议用户在操作过程中使电气栅格有效。

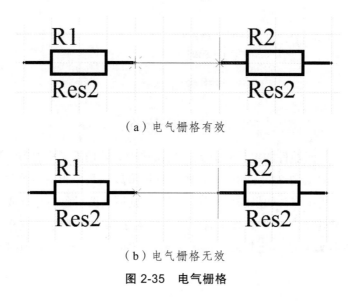

（a）电气栅格有效

（b）电气栅格无效

图 2-35　电气栅格

2.3.4　设置图纸标题栏

在文档选项设置对话框的"Parameters"选项卡（如图2-36所示）中，用户可以分别设置文档的各种参数和标题栏。每个参数均具有可编辑的名称和值。单击"Add"按钮，可以向列表添加新的参数属性；单击"Remove"按钮，可以从列表中移除某一个参数；单击"Edit"按钮，可以编辑某一个选定的参数属性。这里以标题"Title"为例进行说明。在图2-36所示窗口中选中"Title"参数并点击"Edit"按钮，弹出如图2-37所示编辑对话框，在其"Value"栏中输入标题"声控显示电路"，点击"OK"确认并返回。用户会发现标题栏仍然无标题名称，如图2-38（a）所示，这是因为还需要进行两步操作：

（1）执行"Place→Text String"菜单命令，放置一个字符串在标题栏"Title"位置，并使其内容为"=title"；

（2）执行"Tools→Preferences"菜单命令，打开原理图系统参数设置对话框，打开其中的"Schematic"下的"Graphical Editing"选项卡，勾选"Convert Special Strings"选项（如图2-39所示），单击"OK"按钮确认并返回。此时用户可以观察标题栏名称已显示在标题栏中，如图2-38（b）所示。

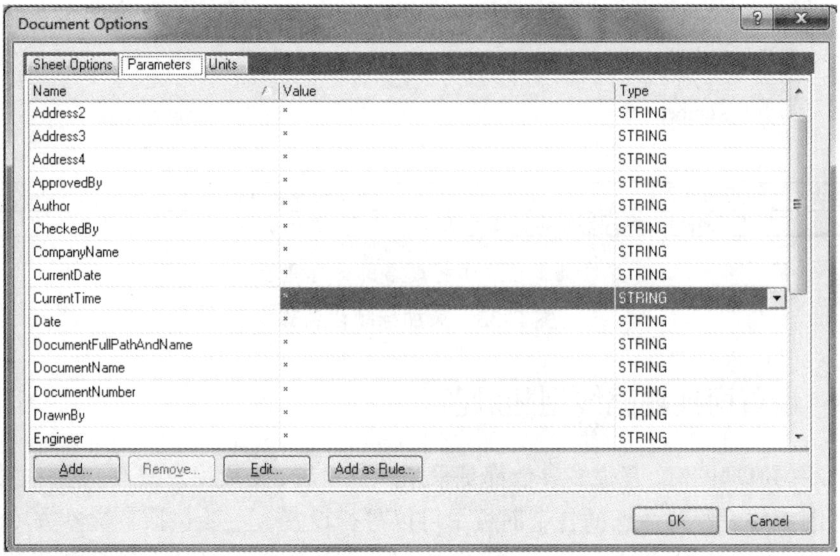

图 2-36　参数选项卡

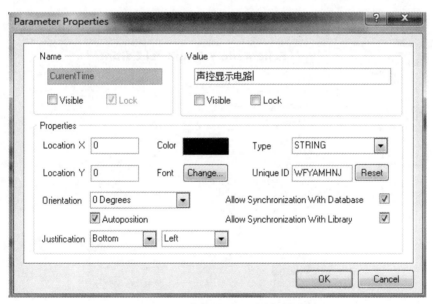

图 2-37　参数属性设置对话框

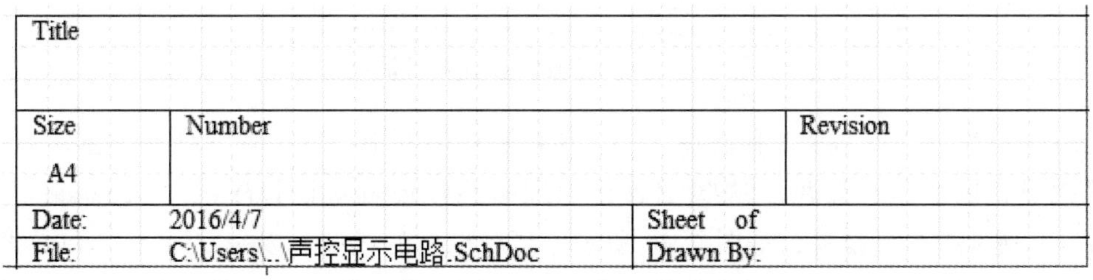

（a）未添加标题名称的标题栏

Title			
	声控显示电路		
Size	Number		Revision
A4			
Date:	2016/4/7	Sheet	of
File:	C:\Users\..\声控显示电路.SchDoc	Drawn By:	

(b) 已添加标题名称的标题栏

图 2-38　添加标题栏名称

2.3.5　设置可视栅格线型和颜色

用户在绘制原理图时，有很多参数都是采用默认设置，无须用户修改。这些参数在图 2-39 所示的原理图参数设置对话框的各个面板中可以进行设置，主要包括系统参数（System）设置和原理图（Schematic）设置等内容。一般来说，用户不需要对其中的内容进行设置，因此这里仅对用户在原理图绘制过程中可能涉及的几个内容进行介绍。

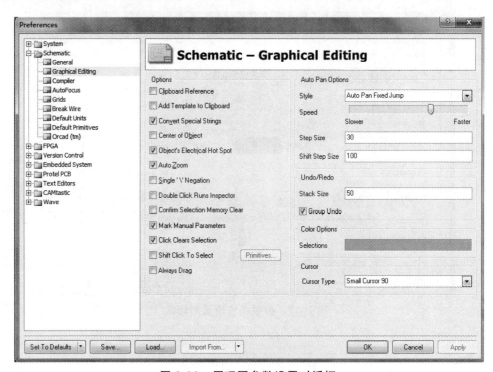

图 2-39　原理图参数设置对话框

在前面设置图纸颜色时，我们在文档选项设置对话框中可以设置图纸的颜色，但是无法设置可视栅格的线型和颜色。这些参数在原理图参数设置对话框中的"Schematic"下的"Grids"选项卡中进行设置，如图 2-40 所示。可视栅格的线型可以是"Line Grid（线型）"或"Dot Grid（点型）"两种，默认为第一种形式。用户若要更改可视栅格的颜色，可单击图 2-40 中"Grid Color"右侧的颜色框进行设置。

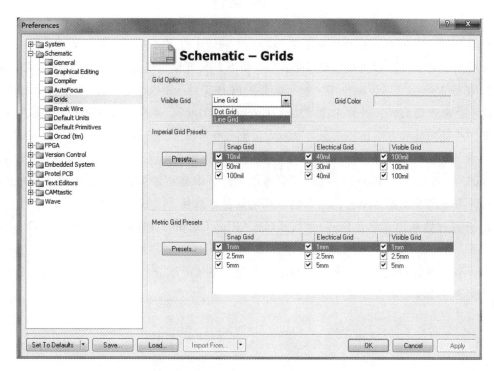

图 2-40　可视栅格类型和颜色设置

2.3.6　设置光标类型

用户在绘制原理图的过程中，还可以根据自己的喜好设置光标类型。这些参数在原理图参数设置对话框中的"Schematic"下的"Graphical Editing"选项卡中进行设置，如图 2-39 所示。在该选项卡右下角的"Cursor（光标）"选项的"Cursor Type"栏单击下拉按钮，可以看到共有四种光标类型可供选择，分别为 Large Cursor 90°、Small Cursor 90°、Small Cursor 45° 和 Tiny Cursor 45°，它们的效果如图 2-41 所示。其中，Large Cursor 90° 型光标为十字形光标，且将占据整个视图。系统默认光标类型为 Small Cursor 90°。用户可以根据自己的喜好来选用不同类型光标。

本书案例中，原理图绘图环境均采用默认设置，未作更改。

图 2-41　不同的光标类型

实训操作

1. 熟悉原理图编辑器环境下的菜单栏与工具栏，练习工具栏的打开与关闭操作，并试着将工具栏拖放到工作界面的最左侧、最右侧、最下方和工作区域的任意位置，观察设置效果。

2. 在第1章的"实训操作1"中，继续在PCB工程项目文件"PCB项目设计.PrjPCB"中新建一个原理图文件，并命名为"Ring Circuit.SchDoc"，将原理图图纸大小设置为B、横向放置，捕捉栅格和可视栅格设置为20 mil，电气栅格设置为8 mil，观察设置效果。

3. 将原理图"Ring Circuit.SchDoc"的纸张设置成自定义大小，其中图纸宽度设置为1 600 mil，高度设置为800 mil，水平设置8个间距，垂直设置4个间距，图纸边框颜色设置为蓝色，图纸颜色设置为白色，可视栅格颜色设置为红色，观察设置效果。

4. 将你的姓名作为作者名，添加到原理图"Ring Circuit.SchDoc"的标题栏中"Drawn By"所在位置。

5. 小组讨论：捕捉栅格、可视栅格和电气栅格各有什么作用？用户在设计原理图时，是否可以使这些栅格均不处于选中状态？为什么？

第 3 章

原理图设计

原理图的设计是电路设计的基础，只有在设计好原理图的基础上才可以进行 PCB 的设计及电路仿真等工作。原理图设计就是利用 Protel DXP 提供的绘图功能来制作电路原理图，包括原理图的设计、编辑、修改和编译等。

本章学习重点：

（1）原理图的创建与保存。

（2）元器件库的加载与移除。

（3）元器件的查找。

（4）元器件的放置与编辑。

（5）元器件的调整与排列。

（6）原理图布线工具的使用。

（7）原理图对象的编辑。

（8）原理图绘图工具的使用。

（9）原理图的工作面板、视图等其他操作。

3.1 原理图创建与保存

从本章开始,我们将以第 1 章的图 1-1 所示电路为案例来讲解 PCB 设计的整个流程。为了描述方便,这里再次给出声控显示电路的原理图(图 3-1)。电路的基本原理如下:声音作用于 MK,经 Q1、Q2 放大和倒相后,与 R7、R9 组成的分压电路基准电位比较,经 U1(LM324)整形、倒相,点亮模拟二极管 DS1。C1、D1 和 R1 组成延时电路。输出脉冲 RST 启动由 U2(NE555)及外围电路构成的振荡器,其输出的时钟信号 CLK 经脉冲计数器 U3(CD40110)后在数码管 D4 上显示声音信号持续的时间。图 3-1 的最下方为电源电路。

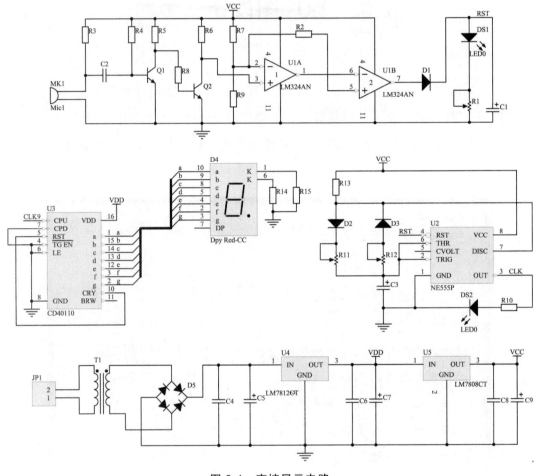

图 3-1 声控显示电路

1. 创建项目工作文件夹

为了工程项目设计的方便,一般将工程项目内的所有文件均放置在一个文件夹中。本案例中,我们在 D 盘创建一个项目设计文件夹,并命名为"声控显示电路"。为了便于管理,本案例中后续建立的所有文件都保存在该目录下。

2. 创建 PCB 工程项目

启动 Protel DXP 软件后，执行"File→New→Project→PCB Project"菜单命令，将弹出图 3-2 所示的对话框。这里选择"Protel Pcb"类型并单击"OK"按钮，此时将出现默认文件名为"PCB Project1.PrjPCB"的项目。在该项目上单击鼠标右键，选择"Save Project"命令，将弹出保存文件对话框，这里我们选择刚建立的"声控显示电路"文件夹，并输入新的文件名"声控显示电路"，如图 3-3 所示。单击"保存"按钮后，新的项目文件"声控显示电路.PrjPCB"将出现在 Projects 面板中，如图 3-4 所示。

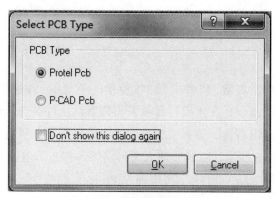

图 3-2　PCB 类型对话框

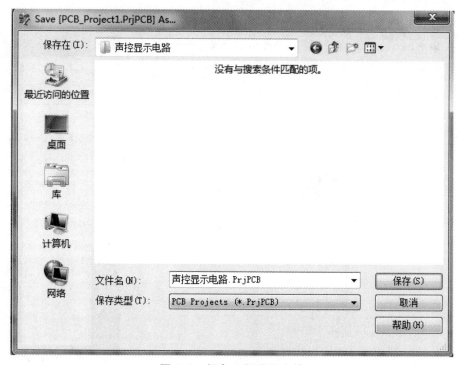

图 3-3　保存工程项目文件

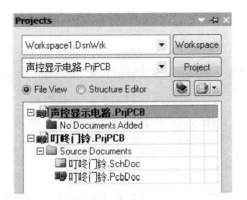

图 3-4 新建工程项目后的 Projects 面板

3. 创建原理图

在该项目文件名上单击右键,将弹出图 3-5 所示的子菜单,在这里我们执行"Add New to Project→Schematic"菜单命令,在该项目目录下出现默认文件名为"Sheet1.SchDoc"的原理图文件。在该文件名上点击右键,选择"Save"命令,在打开的保存文件对话框中找到工程项目所在文件夹,如图 3-6 所示,在其中输入文件名"声控显示电路"。点击"保存"后,新的原理图文件"声控显示电路.SchDoc"将出现在 Projects 面板中。将光标移动至工程项目文件名上,单击右键,选择"Save Project"命令保存项目文件,此时原理图文件创建完毕并在项目文件中创建了链接,如图 3-7 所示。

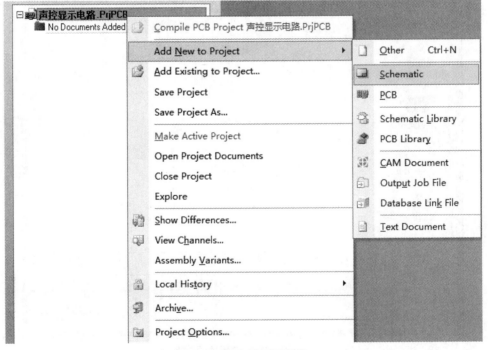

图 3-5 新建原理图操作

图 3-6 保存原理图文件

图 3-7 新建原理图

3.2 元器件库操作

在安装 Protel DXP 的过程中,它所附带的元器件库也一并被安装到了计算机中。在 Protel DXP 的安装目录中,有一个 Library 目录即是专门来存储元器件库的,如图 3-8 所示。在该目录中,元器件一般是按生产厂家来分类的,比如 Texas Instruments 文件夹中为美国德州仪器公司所生产的元器件,Toshiba 文件夹中为日本东芝公司所生产的元器件,Actel 文件夹中为美国艾特公司所生产的元器件。

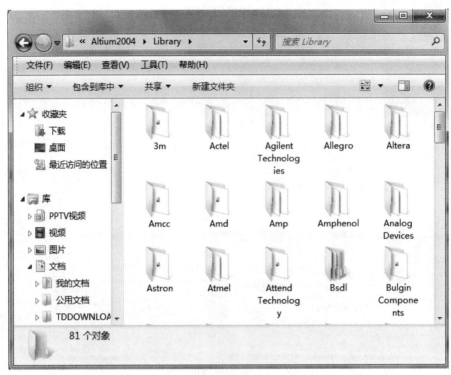

图 3-8 Protel DXP 自带元器件库所在文件夹

用户在绘制原理图的过程中，需要将自己用到的元器件库加载进来，以方便直接调用这些库中的元器件。但由于加载进来的元器件库都会占用系统资源，所以建议最好加载用户常用的元器件库，而不需要使用的或仅使用几次的元器件库，在使用完毕后可以从元器件库中移除，以提高程序运行效率。

Protel DXP 支持独立的元器件封装库，也支持集成的元器件库，它们的后缀名分别为 SchLib 和 IntLib。Protel DXP 软件打开后，默认会加载两个集成元器件库，即常用的分立元器件库 Miscellaneous Devices.IntLib 和常用接插件元器件库 Miscellaneous Connectors.IntLib。前一个元器件库主要包含常用的分立元器件，如电阻、电容、二极管、三极管等等；后一个元器件库主要包括常用的接插件，如插座等。

在 Protel DXP 2004 SP4 中，库文件的显示方式可以设置，用户只需单击库文件名右侧的按钮"..."，将弹出设置对话框，如图 3-9 所示。以 Miscellaneous Devices.IntLib 库文件为例，若用户只选择了"Components"，则会显示元器件的所有信息，库文件显示名称为 Miscellaneous Devices.IntLib，如图 3-10（a）所示；若用户同时选择了"Components"和"Footprints"两项，则同样会显示元器件的所有信息，但库文件名称将以 Miscellaneous Devices.IntLib [Component View]和 Miscellaneous Devices.IntLib [Footprint View]两种形式供用户选择，分别表示"显示元器件所有信息"和"仅显示元器件封装信息"，如图 3-10（b）所示；若用户只选择了"Footprints"，则会显示元器件的封装信息，库文件显示名称为 Miscellaneous Devices.IntLib [Footprint View]，如图 3-10（c）所示。

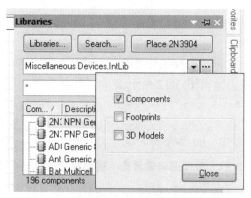

图 3-9 库文件显示方式设置对话框

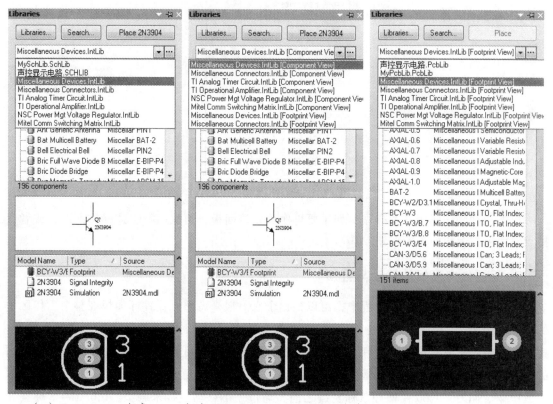

（a）Components 方式　　（b）Components + Footprints 方式　　（c）Footprints 方式

图 3-10 元器件库面板显示方式

3.2.1 元器件库管理

1. 元器件库面板的打开与关闭

默认情况下，元器件库面板的控制按钮将出现在 Protel DXP 界面的最右边，用户只需要将鼠标移动到"Libraries"标签上，元器件库面板将自动弹出。如果用户将元器件库面板关闭了，可以通过以下两种方式打开面板：

（1）执行"Design→Browse Library"菜单命令，"Libraries"标签将默认出现在界面右侧，同时也将打开元器件库面板。

（2）找到工作界面右下方的面板控制中心，在原理图编辑界面下，其内容如图 3-11 所示。点击其中的"System"标签，弹出图 3-12 所示菜单，再点击其中的"Libraries"，即可打开元器件库面板。

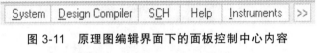

图 3-11 原理图编辑界面下的面板控制中心内容

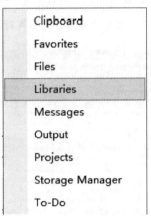

图 3-12 System 标签内容

以上两种操作属于开关操作，如果要再次关闭该面板，再次执行上述操作即可，或者直接点击面板右上角的关闭按钮"✕"。

2. 元器件库面板的移动与置顶

用户在使用元器件库的过程中，可以根据个人习惯来调整元器件库面板在整个工作区中的位置。若需将工作面板置于工作区中，可将鼠标放在元器件库面板最上方的蓝色标题栏上，按住鼠标左键不放并拖动面板到合适位置后松开鼠标左键即可。如果用户想将面板放在界面的最左边，只需将面板拖动到最左侧，当出现黑色向左的三角形标记"◀"时，松开左键即完成操作。同时，可以在松开鼠标左键之前，通过上下移动鼠标来调整"Libraries"标签在所有标签中的位置。

默认情况下，元器件库面板是非置顶的，当用户在工作区进行绘图等操作时，面板会自动隐藏。如果用户需要面板置顶，只需要单击元器件面板上方的置顶控制按钮"⊞"，此时面板会始终处于工作区最前端。

3. 认识元器件库面板

完整的元器件库面板如图 3-13 所示。最上面三个按钮分别用来加载或移除元器件库、查找元器件和放置当前选择的元器件。第二行显示的为当前选择的元器件库名称。第三行是元器件过滤器，当输入为通配符"*"时，表示不进行元器件过滤。例如，用户如果要选择电容类元器件，为了避免在元器件库中一个一个地查找，可以在过滤器中输入"CAP"，则在第四行元器件列表区域中仅显示以 CAP 开头的所有元器件信息。第五行区域显示的是元器件在原理图中的外形示意图。第六行区域显示的是元器件的模型、类型及所在库。例如，图 3-13 中所选择的是 PNP 型三极管，该区域显示了该型号三极管的封装模型名称及所在库、信号完整性模型和信号仿真模型等信息。面板最下面区域显示的是元器件封装。

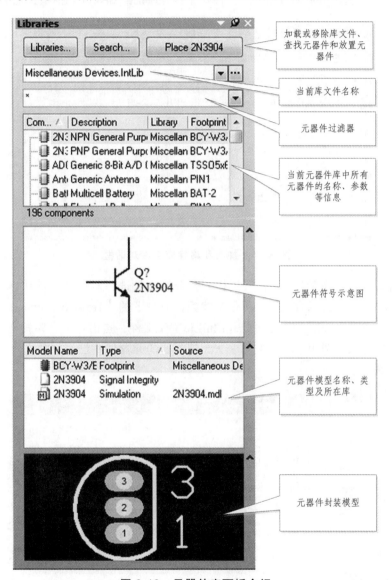

图 3-13 元器件库面板介绍

3.2.2 加载和移除元器件库

在设计原理图时，Protel DXP 默认只加载两个元器件库，因此当用户需要使用其他库中的元器件时，必须自行加载元器件库。同样，为了减少所加载元器件库过多地占用系统资源，必要时还可对不再使用的元器件库进行移除操作。

1．加载元器件库

如果用户知道所使用的元器件在哪个库中，可以直接进行加载。以本案例中的 NE555P 为例，其所在元器件库名称为"TI Analog Timer Circuit.IntLib"，是德州仪器所生产的元器件，在库文件目录下的"Texas Instruments"文件夹中。执行"Design→Add/Remove Library"命令，或者点击元器件库面板上的"Libraries"，打开元器件库加载和移除对话框，如图 3-14 所示。

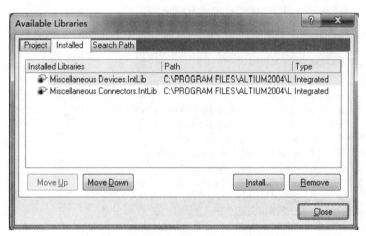

图 3-14 加载和移除库文件对话框

单击该对话框右下角的"Install"按钮，打开库文件选择对话框，默认路径为系统安装目录下的 Library 文件夹，如图 3-15 所示。找到该目录下的"Texas Instruments"文件夹，双击进入后，选择"TI Analog Timer Circuit.IntLib"库文件，点击"打开"按钮，则新的元器件库将加入到当前原理图中，如图 3-16 所示。若需要的元器件库已经加载完毕，单击"Close"按钮关闭对话框。

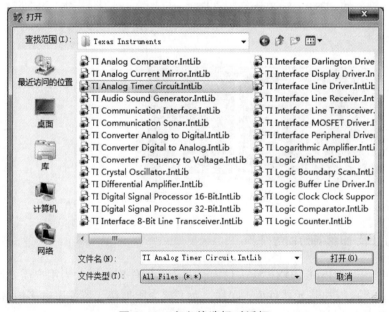

图 3-15 库文件选择对话框

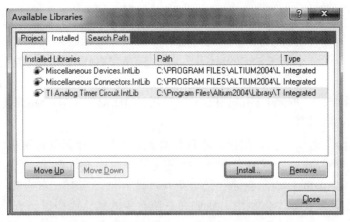

图 3-16 加载新元器件库后的加载和移除对话框

2. 移除元器件库

当不需要再使用某元器件库时,为了提高系统运行效率,可以将其从当前原理图中移除。执行"Design→Add/Remove Library"命令,或者点击元器件库面板上的"Libraries",打开图 3-16 所示的元器件库加载和移除对话框。选择要移除的元器件库,例如"TI Analog Timer Circuit.IntLib"库文件,点击"Remove"按钮,即可将该元器件库移除,则当前原理图中的库文件只有默认加载的两个,如图 3-14 所示。

3.2.3 查找元器件

当用户需要使用的元器件不在当前加载的库文件中,而且也不知道在哪个库文件中时,可以使用 Protel DXP 查找元器件的功能。Protel DXP 提供了强大的查找功能,用户只需要知道元器件的大概名称,就可以将相似的所有元器件查找出来。在图 3-13 中,点击最上方的"Search"按钮,或执行"Tools→Find Component"命令,将打开图 3-17 所示的查找元器件对话框。

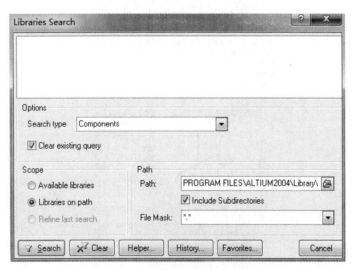

图 3-17 查找元器件对话框

(1) 在最上方的文本输入框中输入用户需要查找的元器件名称，可以是确切的元器件名称，也可以是不确切的元器件名称。例如，输入本案例中的四路运算放大器"LM324AN"。

(2) 在"Options"区域的"Search type"中，选择要查找的元器件类型，默认为查找元器件（Components）。由于我们要查找的只是元器件名称，所以不需要更改该选项。Protel DXP还支持查找元器件封装（Protel Footprints）和元器件3D模型（3D Models），此时可以点击查找类型下拉菜单进行选择。

(3) 在"Scope"选项框中，用户需要选择查找的范围。有三个选项可供选择：

① Available libraries：表示从当前已加载的元器件库中进行查找。

② Libraries on paths：表示按路径进行查找。此时用户需要在右边的"Path"栏中选择元器件库所在的路径。比如本案例中，我们在系统自带的默认库中进行查找，则需要选择路径"Altium2004\Library"。由于Library目录下包含多个文件夹，所以一定要选择包含子目录复选框，即选中"Include Subdirectories"项。

③ Refine last search：表示对上次的查找方式进行重新设置。

此外，在"Path"区域中，还有一个库文件过滤器（File Mask）。若用户知道所查找的元器件库的大概名称或某些字符，可以在此区域输入，以缩短搜索时间；若不知道，则保留默认值"*.*"即可。

(4) 参数设置完毕后，点击下方的"Search"按钮开始查找元器件。此时，Protel DXP进入元器件查找状态，如图3-18所示。当查找到类似的元器件后，在元器件名称栏中将显示所有已查找到的具有类似名称的元器件名称。若用户发现已经查找到了所需的元器件，例如本案例中的"LM324AN"，则可单击上方的"Stop"按钮停止查找；如果仍没有找到，可以让系统继续查找。

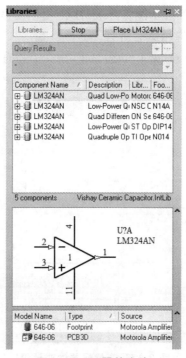

图 3-18 元器件查找

找到所需元器件后，用户可以直接双击该元器件，将其所在的元器件库加载到当前原理图中。本案例中，我们选中元器件"LM324AN"并单击"Place LM324AN"按钮，或双击放置该元器件时，系统将弹出图 3-19 所示加载该库的确认对话框，点击"Yes"按钮即可。

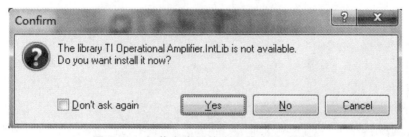

图 3-19　加载查找到的库文件确认对话框

当进行了某次查找后，若再次打开查找元器件对话框，该对话框默认保存了上次查找的内容，如图 3-20 所示。从图中可以看出，当用户输入"LM324"后，系统会自动在其前后加上通配符"*"，表示查找中间五个字符为"LM324"的所有元器件。同时，如果是查找元器件，还会查找元器件描述中包含字符"LM324"的元器件。如果用户需要修改查找内容，可以在输入文本对话框中修改。若需重新查找其他元器件，点击下方的"Clear"按钮清除文本框中的内容并再次输入即可。如果用户查找某个元器件有多项条件限制，可以在输入文本框中输入类似"（Name like '*LM324*'）or（Description like '*LM324*'）"的语句。若对此语句不熟悉，可以点击下方的"Helper"按钮获得帮助，如图 3-21 所示。若用户想重复某次搜索，可以直接点击"History"按钮，在弹出的对话框中选择需要查找的内容项，然后点击"Apply Expression"按钮即可，如图 3-22 所示。若用户需要清除以前的所有记录，可单击"Clear History"按钮。若用户以前收藏过某些查找记录，也可以点击"Favorites"按钮，在弹出的图 3-23 所示对话框中选择以前收藏的查找过的器件名称。这里由于没有收藏过查找记录，所以里面的记录是空白的。

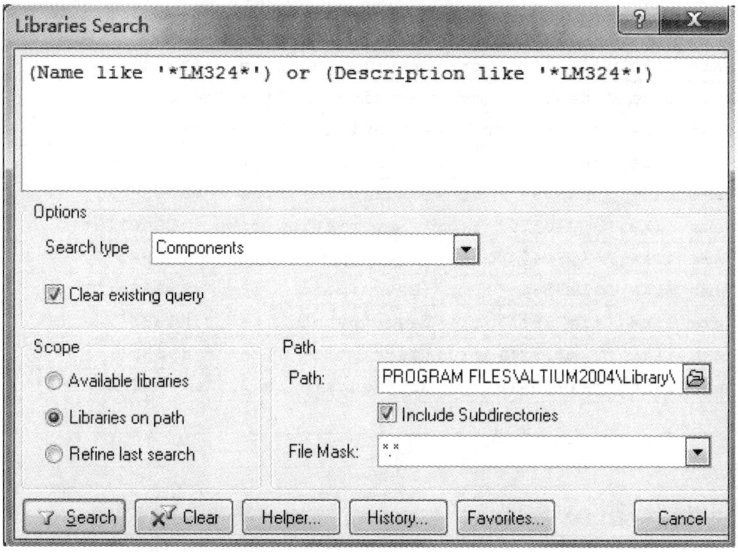

图 3-20　再次打开查找对话框显示的内容

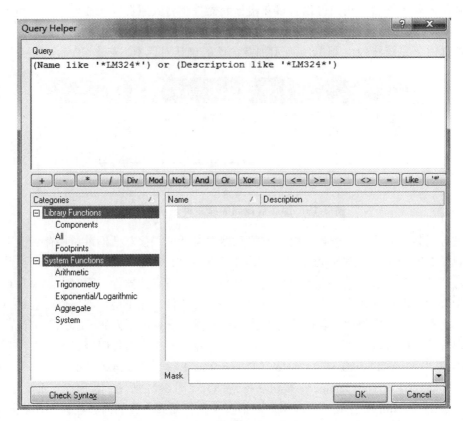

图 3-21　查找帮助对话框

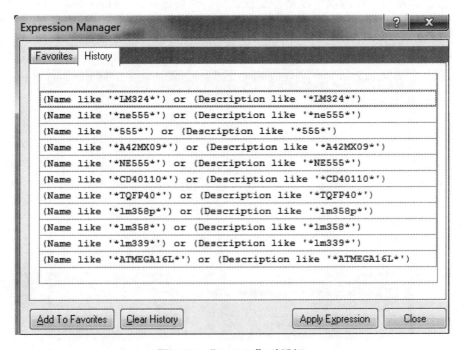

图 3-22　"History"对话框

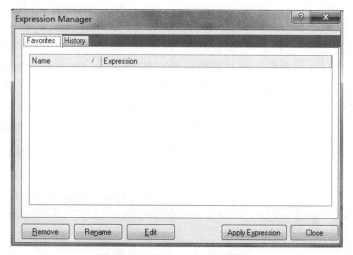

图 3-23 "Favorites"对话框

3.3 元器件放置与编辑

当用户将所需元器件库加载到当前原理图中后，就可以使用这些元器件库中的元器件来绘制原理图了。

3.3.1 放置元器件

1. 通过元器件库面板放置元器件

下面以放置电阻为例，说明元器件的放置方法。

（1）在库文件中选择"Miscellaneous Devices.IntLib"作为当前库，在元器件过滤器中输入"Res"（因为电阻是以"Res"开头的，这样可以在元器件列表中快速显示出所有以"Res"开头的元器件），在元器件列表栏中双击 Res2，或者选中 Res2 时单击"Place Res2"按钮，此时元器件 Res2 的符号将附着在鼠标光标上，并可跟随光标随意移动，如图 3-24（a）所示。

（2）将元器件移动到图纸中需要放置的位置，单击鼠标左键将元器件放置到图纸中的指定位置。

（3）此时系统仍处于放置电阻 Res2 的状态，用户可以继续将光标移动到特定位置，单击左键继续放置电阻。也就是说，用户可以连续放置相同的元器件至原理图中。

（4）元器件放置完毕后，用户单击鼠标右键即可退出放置元器件状态，也可按键盘上的"Esc"键退出该状态。

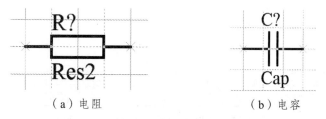

（a）电阻　　　　　　（b）电容

图 3-24 元器件放置时的附着状态

2. 通过菜单放置元器件

用户也可以使用菜单命令来放置元器件。执行"Place→Part"菜单命令，或连续按两次键盘上"P"键，将打开放置元器件对话框，如图 3-25 所示。对话框中默认放置的元器件为上一次放置元器件操作中最后放置的元器件，如这里的"Res2"。若用户知道元器件的名称，可以在这里直接修改。比如要放置电容，可直接将"Res2"修改为"Cap"（不区分大小写），单击"OK"按钮，系统将处于放置电容的状态，如图 3-24（b）所示。放置完毕后单击鼠标右键，将返回到图 3-25 所示界面，可以继续放置其他元器件。若不需要进行此操作，单击"Cancel"按钮退出。

图 3-25　放置元器件对话框

此外，在图 3-25 所示对话框中，还可以在"Lib Ref"栏中点击三角形下拉按钮，来选择以前放置的元器件名称。也可以点击"History"按钮，在弹出的对话框中选择和修改需要方放置的元器件名称及参数，如图 3-26 所示，然后点击"OK"按钮返回元器件放置界面。

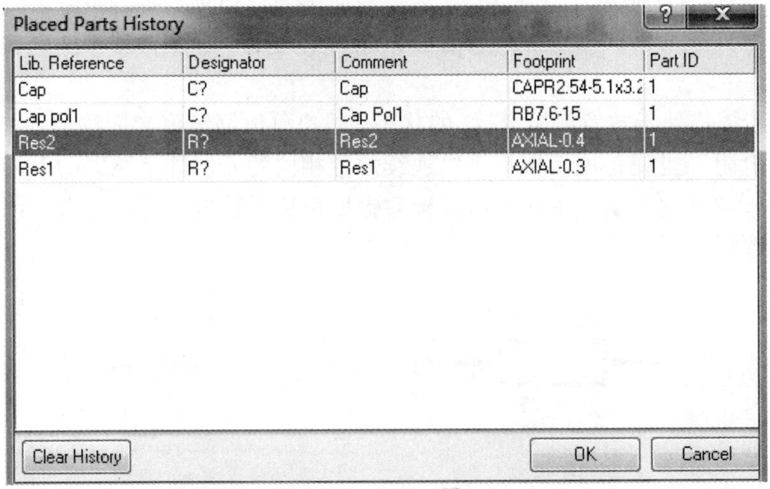

图 3-26　元器件放置"History"对话框

若用户不清楚元器件名称及所在库,可以点击图 3-25 中"Lib Ref"栏最右边的按钮"...",打开图 3-27 所示的元器件浏览对话框,找到所需元器件后,点击"OK"按钮返回元器件放置界面。

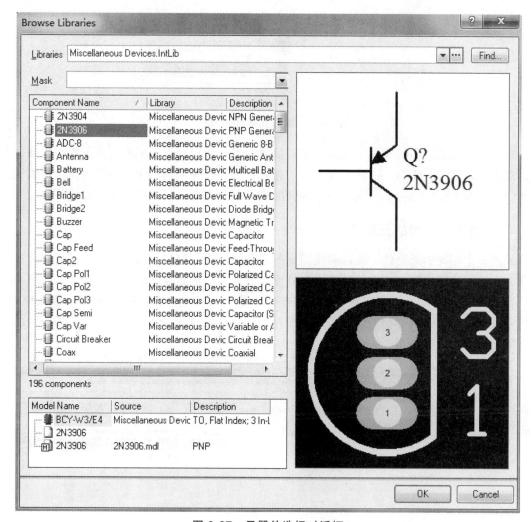

图 3-27　元器件选择对话框

图 3-25 所示的放置元器件对话框中,后面几项依次为元器件流水号(Designator)、元器件注释(Comment)、元器件封装(Foot print)、元器件子件号(Part ID,默认为 1)。例如,在放置电容的过程中,将流水号改为 C1,然后依次点击鼠标左键放置多个电容,则流水号依次为 C1、C2、C3……

3. 通过工具栏放置常用元器件

对于某些常见的元器件,比如电阻、电容等,可以通过工具栏来快速地放置。点击辅助工具栏(Utilities)中电阻形状的按钮" "即可显示数字元器件工具栏,如图 3-28 所示。

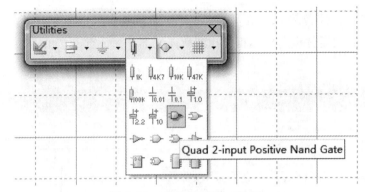

图 3-28 常用元器件工具栏

常用数字元器件工具栏主要包括特定阻值的电阻，特定容值的电容，常见的与、或、非门，常见的集成元器件等。如图 3-28 所示，把鼠标放在常见与非门上，会显示当前可放置的与非门名称为 "Quad 2-input Positive Nand Gate"，单击该按钮，即可放置该元器件。

4. 放置多个相同的元器件

放置多个相同的元器件，可以利用前面所述三种方法，通过点击鼠标左键进行连续放置操作，也可以通过快捷方式进行放置。在放置元器件时，若元器件处于附着状态，按键盘上的 "Tab" 键，会弹出元器件属性编辑对话框，如图 3-29 所示。在 "Designator" 输入栏中，将电阻流水号改为 R1，然后点击 "OK" 按钮，则可连续放置编号为 R1、R2、R3……的多个电阻。

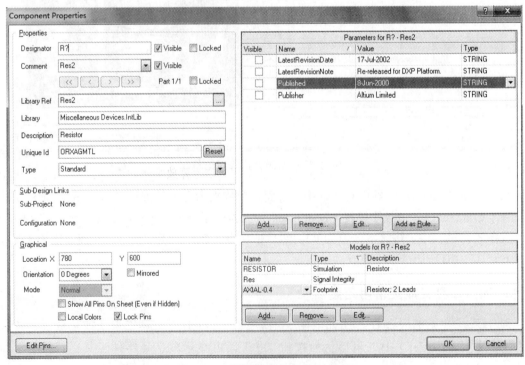

图 3-29 元器件属性编辑对话框

3.3.2 编辑元器件

对元器件的属性进行编辑，既可以编辑某个属性，也可以编辑所有属性。

1. 编辑元器件的所有参数

双击元器件符号，或者在附着状态下按键盘上的"Tab"键，将打开元器件属性编辑对话框，如图 3-29 所示。

1）属性（Properties）分组

元器件属性编辑对话框的左半部分为元器件属性参数设置对话框，用户可以在此对元器件的基本属性进行编辑和设置。

① 流水号（Designator）：元器件的流水号（标识符）在原理图中是唯一的，当直接把元器件放置在原理图中时，系统采用默认的标识形式，即"元器件类型分类+问号"，例如电阻标识为"R?"，电容标识为"C?"，集成元器件标识为"U?"等。用户可以在放置元器件的过程中，或在放置好元器件后来根据需要逐个修改元器件流水号，也可以采用 3.3.1 节的方式来修改元器件流水号。

如果用户希望在把所有的元器件全部放置到原理图中，并且排列好位置后，利用元器件流水号自动更新功能来自动标识元器件，则可以在放置元器件时不修改流水号。但是此时元器件"Designator"属性栏中，锁定元器件复选框"Locked"必须处于不选中状态，否则该元器件无法进行自动标识。

如果用户不希望在原理图中显示元器件的流水号，只需取消选中可视复选框"Visible"即可。默认情况下该复选框选中。

② 注释（Comment）：元器件一般用其型号进行注释。在生成 Protel 网络表时，这些注释文字将在网络表中出现，这样便于检查标识符和元器件型号的对应关系。同样，如果用户不希望元器件注释出现在原理图中，只需取消选中可视复选框"Visible"即可。默认情况下选中该复选框。

③ 多部件元器件：所谓多部件元器件是指一个集成电路中包含多个功能相同的电路模块。例如本案例中的 LM324AN，包含了四个相同功能的运算放大器，依次称为 Part A、Part B、Part C 和 Part D。如图 3-30 所示，凡是元器件名称前有"+"标志的，均表示该元器件为多部件元器件。

在放置多部件元器件时，用户可以用鼠标点击元器件名称前的"+"标志，则该元器件前面的"+"标志变为"-"标志，同时在元器件库面板中元器件显示成多个部件，如图 3-30 所示。用户可以直接双击每个部件来放置该子件，例如依次放置 Part A~Part D 四个部件，结果如图 3-31（a）所示。如果用户没有点击"+"标志，而是直接放置该元器件，依次放置四个，均默认为第一个子件，即 Part A，如图 3-31（b）所示。此时用户需要对其他三个子件进行修改。例如，双击第一排第二个子件，在弹出的元器件属性对话框的注释栏下的子件修改按钮中（如图 3-32 所示），点击第三个按钮">"，则可将该子件修改为 Part B。剩下两个子件可以采用同一方法进行修改,这样就得到了图 3-31(a)所示同一个芯片的四个不同的子件。需要注意的是,同一个原理图中,每个流水号相同的子件只能出现一次,即流水号是唯一的。例如本案例中,两个运算放大器分别为 U1A 和 U1B。如果用户输入为 U1A 和 U2B,则变为两个芯片了,分别为第一个芯片的第一个子件、第二个芯片的第二个子件。

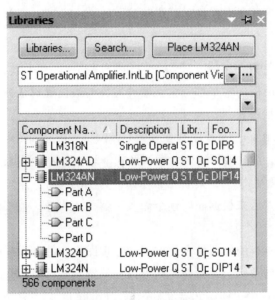

图 3-30 多部件元器件

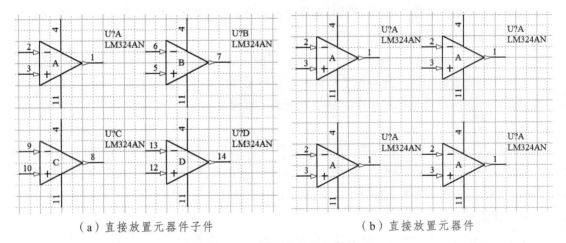

(a)直接放置元器件子件　　　　　　　　(b)直接放置元器件

图 3-31 放置多部件元器件

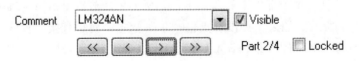

图 3-32 多部件元器件的修改

图 3-29 的属性分组中，其他几项参数分别为元器件在库中的参考名称、元器件所在库名称、元器件的描述、元器件的 ID 和元器件的类型，一般不必修改。其中，元器件 ID 是由系统产生的元器件唯一的标识码。原理图中每个元器件 ID 都不同。

2）图形（Graphical）分组

在图形分组中，主要是跟元器件图形相关的选项。

① 位置（Location）：元器件在原理图中相对于坐标原点的位置坐标（X，Y）将显示在此处。一般不需要通过修改此处来改变元器件位置，而是直接在原理图中拖动元器件到指定位置即可。

② 角度和镜像（Orientation and Mirrored）：这两项一般不直接进行修改，而是在放置元器件的过程中，使用快捷键进行操作。当处于放置元器件的状态，或者元器件处于拖动状态时，按空格键可以使元器件以光标所在位置为中心逆时针旋转，每按一次空格键旋转 90°。在此状态下，若按键盘上的"X"键，元器件将以光标所在位置为参考点左右翻转；按键盘上的"Y"键，则上下翻转。

③ 引脚的隐藏与锁定：如果用户勾选"Show All Pins on Sheet（Even if Hidden）"复选框，则该元器件隐藏的引脚也将显示在元器件上，默认该项为非选中状态。一般来说，该选项主要针对集成电路的电源引脚和电源地引脚。在 Protel DXP 的部分元器件中，为了减少原理图中的导线连接数量，默认情况下其电源引脚和电源地引脚是隐藏的。需要注意的是，虽然电源引脚和电源地引脚处于隐藏状态，但它们并不是不需要连接，而是默认电源引脚连接到"VCC"网络，电源地引脚连接到"GND"网络。所以用户在绘制原理图的过程中，如果某个集成芯片没有显示电源引脚和电源地引脚，则在设置网络时一定要有 VCC 和 GND 两个网络，为芯片提供电源和接地。

引脚的锁定功能（Locked）默认情况下是处于选中状态的，即不允许用户随机拖动引脚位置或编辑引脚属性。但为了绘图方便，Protel DXP 允许用户对引脚进行编辑，只需取消选中该复选框即可。此时，用户绘制原理图非常方便，可以根据连线需要拖动引脚至特定位置。

3）参数（Parameters）列表分组

图 3-29 右上部分的参数列表主要用于设置仿真的模型参数，以及 PCB 制板的设计规则等。

比如为图 3-29 中的电阻添加阻值。单击"Add"按钮，弹出如图 3-33 所示元器件参数属性编辑对话框。在"Name"栏中输入参数名称，在"Value"栏中输入阻值（10K），其他保持默认设置，单击"OK"按钮，则在图 3-29 所示的参数列表中将多出一列阻值列表。同时，若将该列表前的复选框选中，则阻值将显示在原理图中，如图 3-34 所示。

在图 3-29 的参数列表分组区域，若用户需要对已有的参数进行编辑，则选中需要编辑的参数并单击"Edit"按钮，或者双击某参数即可打开图 3-33 所示对话框，从而编辑该参数。当需要删除某参数时，选中后单击"Remove"按钮即可。

此外，当用户需要添加 PCB 制板时所需的布线规则时，单击"Add as Rule"按钮，可打开元器件规则参数编辑对话框，从而设计相关规则。

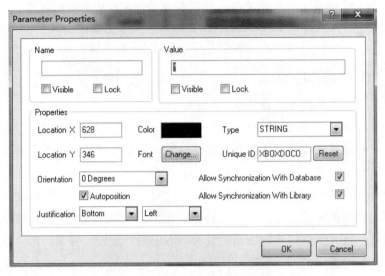

图 3-33 元器件参数编辑对话框

（a）添加阻值前　　　　　　　　（b）添加阻值后

图 3-34 电阻添加阻值参数前后在原理图中显示符号对比

4）模型（Models）列表分组

图 3-29 右下部分的模型列表分组主要用于对元器件的仿真模型、信号完整性模型和封装模型进行设置。

以电阻的模型为例，假设电阻的封装不是直插式封装 AXIAL-0.4，而是贴片式封装 C3216-1206，那么应如何修改呢？

首先删除默认的封装。选中 AXIAL-0.4，点击"Remove"按钮即可。然后点击"Add"按钮，在弹出的新建模型对话框中选择"Footprint"类型，如图 3-35 所示，单击"OK"按钮，打开 PCB 封装模型设置对话框，如图 3-36 所示。

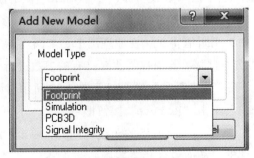

图 3-35 新建模型选择对话框

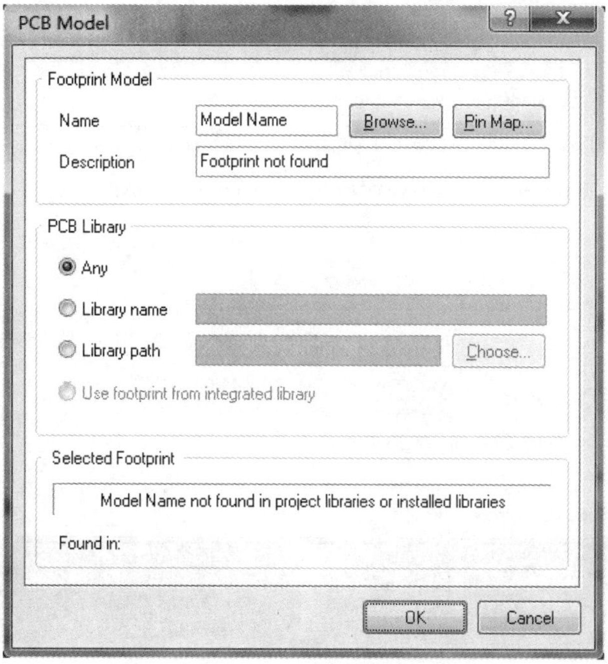

图 3-36 PCB 封装模型设置对话框

由于现在没有设置任何封装，所以图 3-36 中的内容是空的。单击"Browse"按钮，打开封装库浏览对话框，如图 3-37 所示。用户可以点击右上角的"▼""…""Find…"三个按钮来找到需要的封装，具体操作和查找元器件类似，不再赘述。这里选择"Miscellaneous Device.IntLib [Footprint View]"封装库，再选择贴片式封装"C3216-1206"，单击"OK"按钮回到 PCB 封装模型设置对话框，如图 3-38 所示，此时元器件的模型信息已加载。点击"OK"按钮返回元器件属性对话框，如图 3-39 所示，此时电阻的封装为新设置的贴片式封装。

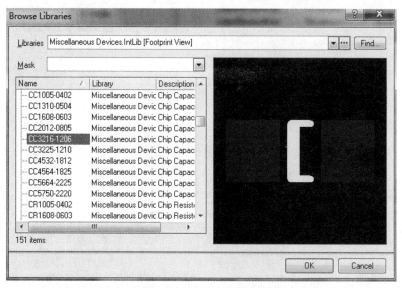

图 3-37 封装库浏览对话框

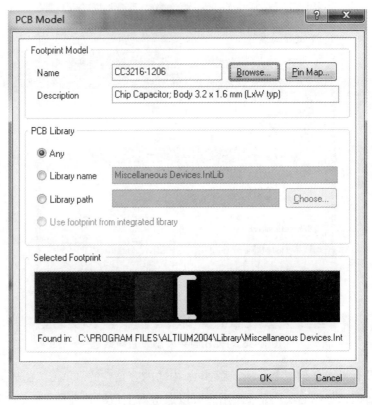

图 3-38 已经加载信息的封装模型设置对话框

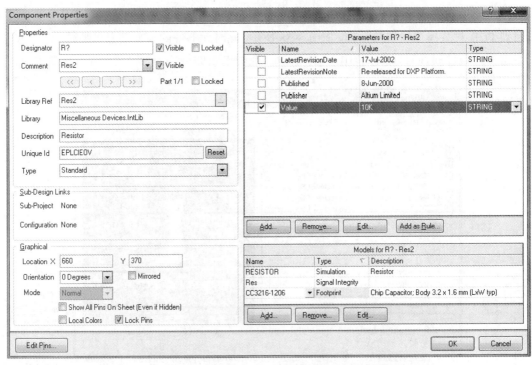

图 3-39 增加电阻阻值参数和修正封装模型后的电阻属性对话框

2．编辑元器件的字符型参数

在对元器件的流水号或者注释等字符型参数进行编辑时，可以不在图 3-29 所示的属性对话框中进行设置，而可单独编辑。例如，若需单独编辑元器件的流水号，双击其流水号，将弹出图 3-40 所示的流水号编辑对话框。此时用户可以对元器件的流水号、字体和颜色等参数进行修改。

此外，如果只需要修改流水号的编号，用鼠标单击元器件流水号，使该字符处于选中状态，然后再次单击该字符，则元器件流水号将以蓝底显示并处于可直接编辑状态，如图 3-41 所示，用户可以直接对流水号进行修改。类似地，用户也可直接对注释等属性进行单独编辑。

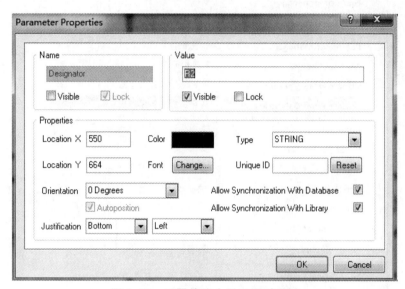

图 3-40　元器件流水号设置对话框

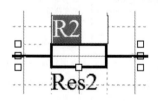

图 3-41　直接更改元器件流水号

以本案例中的声音感应电路部分为例，经过调整和编辑，得到图 3-42 所示结果。

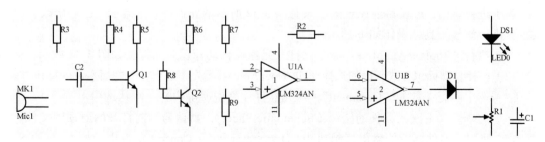

图 3-42　放置并经编辑、排列的元器件

3. 自动标识元器件流水号

以上操作都是用户在绘制原理图的过程中，通过手工修改来编辑各个元器件的流水号。在绘制原理图时，必须保证各个元器件的流水号均不同。为了保证其准确性，可以利用 Protel DXP 提供的自动标识功能来给所有元器件自动编号。

自动标识元器件流水号的菜单命令为"Annotate"，在原理图编辑界面的"Tools"菜单中，如图 3-43 所示。

图 3-43　原理图编辑界面下的 Tools 菜单

为了进行说明，假设目前原理图上只有图 3-42 所示的元器件，且流水号已经修改，现需要重新进行编号。具体操作如下：

（1）执行"Tools→Annotate"命令，打开元器件自动标识对话框，如图 3-44 所示。

（2）选择自动标识方式，比如选择"UP Then Across"（先下后上、先左后右）的标识方式。

（3）选中匹配参数为"Comment"，即元器件注释说明等内容（默认选中）。

（4）选择需要更改元器件的图纸（Schematic Sheet），默认为当前打开的原理图文件。

（5）使用元器件标注的索引控制功能（Designator Index Control），选中起始索引号（Start Index，默认为 1，所以一般不需要更改）。

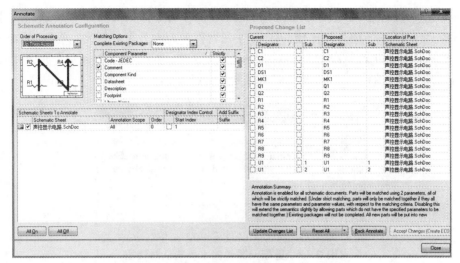

图 3-44 元器件流水号自动标识对话框

（6）单击复位元器件流水号"Reset All"按钮，弹出图 3-45 所示确认对话框，表示有 18 个元器件的流水号将复位为"元器件类型 + 问号"的形式，单击"OK"按钮确定。此时图 3-44 中建议更改列表（Proposed Change List）部分将变为图 3-46 所示内容。

图 3-45 复位元器件流水号确认对话框

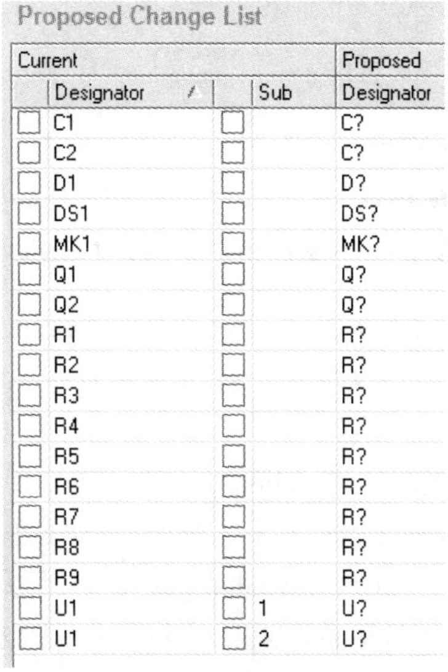

图 3-46 复位元器件流水号

（7）单击更新元器件列表"Update Changes List"命令，弹出图3-47所示确认对话框，表示与原来图3-42中的编号相比较，有10个元器件的流水号需要更改。单击"OK"按钮确定，元器件流水号的更改情况如图3-48所示。这里需要说明的是，如果所有元器件的流水号未做更改，均为默认的"？"形式，则不需要进行第（6）步操作。

图3-47 更新元器件流水号确认对话框

Proposed Change List			
Current			Proposed
Designator		Sub	Designator
C1			C2
C2			C1
D1			D1
DS1			DS1
MK1			MK1
Q1			Q1
Q2			Q2
R1			R9
R2			R8
R3			R1
R4			R2
R5			R3
R6			R5
R7			R7
R8			R4
R9			R6
U1		1	U1
U1		2	U1

图3-48 更新前后的元器件流水号

（8）若接受当前更改（创建ECO文件），则单击"Accept Changes【Create ECO】"按钮，打开项目修改命令对话框，如图3-49所示。在该对话框中，显示了需要更改的10个元器件的流水号更改情况。

（9）单击确认编号更改有效按钮"Validate Changes"，以验证修改是否有效。执行命令后，该对话框靠右的"Check"栏将显示"√"标记，表示正确，如图3-50所示。

（10）单击执行编号更改按钮"Execute Changes"，将对原理图中的上述10个元器件的流水号进行更改。执行命令后，该对话框靠右的"Done"栏也将显示"√"标记，表示更改成功。

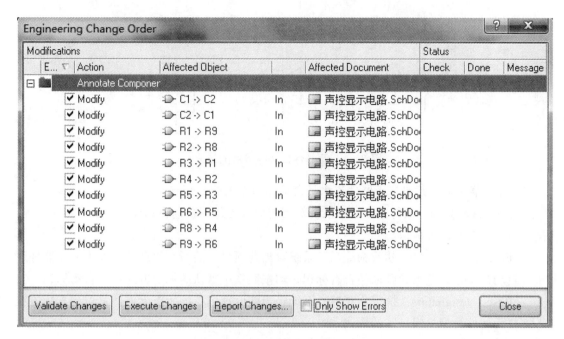

图 3-49　项目修改命令对话框

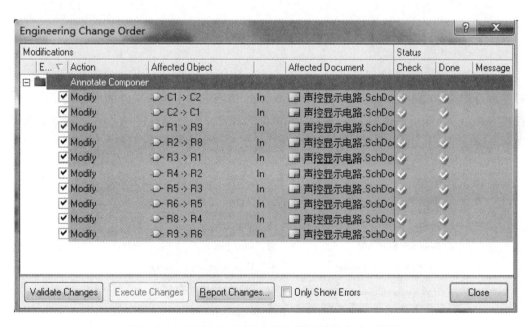

图 3-50　验证和执行更改后的项目修改命令对话框

（11）如果用户需要查看更改的报告，可以在图 3-50 所示的对话框中，单击"Report Changes"按钮，将生成元器件自动标识报告，供用户保存或打印。如不需要生成报告，单击右下角的"Close"按钮，则当前原理图的元器件将按照设定的规则进行自动编号，效果如图 3-51 所示。注意与图 3-42 做比较。

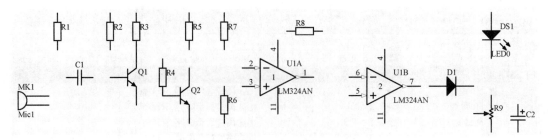

图 3-51　元器件自动编号后的结果

"Tools"菜单中，其他与元器件流水号自动标识有关的命令有：

① Annotate Quiet：执行命令后，系统对当前原理图进行快速自动标识，没有中间过程，仅提示有多少个元件被标识。

② Force Annotate All：执行命令后，系统对当前项目中的所有原理图文件中的元器件强制进行自动标识，而且不管原来是否有标识，均按照系统默认的标识方式进行自动标识。

③ Reset Designators：执行命令后，系统将当前原理图中的所有元器件复位到未标识状态，即"元器件类型＋问号"的形式。

④ Back Annotate：执行命令后，利用原来自动标识时生成的 ECO 文件，将改动标识后的原理图恢复到原来的标识状态。

3.3.3　排列元器件

Protel DXP 为元器件排列提供了一系列命令，以方便用户设计出更加美观的原理图。所有对齐命令均在"Edit→Align"菜单下，如图 3-52 所示。选中需要对齐的所有元器件，然后执行相应的命令，即可实现多个元器件的各种自动对齐操作。图 3-52 所示的所有命令也可通过先点击辅助工具栏中的"　"标记，再点击命令按钮来完成。

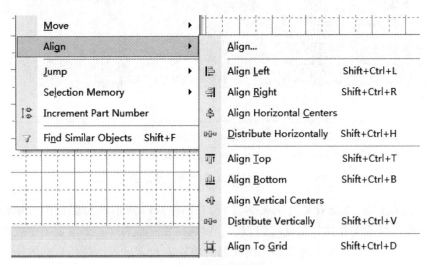

图 3-52　元器件对齐命令

① Align Left：左对齐，执行命令后将以最左边的一个元器件为参考点，纵向自动对齐。
② Align Right：右对齐，执行命令后将以最右边的一个元器件为参考点，纵向自动对齐。
③ Align Horizontal Centers：水平中心对齐，执行命令后，向最左边的元器件和最右边的元器件的中间位置对齐，元器件垂直距离不变。
④ Distribute Horizontally：水平等间距排列，执行命令后，所有元器件在最左边元器件和最右边元器件之间等间距排列，元器件垂直距离不变。
⑤ Align Top：顶端对齐，执行命令后，所有元器件以最上方的元器件为参考对齐。
⑥ Align Bottom：底端对齐，执行命令后，所有元器件以最下方的元器件为参考对齐。
⑦ Align Vertical Centers：水平中心对齐，执行命令后，向最上方的元器件和最下方的元器件的中间位置对齐，元器件水平距离不变。
⑧ Distribute Vertically：垂直等间距排列，执行命令后，所有元器件在最上方元器件和最下方元器件之间等间距排列，元器件水平距离不变。
⑨ Align To Grid：按栅格对齐，该命令主要用于使没有位于栅格上的电气节点对齐到栅格上。当用户取消捕捉栅格（Snap Grid）选项后，原理图对象的起点或终点可以不对齐于栅格顶点上，而可以处于栅格线上的任何位置。如果用户再次使捕捉栅格有效后，这些元器件将无法进行布线操作，此时利用该命令可以使这些元器件自动对齐到最近的栅格上。
⑩ Align...：复合排列命令。当用户执行"Edit→Align→Align..."命令后，将弹出复合排列对话框，如图 3-53 所示。在该对话框中，用户可以在水平排列选项（Horizontal Alignment）和垂直排列选项（Vertical Alignment）中进行设置。

图 3-53　复合排列设置对话框

3.4　原理图布线工具的使用

布线工具栏主要用于电路的电气连接，总线或层次原理图的设计，电气节点、网络标号和电源接地等的放置，如图 3-54 所示。该工具栏主要与"Place"菜单中的第一部分命令相对应，如图 3-55 所示。如果布线工具栏被关闭，用户可以通过执行"View→Toolbars→Wiring"菜单命令打开。

图 3-54　原理图布线工具栏

图 3-55　Place 菜单

3.4.1　导线的放置与设置

1．绘制导线

导线是电气连接中最基本的组成单位，单张原理图上的电气连接一般都是通过导线建立起来的。这里需要特别注意的是，导线具有电气特性，一定要使用布线工具栏中的"Wire"绘制，而不能使用绘图工具栏中的"Line"绘制。利用"Line"绘制出来的仅表示一条线，无任何电气特性。

下面以绘制电阻 R1 和 R2 的连线为例，说明导线的绘制步骤。

（1）单击布线工具栏的布线按钮"≈"，或执行"Place→Wire"菜单命令，或按键盘快捷键"P＋W"，鼠标光标变为图 3-56 所示的十字形状，且附着一个灰色的"×"号标记。"×"号为导线的电气节点指示，它以系统设置的捕捉栅格为单位移动。

（2）将光标移动到某个电气节点（一般为元器件的某个引脚）上，光标变为红色"米"字形标记，如图 3-57 所示，表示该点存在一个电气节点，导线的端点可以与该电气节点进行连接。

图 3-56 光标状态　　　　　　　　图 3-57 放置导线的起点

（3）单击鼠标左键，导线的端点就和该引脚连接在一起了。移动鼠标，可发现确定了一条导线，如图 3-58（a）所示。此时用户按空格键，可使导线方向发生 90°改变，如图 3-58（b）所示。此外，用户在走线过程中，同时按组合键"Shift+空格"可以改变走线的模式，依次在 90°、45°、任意角度和点对点自动布线四种模式间循环切换，如图 3-58（c）所示就是任意角度走线模式。一般来说，为了原理图的美观性和可读性，建议尽量使用 90°走线模式。本书中均采用（a）图所示的 90°走线模式进行布线。

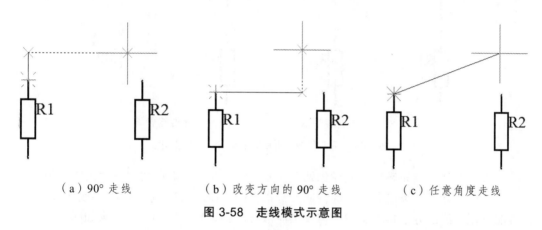

（a）90°走线　　　　（b）改变方向的 90°走线　　　　（c）任意角度走线

图 3-58 走线模式示意图

（4）在操作步骤（3）中，当导线与 R1 的上引脚连接后，向右上角移动鼠标拖出如图 3-58（a）所示的导线，再上下移动鼠标以选定左上角导线拐点（导线拐弯处的位置）。从图中可以看出，此时水平导线是虚线，这是因为还没确定拐点位置。当选定好左上角拐点位置后，单击左键即可。然后再移动鼠标到合适位置并选定第二个拐点，单击左键确定，此时绘图结果如图 3-59（a）所示。从图中可以看出，两个拐点位置均有灰色"×"号标记，表示这两处为电气节点。

确定好两个拐点位置后，移动鼠标到 R2 的上引脚上，将出现一个红色的"×"号标记，表示此处有一个有效的电气节点，可以进行连接。若需要连接（例如本案例），单击左键即可，从而完成 R1 和 R2 引脚间电气连接的绘制，结果如图 3-59（b）所示。

在图 3-59（b）所示的连接中，由于是 90°走线，当左上角第一个拐点确定后，用户无须再次单击鼠标左键确定第二个拐点，只需在第一个拐点确定后直接移动鼠标到 R2 的上引脚上，当出现红色"米"字标记时，如图 3-59（c）所示，单击左键即可完成本次绘图操作。

需要注意的是，很多用户在初次绘制导线时，往往在图 3-59（a）所示的状态下继续向下移动鼠标，使导线端点超过 R2 的上引脚端点，如图 3-59（d）所示，即导线端点已经移动到了 R2 图形上的某个栅格上。此时，若用户单击鼠标左键，将出现（e）图所示结果，此时 R2 上引脚上多了一个节点标记。由于只有一根导线与 R2 引脚相连，显然不应出现节点标记。

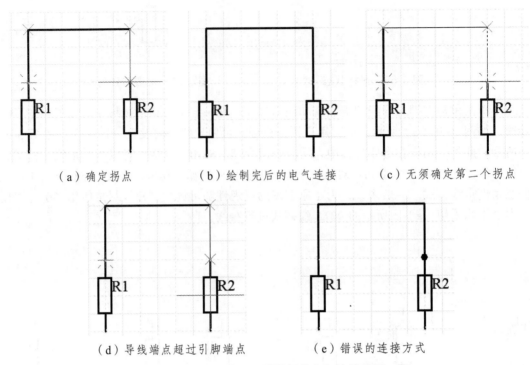

图 3-59　R1 和 R2 引脚间的电气连接绘制

（5）绘制本条导线完毕后，光标仍处于绘制导线的状态，此时可以继续绘制其他导线。如果不需要绘制导线，单击鼠标右键，或按键盘上的"Esc"键，退出绘制导线状态。

按照绘制导线的方法将本案例中声音感应部分电路全部连接起来，结果如图 3-60 所示。

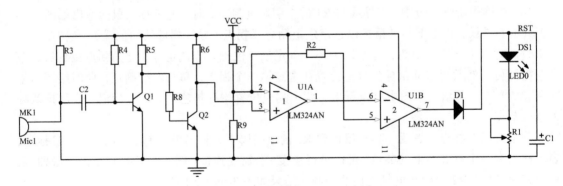

图 3-60　完成导线连接的电路图

2. 编辑导线

1）导线属性

在绘制导线的过程中，按键盘上的"Tab"键，或者绘制完成后，双击该导线，可打开导线属性设置对话框，如图 3-61 所示。

84

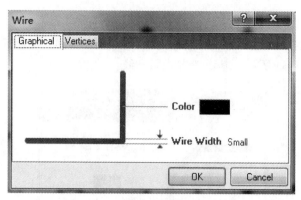

图 3-61　导线属性设置对话框

双击图形界面下"Color"选项右侧的颜色示意块，可打开颜色设置对话框，从而修改导线的颜色。将鼠标放在导线宽度（Wire Width）上的宽度指示字符"Small"上，右侧将出现一个三角形下拉按钮，单击该下拉按钮，可以设置导线线宽。共有四种宽度：最细（Smallest）、细（Small，默认宽度）、中（Medium）、宽（Large）。一般情况下，为了原理图的美观性和可读性，建议不要修改导线的宽度和颜色。

2）移动和更改导线

由于导线是原理图中的一个操作对象，因此应用于其他操作对象的编辑和操作方法均可应用在导线上，比如复制、粘贴等。这里仅说明通常会使用到的针对导线的一些操作，比如移动和更改导线等。

① 移动导线：当需要移动一根导线时，首先单击该导线，当周围出现绿色句柄时，表示导线处于选中状态。将光标放在导线上，当出现双向十字箭头时，拖动鼠标即可移动导线。

② 延长或缩短导线长度：当一根导线绘制完毕后，由于需要调整元器件位置或其他原因而需要更改导线长度时，可以在导线处于选中状态时，将光标放在某端点上，当出现 45°双向箭头时，按住鼠标左键拉长或缩短到某位置，松开左键即可完成操作。当然用户也可以先删除该导线再重新绘制。

③ 删除导线：当不需要某导线时，可以删除该导线。最常见的操作即选中该导线，按键盘上的"Delete"键。也可按照普通对象的删除方法进行操作。

3.4.2　总线的放置与设置

当原理图中存在大量的连接线路时，可用总线来代替系列导线，以减少连接的数量，同时提高原理图的美观性。总线是若干条电气特性相同的导线的集合，它不具有电气特性，必须与总线入口和网络标号配合才能确定各个连接的对应关系。

1. 总　线

单击布线工具栏的布线按钮""，或执行"Place→Bus"菜单命令，或按键盘快捷键"P + B"，进入绘制总线状态。其绘制过程同绘制导线一样，不再赘述。需要注意的是，总线不能直接和元器件的引脚相连，必须通过总线入口进行连接。

要编辑总线的线宽和颜色，可以在绘制过程中按"Tab"键，或者双击总线，打开总线属性编辑对话框，如图3-62所示。其设置方法同导线。

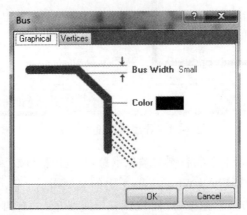

图3-62 总线属性设置对话框

2. 总线入口

总线与元器件引脚或导线相连时必须通过总线入口进行连接。单击布线工具栏的布线按钮" "，或执行"Place→Bus Entry"菜单命令，进入绘制总线入口状态。将鼠标光标移动到需要放置的位置，单击鼠标左键，即可将总线入口放置到当前位置。在放置之前，按键盘上的空格键，可以调整总线入口的方向，共有45°、135°、225°和315°四个方向供选择。

总线入口一端必须和总线连接，另一端可以直接和元器件引脚连接，也可以通过导线再和引脚连接。放置总线入口后，信号经过总线入口和总线到达对方总线入口后，仍无法确定对应的电气连接关系，还需要放置网络标号。因此，为了原理图的美观性，一般总线入口可通过导线再与引脚连接，以预留位置放置网络标号。

在放置总线入口时按"Tab"键，或者双击总线入口，可打开总线入口属性设置对话框，如图3-63所示。其设置方法同导线和总线一样。两个端点的坐标位置一般不需要在这里设置，只需在绘制总线入口时直接拖动到相应位置即可。

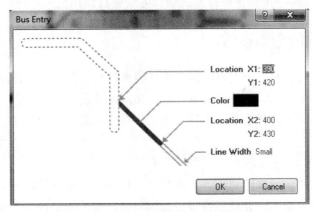

图3-63 总线入口属性设置对话框

3. 网络标号

绘制总线时，放置完总线和总线入口后，仍然没有确定对应的电气连接，还必须通过网络标号进行识别。网络标号的放置与设置将在 3.4.3 节中进行详述。放置网络标号时，一对电气连接之间的网络标号必须一致。

以本案例的数码管显示电路为例，绘制完毕后，电路如图 3-64 所示。这里 U3 的引脚 1 和 D4 的引脚 10 具有相同的网络标号"a"，则它们经过总线入口和总线后，建立起一条电气连接。

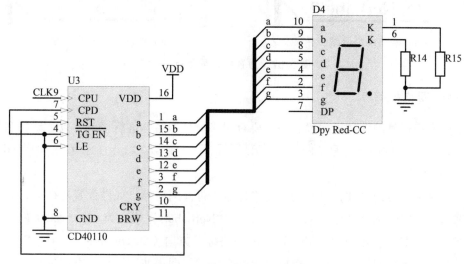

图 3-64　数码管显示部分电路

3.4.3　网络标号的放置与设置

原理图中任何一条电气连接都具有自己的网络名称，网络标号正是用来表示某条电气连接的网络名称的，一般用于表示相同的网络或总线。例如，当两个电气节点距离非常远，或者不在同一张原理图中时，可以使用相同的网络标号来表示，这样它们之间相当于直接用导线连接起来了。

1. 放置网络标号

单击布线工具栏的布线按钮"Net"，或执行"Place→Net Label"菜单命令，进入放置网络标号状态，此时"十"字光标上将附着默认的网络标号名称，如图 3-65 所示。移动鼠标到指定位置，当"十"字光标的中心出现红色的"×"号标记时，表示该点可以作为网络标号和引脚（或导线）的连接点，如图 3-66 所示。此时，单击鼠标左键即可将网络标号放置在当前位置。首次放置时默认名称为"NetLabel1"。放置完毕后，系统仍处于放置网络标号状态，移动光标到指定位置并单击鼠标左键可以继续放置第二个网络标号，默认名称为"NetLabel2"，如图 3-67（a）所示。不需要继续放置网络标号时，单击右键退出。

网络标号的放置位置可以是引脚的端点，也可以是引脚和总线入口之间的导线上的某个位置，只要不影响原理图的美观性即可，例如不要使网络标号和引脚标号重叠。

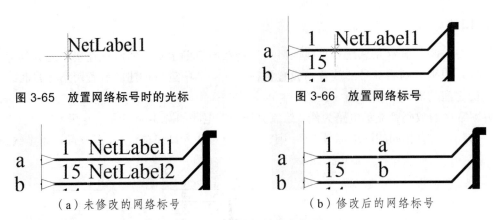

图 3-65 放置网络标号时的光标　　　　图 3-66 放置网络标号

（a）未修改的网络标号　　　　（b）修改后的网络标号

图 3-67 放置好的网络标号

2. 编辑网络标号

为了使网络标号的含义更明确，一般要对网络标号的名称进行修改，以达到顾名思义的效果，如图 3-64 中的网络标号"RST"表示复位信号。图 3-67（b）所示是 U3 的引脚 1 和引脚 15 修改后的网络标号。

要编辑网络标号的属性，可双击该网络标号，打开网络标号属性设置对话框，如图 3-68 所示。例如，在网络标号名称"Net"栏中，将"NetLabel1"修改为"a"，然后单击"OK"按钮，网络标号名称就被改为"a"。这里的网络标号方向（Orientation）一般不需要修改，用户只需要在放置该网络标号前，按键盘上的空格键，即可使网络标号方向依次在 0°、90°、180°和 270°之间切换。

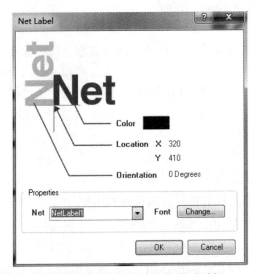

图 3-68 网络标号属性设置对话框

修改网络标号的属性，还可在光标处于放置网络标号状态时，按"Tab"键打开其属性设置对话框，从而进行属性设置。需要注意的是，当通过按"Tab"键修改属性时，有两点与直接双击网络标号来修改属性是不同的：

（1）此时在图 3-68 所示的网络名称栏中输入"D0"表示某个网络标号名称，单击"OK"按钮返回放置状态时，若连续放置多个网络标号，其序号会自动增加，例如依次为 D0、D1、D2、D3……该操作为放置总线的网络标号提供了极大的方便。

（2）当通过按"Tab"键修改名称并放置完所有网络标号后，下一次执行该命令再次放置网络标号时，默认名称是上一次放置的名称（不带数字标号的）或上一次最后一个网络标号的序号加 1（带数字标号的）。例如上一次修改为"a"，则下一次启动该命令时默认名称仍为"a"；若上一次放置的最后一个网络标号为"D5"，则下次启动该命令时默认名称为"D6"。

需要特别注意的是，网络标号是不区分大小写的，例如网络标号"CLK"和"clk"表示同一个网络，但为了可读性和美观性，一般都写成同一样式。此外，网络标号的放置还支持非号，例如网络标号"$\overline{RST}$"，用户只要在图 3-68 中每个字符后面加一个反斜杠"\"标记，如图 3-69（a）所示，则最终在原理图中网络标号将显示为"$\overline{RST}$"的形式，如图 3-69（b）所示。

（a）输入非号的方法　　　　　　（b）效果示意图

图 3-69　网络标号非号的输入方法

3.4.4　电源端口的放置与设置

电源端口（Power Port）是一种特殊的符号，它实际上是用来表征一个网络的，类似于网络标号的概念。因此，在同一张原理图中，只要具有相同网络名称的电源端口，不管其符号外形是否相同，均表示同一个电源网络。但为了原理图的可读性和美观性，一般相同的电源网络采用统一的外形符号来表示，例如电源地网络一般用"⊥"表示。

1. 放置电源端口

直接点击辅助工具栏上的"⊥"或"VCC"按钮，"十"字光标上将附着相应的标记，移动鼠标到指定位置后单击鼠标左键即可完成电源地或电源的放置。

用户也可执行"Place→Power Port"命令来放置电源地或电源网络。但是利用该命令放置的电源端口是上一次通过辅助工具栏放置的电源端口。例如，如果上一次通过辅助工具栏放置了电源地"⊥"，随后退出了放置电源端口状态，则下次再执行该菜单命令放置电源或电源地网络时，放置的仍是电源地"⊥"。

在放置电源端口时，如需更改端口方向，只需在放置前按键盘上的空格键，即可使端口方向按 90°进行旋转。

为了绘图方便，Protel DXP 共提供了 11 种不同外形的电源端口供用户选择，单击辅助工具栏中按钮"⊥"旁的三角形标记，将打开所有可用的电源端口，如图 3-70 所示。

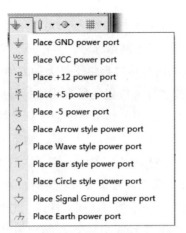

图 3-70 电源端口

2. 编辑电源端口

在放置电源端口时按键盘上的"Tab"键，或在放置好的电源端口上双击，将打开电源端口设置对话框，如图 3-71 所示。需要注意的是，电源端口的属性中最重要的是网络名称，必须保证同一个电源的网络名称相同。

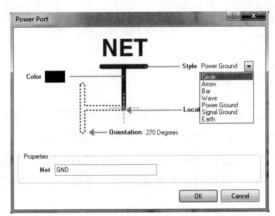

图 3-71 电源端口属性设置对话框

3.4.5 No ERC 标记的放置与设置

No ERC 表示忽略电气规则检查，即在某个点放上 No ERC 标记后，在进行电气规则检查时，将不对该标记点进行 ERC 规则检查。例如，对于某些输入型引脚，当其悬空时，为了不使系统进行 ERC 检查时报错，可以在该引脚上放置 No ERC 标记。

点击布线工具栏最右边一个按钮"×"，或执行"Place→Directives→No ERC"命令，鼠标"十"字形光标将附着一个红色"×"，将光标移动到指定位置后单击左键即可完成该标记的放置。需要注意的是，放置 No ERC 标记的命令没有自动捕捉电气节点的功能，也就是说可以将该标记放置在非栅格顶点位置，所以用户放置该标记时一定要放置在需要忽略 ERC 规则检查的电气节点上。

放置时按键盘上的"Tab"键或者双击已经放置好的 No ERC 标记，可打开 No ERC 标记属性设置对话框，如图 3-72 所示。一般不需要进行设置。

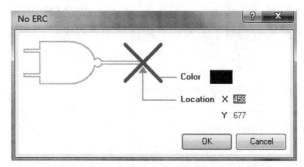

图 3-72　No ERC 标记属性设置对话框

3.4.6　节点的放置与设置

节点是指两条连接的电气特性需要交叉时，指示该点交叉连接的标记。系统默认的是当出现"T"形连接时会自动加上节点标记。出现"十"字形连接时，默认两条导线是不交叉的，如需交叉则必须手工添加节点标记。

手工添加节点标记，可执行"Place→Manual Junction"命令，此时"十"字光标将附着一个深红色的节点标记，将光标移动到指定位置后单击左键即可完成该标记的放置。

若要编辑节点的属性，可双击该节点，打开属性设置对话框，如图 3-73 所示。在此可以对节点的大小、颜色等进行设置。

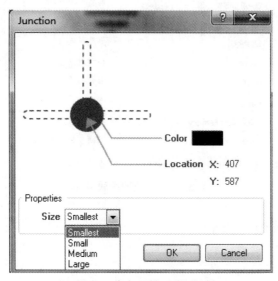

图 3-73　节点属性设置对话框

布线工具栏中" "标记用来快速放置元器件。绘制层次原理图的" "" "" "等按钮将在第 6 章中讲解，这里不再叙述。

3.5 原理图对象编辑

在绘制原理图的过程中，经常需要对元器件、导线、文字和图形等进行编辑，包括移动、旋转、删除、复制、粘贴和剪切对象等操作。跟这些操作有关的命令主要在 Edit 菜单中，如图 3-74 所示。

图 3-74 原理图编辑菜单

3.5.1 对象的选取与取消

1. 对象的选取

1) 单个对象的选取

在原理图中，要选择单个对象，如元器件、导线、网络标号和文本等，只需用鼠标左键单击该对象即可，此时该对象周围将有绿色的句柄标记（元器件等对象）或者白色的句柄标记（字符串、标记、节点和电源端子等），如图 3-75 所示。

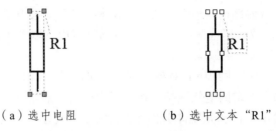

(a)选中电阻　　　　　　　　(b)选中文本"R1"

图 3-75　单个对象选中状态

2）多个连续对象的选取

（1）直接选取：选取多个连续对象时最简单的办法是直接在图纸上拖出一个矩形框，则框内的对象全部被选中。如图 3-76（a）所示，将鼠标放在合适位置后按住鼠标左键不放，拖动鼠标，当出现矩形框且需要选中的对象均在框内时，松开左键，则矩形区域内的所有对象均被选中。选中后的元器件周围均有句柄，如图 3-76（b）所示。需要注意的是，某个对象要被选取，该对象必须有 1/2 以上的部分包含在矩形区域内。

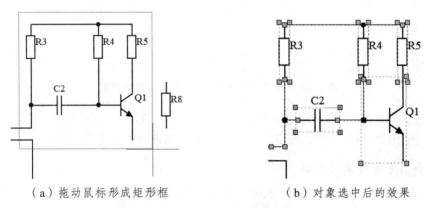

(a)拖动鼠标形成矩形框　　　　　　(b)对象选中后的效果

图 3-76　拖动鼠标选择多个连续对象

（2）利用工具栏选取工具：先单击工具栏选择按钮"　"，然后在合适位置单击鼠标左键确定起点坐标，紧接着拖动鼠标调整矩形框的大小，最后在右下角位置确定后单击左键即可。注意在拖动鼠标的过程中不需要按住左键。

（3）利用菜单中的相关命令选取：执行"Edit→Select"命令，将出现 4 个选取命令和 1 个选取状态切换命令，如图 3-77 所示。

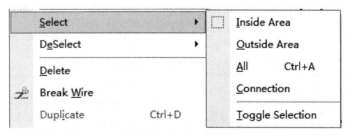

图 3-77　Select 菜单

- Inside Area：区域内部选取命令，等同于工具栏中的命令按钮"▭"。
- Outside Area：区域外部选取命令。该命令与区域内选取命令刚好相反，它选中的是虚线矩形框外部的所有对象。
- All：选中当前原理图中的所有对象，相当于快捷键"Ctrl + A"。
- Connection：选中指定的电气连接。执行该命令后，点击某个电气连接（如导线、节点、网络标号、输入/输出端口和元器件引脚等），则该电气连接的所有网络均被选中，包含与该电气连接相连的元器件等对象，且均以高亮显示（过滤器功能），其他元器件处于一层掩膜之下。例如，本案例中的声音感应部分电路，执行该命令后，点击电容 C2 与 Q1 之间的导线，则该网络处于选中状态，如图 3-78 所示。要清除该掩膜效果，单击原理图界面右下角的清除掩膜按钮"Clear"即可。

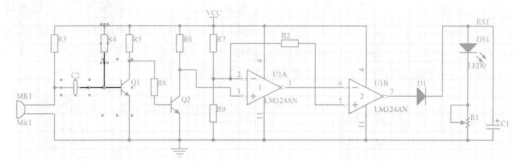

图 3-78 执行"Connection"命令后的效果

- Toggle Selection：选取状态切换命令。执行该命令后，点击某个未选中的对象，则该对象状态处于选中状态；反之，点击某个选中对象，则该对象状态转换为未选中。

3）多个不连续对象的选取

多个不连续对象，可以在按住"Shift"键的同时，单击鼠标左键来选取。也可以在执行"Toggle Selection"菜单命令后，单击鼠标左键来选择对象。

2. 对象的取消

对于已经选中的对象，可以使用以下方法来解除选中状态。

（1）在工作窗口除选中对象以外的任何空白区域单击鼠标左键。

（2）单击工具栏中的取消选择按钮"✗"。

（3）使用菜单中的相关命令取消选择。执行"Edit→DeSelect"命令，将出现 4 个取消选取命令和 1 个选取状态切换命令，如图 3-79 所示，其操作刚好与 Select 菜单的各项命令相反，这里不再赘述。

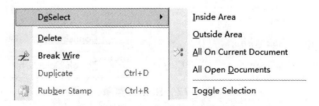

图 3-79 DeSelect 菜单

3.5.2 对象的移动

Protel DXP 对象的移动分为平移和层移两种方式。平移是指对象在同一个平面里移动。层移是指原理图中的对象相互叠加在一起时,需要调整上下叠加次序的关系。这些命令在 Edit 菜单下的"Move"命令中,点击该命令后,其子菜单如图 3-80 所示。在编辑原理图时,主要用到的是对象的平移操作,所以这里对层移命令不作介绍。

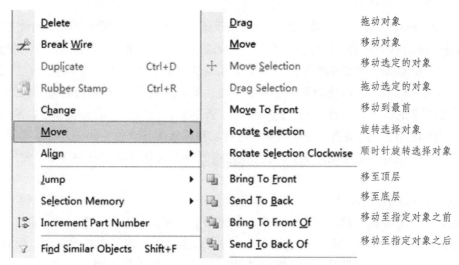

图 3-80　Move 菜单

移动对象的方法主要有以下三种。

1)直接移动

在选中需要移动的对象后,将光标放在选取的对象上,当光标变为双向"十"字箭头时,按住鼠标左键不放,并拖动对象到需要的位置后放开左键即可。例如,将光标放在电阻 R3 上,按住左键不放将其往左边移动,效果如图 3-81(a)所示,此时仅 R3 移动,与其相连接的电气连接不会移动。

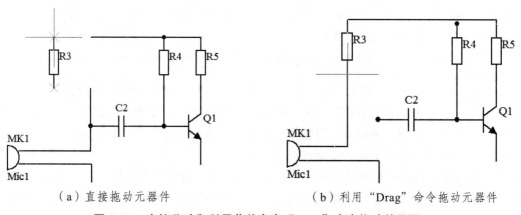

(a)直接拖动元器件　　　　　　　　(b)利用"Drag"命令拖动元器件

图 3-81　直接移动和利用菜单命令"Drag"命令拖动效果图

2）使用工具栏上的移动工具

选中需要移动的对象，单击工具栏上的移动对象按钮"✛"，光标变成"十"字形。将光标移动到选中的对象上，单击鼠标左键，这时选中的对象将附着在光标上，再移动光标到指定位置后单击左键即可。若单击移动对象按钮后又不需要移动对象，点击鼠标右键即退出移动状态。

3）利用菜单中的移动命令

执行"Edit→Move"命令后，弹出图 3-80 所示子菜单，选择相应的命令即可执行相应操作。

① Drag：拖动单个对象。执行该命令后，光标变为"十"字形。将光标移至需要拖动的某个对象（单一的对象，比如单个元器件，单个元器件的流水号、注释等）上，单击左键，该对象将附着在光标上，然后拖动光标至指定位置，单击左键即完成移动操作。此时系统仍处于拖动单个对象的状态，可继续进行拖动操作。若不需要进行后续的拖动操作，单击右键退出。利用"Drag"命令拖动选中的对象时，与对象相连接的导线也会跟随光标移动。例如，利用"Drag"命令往左边拖动电阻 R3，与其相连接的导线也会相应的向左移动，效果如图 3-81（b）所示。

② Drag Selection：拖动选定的对象。执行该命令后，光标变成"十"字形。将光标放在选定对象上，单击鼠标左键，选中对象附着在光标上，并随着光标一起移动。例如，假设电阻 R3、R4 处于选中状态，往左上角拖动后，与它们连接的导线将一并被拖动，效果如图 3-82（a）所示。到达指定位置后，单击鼠标左键，则所有对象被移动到指定位置，包括与其相连接的导线、节点等，效果如图（b）所示。

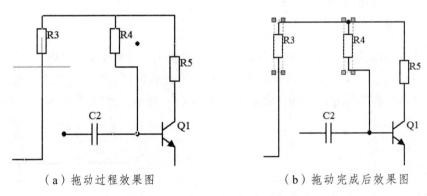

（a）拖动过程效果图　　　　　　（b）拖动完成后效果图

图 3-82　"Drag Selection"命令操作效果图

③ Move：移动对象。执行该命令后，光标变成"十"字形。在需要移动的单个对象上单击鼠标左键，该对象将附着在光标上，移动鼠标到指定位置后单击左键即可。此时系统仍处于移动单个对象状态，可继续进行操作。若无须移动其他对象，单击右键退出。该命令相当于直接用鼠标拖动单个对象，但是可以连续操作。

④ Move Selection：移动选定的对象。该命令相当于直接用鼠标拖动多个选中的对象，但仅选中的对象移动，与选中对象相连接的导线、节点等电气连接不会移动。仍以移动选中的对象 R3、R4 为例，其移动过程和移动完成后的效果如图 3-83 所示。

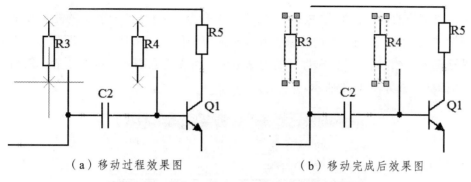

（a）移动过程效果图　　　　　　（b）移动完成后效果图

图 3-83　"Move Selection"命令操作效果图

3.5.3　对象的旋转与镜像

在绘制原理图的过程中，因为连接导线等的需要，经常要对元器件等原理图对象进行旋转或镜像操作。

① 旋转对象：选中对象后，按键盘上的空格键，对象将作 90° 旋转，其角度依次为 0°、90°、180° 和 270°。

② 镜像：在绘制原理图的过程中，经常需要将一个元器件的左边所有引脚放在右边进行连接，而右边所有引脚放在左边进行连接，且引脚顺序不变。此时无法通过旋转操作来完成，而可以通过 X 轴镜像操作来完成。将鼠标放在选定对象上，按住鼠标左键不放，同时按键盘上的"X"键，即可完成对象的水平镜像操作；类似地，按键盘上的"Y"键可以完成对象的垂直镜像操作。以本例中的数码管 D4 为例，其操作效果如图 3-84 所示。

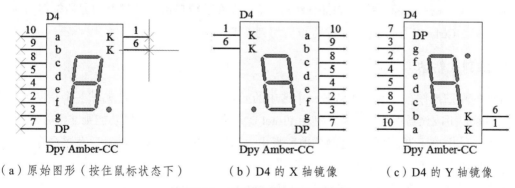

（a）原始图形（按住鼠标状态下）　　（b）D4 的 X 轴镜像　　（c）D4 的 Y 轴镜像

图 3-84　对象的镜像操作效果图

3.5.4　对象的复制与剪贴

复制、粘贴和剪切可用于任何原理图对象，但一般在原理图编辑过程中，主要对元器件进行此类操作。

1. 复　制

选中需要复制的对象，执行"Edit→Copy"菜单命令，或单击工具栏上的复制按钮" "，或按快捷键"Ctrl + C"，则选中的对象将被复制到剪贴板中。此时，点击原理图工作界面右侧的剪贴板标签"Clipboard"，在打开的剪贴板中，可以看到刚才复制的图形。例如，复制电阻 R3 后的剪贴板如图 3-85 所示。

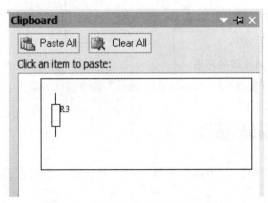

图 3-85　复制电阻 R3 后的剪贴板

2. 粘　贴

将光标移动到需要粘贴的位置，执行"Edit→Paste"菜单命令，或单击工具栏上的复制按钮" "，或按快捷键"Ctrl + V"，原来复制的对象将附着在光标上，单击鼠标左键即可将对象粘贴到当前位置。

3. 剪　切

选中需要复制的对象，执行"Edit→Cut"菜单命令，或单击工具栏上的剪切按钮" "，或按快捷键"Ctrl + X"，选中的对象将被剪切到剪贴板中。

4. 阵列式粘贴

普通的粘贴操作，一次只能粘贴一个选中的元器件。如果要一次性粘贴多个相同的元器件，且同时要更改元器件的流水号，利用 Protel DXP 提供的阵列式粘贴功能则非常方便。

例如，选中电阻 R3 并将其复制到剪贴板中。执行"Edit→Paste Array"菜单命令，打开阵列式粘贴参数设置对话框，如图 3-86 所示。

在该对话框中，布局变量（Placement Variables）设置包含三个参数：

① Item Count：粘贴数量。此处应输入用户需要粘贴的元器件的个数，例如我们改为 3。

② Primary Increment：第一增量值。这里用来设置粘贴的元器件流水号的更改规律。填写正整数，则将以复制的元器件的流水号为基础依次递增来表示粘贴元器件的流水号；填写负整数，则在此值的基础上依次递减来表示粘贴元器件的流水号。例如，此处保持默认值 1。

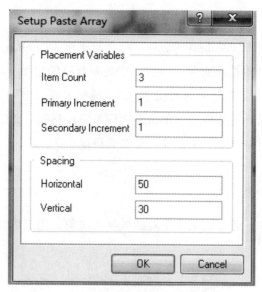

图 3-86　阵列式粘贴参数设置对话框

③ Secondary Increment：第二增量值。此选项主要用于在元器件库中制作元器件时，利用阵列式粘贴命令复制引脚时的递增量。在原理图中利用阵列式粘贴命令粘贴元器件时，该选项参数无效。

在该对话框中的间隔（Spacing）参数中，主要对粘贴的多个元器件的水平间距和垂直间距进行设置。例如，水平间隔（Horizontal）设置为 50 mil，垂直间隔（Vertical）设置为 30 mil。

参数设置完毕后，单击"OK"按钮返回粘贴命令状态，在合适位置单击鼠标左键，即可完成阵列式粘贴，效果如图 3-87 所示。

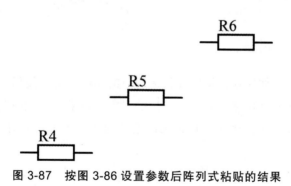

图 3-87　按图 3-86 设置参数后阵列式粘贴的结果

5. 重制命令

Protel DXP 的重制（Duplicate）命令，可用于快速地进行元器件等对象的复制，而不需要进行复制或剪切操作。用户只需选中需要重制的元器件，执行"Edit→Duplicate"命令，则在选中元器件的右下角自动创建一个复制件，并处于选中状态，同时原来选中的原件取消选中状态。

6. 橡皮图章命令

Protel DXP 的橡皮图章（Rubber Stamp）命令与重制（Duplicate）命令相类似，使用该功能时也不需要事先复制或剪切对象。首先选中需要复制的对象，然后执行"Edit→Rubber Stamp"命令，或点击辅助工具栏上的按钮" "，鼠标变成"十"字形状且附着了刚才选中的对象，最后将鼠标移动到指定位置，单击左键即可完成粘贴。此时系统仍处于粘贴状态，单击左键可以继续创建复制件。如不需要，单击右键退出。

3.5.5 对象的删除

在原理图编辑过程中，若不需要某个对象或某些对象，用户可以利用删除操作来删去这些对象。

1）单个对象的删除

最简单的方法是选中该对象后，按键盘上的"Delete"键。也可以执行"Edit→Delete"菜单命令，在光标呈"十"字形后，移动到需要删除的对象上，单击左键即可删除。此时系统仍处于删除对象的状态，可以继续单击左键来删除其他单个对象。如不需要进行此操作，单击右键退出。

2）多个对象的删除

多个对象的删除，最直接的方法是首先选中需要删除的多个对象，然后按键盘上的"Delete"键即可。也可执行"Edit→Clear"命令，此时选中的对象立即被删除，该命令等同于按键盘上的"Delete"键。

3.5.6 对象的全局编辑

在编辑对象属性时，如果要批量修改很多对象的属性，可以使用全局编辑功能，它可以对当前文件或所有打开的文件中具有相同属性的对象进行某个参数的全局编辑。

为了方便观察全局编辑的效果，以本书的案例为例，要求将所有电阻的外观改为 Res1 型电阻外观。

（1）选中某个电阻，例如 R3，执行"Edit→Find Similar Objects"菜单命令，光标变成"十"字形。移动光标到电阻 R3 上，单击左键，打开查找相似对象对话框，如图 3-88 所示。由于此时用户是首先选中了电阻 R3，所以"Graphical"区域中"Selected"参数后的复选框被选中。

当然，用户也可以不选中该电阻，直接执行"Edit→Find Similar Objects"菜单命令，并将"十"字光标移动到任意一个电阻上单击左键，也可打开查找相似对象对话框，此时"Selected"参数后的复选框未被选中。

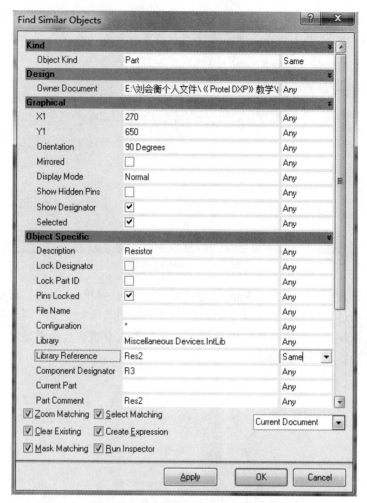

图 3-88 查找相似对象设置对话框

（2）图 3-88 的参数设置对话框中共有 5 个区域，可对相关参数进行设置。

① Kind：种类，显示当前选择的对象的种类。图中的"Part"表示当前选择的为元器件。

② Design：设计，显示当前文件的名称和完整路径。

③ Graphical：图形参数，用于与对象图形参数相关的设置。

④ Object Specific：指定匹配的条件。在该区域中，用户可根据需求，将需要进行全局修改的某个属性改为"Same"。例如，本例中，我们要将所有电阻的符号由 Res2 换成库中的 Res1，则应在"Library Reference"参数中，将后面的参数"Any"改为"Same"，如图 3-88 所示。

⑤ Parameters：参数，用于与对象参数相关的设置，比如电阻的阻值等。

此外，在该对话中的最下方还有 6 个复选框，它们的不同组合会产生不同的运行效果。一般应让所有复选框均选中有效。其中：

① Select Matching：选择匹配。只有选中该项，执行匹配操作后，所有具有相同特性的对象才会被选中。例如，本例执行后，所有电阻均会选中。若该项没有勾选，则运行后检查器无结果，无法进行编辑操作。

② Create Expression：创建表达式。选中该项，执行匹配操作后，将自动打开图 3-89 所示的过滤器面板（Filter），其中显示了搜索条件的表达式等参数。若没有勾选该项，则不会自动打开过滤器面板。

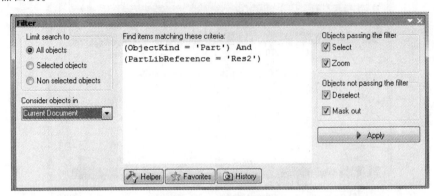

图 3-89　过滤器面板

（3）参数设置完毕后，单击"Apply"按钮应用设置，再单击"OK"按钮关闭对话框，同时打开检查器和过滤器面板。或者直接单击"OK"按钮关闭对话框，同时打开检查器和过滤器面板。通过匹配，只有符合条件的元器件才会处于选中状态且高亮显示，其他的对象都变为浅色（掩膜功能），如图 3-90 所示。

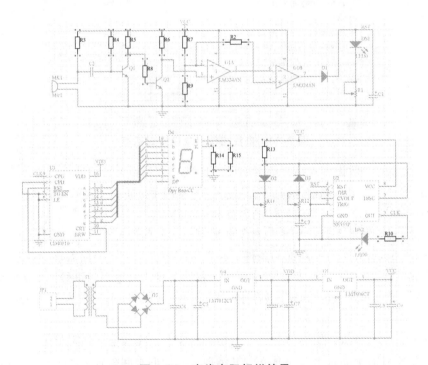

图 3-90　查找电阻相似结果

（4）执行命令后，同时打开过滤器面板和检查器面板，如图 3-89 和 3-91 所示。过滤器面板主要显示了当前查找的条件等内容。检查器面板的内容类似于查找相似对象对话框，共包含 5 个区域。

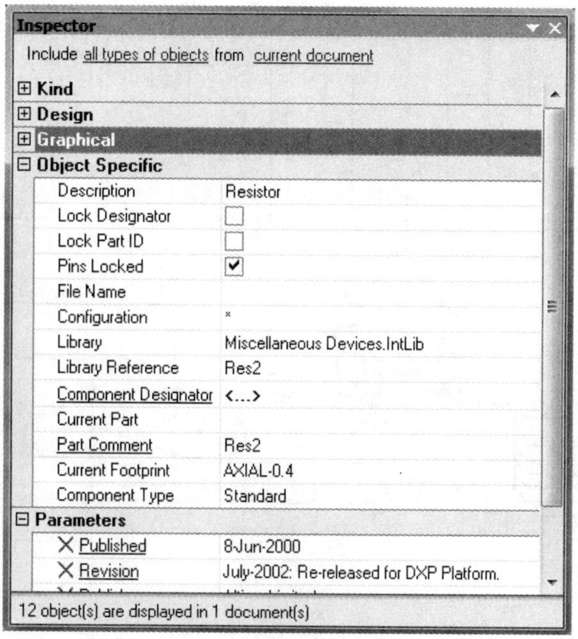

图 3-91 检查器面板

（5）在图 3-91 中，找到 "Object Specific" 区域的 "Library Reference" 参数，单击该参数，则后面的参数值 "Res2" 处于可编辑状态，将其修改为 "Res1"，如图 3-92 所示。修改完成后，按键盘上的 "Enter" 键予以确认，则原理图中的所有电阻均变为 Res1 形式的电阻。按 "Enter" 键确认后检查器的面板不会自动关闭，需要手动点击关闭按钮来关闭该面板。单击原理图界面右下角的清除掩膜按钮 "Clear" 即可取消过滤器状态，使窗口恢复正常，结果如图 3-93 所示。从图中可以看出，本案例中所有电阻的符号均已改变。

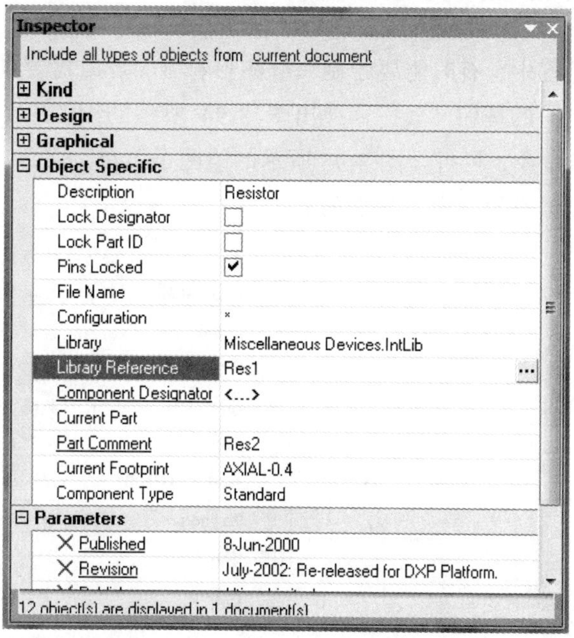

图 3-92 修改参数后的检查器面板

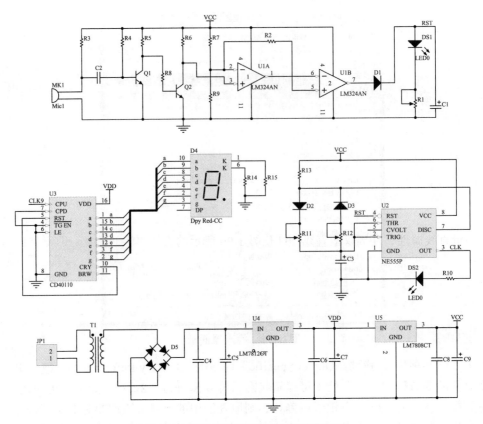

图 3-93　修改电阻外形符号后的原理图

3.6　原理图绘图工具的使用

在绘制原理图的过程中，有时需要绘制一些图形符号，此时需要利用 Protel DXP 的绘图工具。点击辅助工具栏上的按钮"　"，弹出图 3-94 所示的绘图工具栏；或者执行"Place→Drawing Tools"菜单命令，可打开图 3-95 所示的绘图子菜单。需要注意的是，利用绘图工具绘制出来的任何图形都是没有电气特性的。

图 3-94　绘图工具栏　　　　　　　图 3-95　绘图菜单

3.6.1 绘制直线

绘制直线的步骤如下：

（1）点击绘图工具栏上的绘制直线按钮"╱"，或执行"Place→Drawing Tools→Line"菜单命令，光标变成"十"字形。

（2）选择合适位置，单击鼠标左键确定起点位置。

（3）在需要拐弯的地方单击左键确定拐点位置。如不需要拐弯，直接移动鼠标到终点位置后单击左键，即可完成一条直线的绘制。

（4）单击右键，退出本次绘制直线状态。此时系统仍处于绘制直线状态，如不需要继续绘制直线，单击右键退出。

要编辑直线属性，直接双击直线，打开图3-96所示的直线属性对话框，即可进行相关参数的设置。

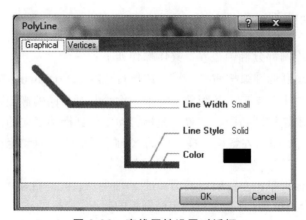

图3-96 直线属性设置对话框

3.6.2 绘制多边形

多边形的绘制步骤如下：

（1）单击绘图工具栏的绘制多边形按钮"⊠"，或执行"Place→Drawing Tools→Polygon"菜单命令，光标变成"十"字形。

（2）单击鼠标左键，确定多边形的第一个顶点位置。

（3）移动鼠标到合适位置，单击左键，确定多边形的第二个顶点位置。

（4）移动鼠标到合适位置，单击左键，确定多边形的第三个顶点位置。

（5）如果要绘制的是三角形，则在第三个顶点位置确定后，单击右键退出本次图形的绘制。此时系统仍处于绘制多边形状态，如不需要继续绘制，单击右键退出。

（6）如果绘制的是四边形，只需要在步骤（4）后继续进行类似操作即可。绘制其他多边形的操作与此类似，不再赘述。

要编辑所绘制多边形的属性，直接双击图形，打开图3-97所示多边形属性设置对话框，即可进行设置，包括多边形边界颜色、填充颜色、边界宽度、是否填充和是否透明等参数。

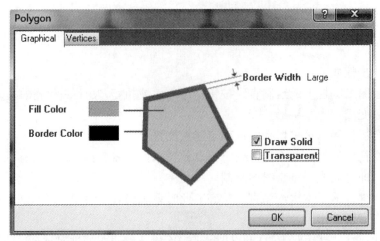

图 3-97 多边形属性设置对话框

3.6.3 绘制椭圆弧

绘制椭圆弧，即绘制部分椭圆边界，具体操作如下：

（1）点击工具栏绘制椭圆弧按钮" "，或执行"Place→Drawing Tools→Elliptical Arc"菜单命令，光标变成"十"字形，并附着了与上一次绘制时相同的椭圆弧。

（2）单击左键，确定椭圆弧圆心位置，光标自动定位到椭圆横向的圆周顶点上。

（3）左右移动鼠标，单击左键确定椭圆弧的 X 轴半径，光标自动定位到椭圆纵向的圆周顶点上。

（4）上下移动鼠标，单击左键确定椭圆弧的 Y 轴半径，光标自动定位到椭圆弧的一端。

（5）移动鼠标到合适位置，单击左键确定椭圆弧的起点，光标自动定位到椭圆弧的另一端。

（6）移动鼠标到合适位置，单击左键确定椭圆弧的终点，从而完成了一段椭圆弧的绘制。此时系统仍处于绘制椭圆弧的状态，如不需要继续绘制，可单击右键退出。

要编辑椭圆弧的属性，可双击椭圆弧打开属性设置对话框，如图 3-98 所示，从而对相应的参数进行设置。

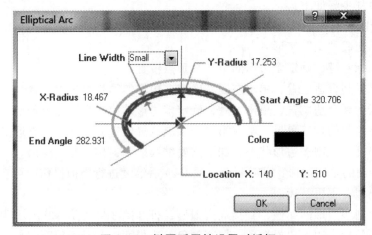

图 3-98 椭圆弧属性设置对话框

3.6.4 绘制贝赛尔曲线

贝赛尔曲线是一种常见的曲线模型，利用该工具可以绘制常见的正弦波、锯齿波和抛物线等曲线。具体操作如下：

（1）点击工具栏绘制贝赛尔曲线按钮" "，或执行"Place→Drawing Tools→Bezier"菜单命令，光标变成"十"字形。

（2）移动鼠标，单击左键确定曲线的起点位置。

（3）移动鼠标，将拉出一条直线，拖动到合适位置，单击左键确定第二个点。

（4）移动鼠标，将出现曲线形状，根据需要移动到指定位置单击左键，确定第三个点，也即确定曲线的曲率。

（5）移动鼠标，可以改变曲线的方向、大小和形状，单击左键确定终点位置，从而完成了一段贝赛尔曲线的绘制。此时系统仍处于绘制贝赛尔曲线状态，如不需要，单击右键退出。

要修改贝赛尔曲线的属性，可双击贝赛尔曲线打开属性设置对话框，如图 3-99 所示，从而对曲线的宽度和颜色进行设置。

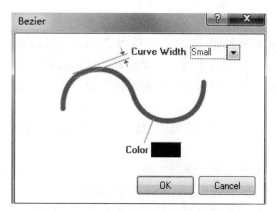

图 3-99 贝赛尔曲线属性设置对话框

3.6.5 绘制矩形和圆角矩形

绘制矩形的操作如下：

（1）点击工具栏绘制矩形按钮" "，或执行"Place→Drawing Tools→Rectangle"菜单命令，光标变成"十"字形，并附着了与上一次绘制时相同的矩形。

（2）移动鼠标到合适位置，单击左键确定矩形的左下角顶点位置。

（3）移动鼠标到合适位置，单击左键确定矩形的右上角顶点位置，从而完成了矩形的绘制。此时系统仍处于绘制矩形状态，如不需要，单击右键退出。

要编辑矩形的属性，可双击矩形打开属性设置对话框，如图 3-100 所示，从而对矩形的边缘颜色、填充色、边缘线宽、是否填充和是否透明等进行设置。

绘制圆角矩形可通过单击绘图工具栏上的圆角矩形按钮" "，或执行"Place→Drawing Tools→Round Rectangle"菜单命令后完成，其操作过程与绘制矩形相同，不再赘述。

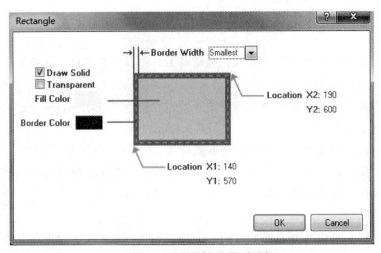

图 3-100　矩形属性设置对话框

3.6.6　绘制椭圆

绘制椭圆的操作如下：

（1）点击工具栏绘制椭圆按钮"〇"，或执行"Place→Drawing Tools→Ellipse"菜单命令，光标变成"十"字形，并附着了与上一次绘制时相同的椭圆形状。

（2）移动鼠标到合适位置，单击左键确定椭圆的圆心位置，光标自动定位到椭圆横向的圆周顶点上。

（3）左右移动鼠标，单击鼠标左键确定椭圆 X 轴的半径，光标自动定位到椭圆纵向的圆周顶点上。

（4）上下移动鼠标，单击鼠标左键确定椭圆 Y 轴的半径，从而完成了椭圆的绘制。此时系统仍处于绘制椭圆的状态，如不需要，单击右键退出。

要编辑椭圆的属性，可双击椭圆打开属性设置对话框，如图 3-101 所示，从而设置椭圆的各种参数。

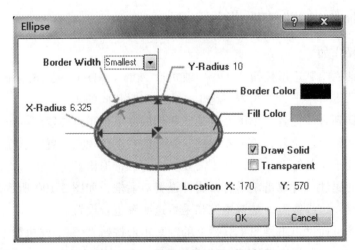

图 3-101　椭圆属性设置对话框

3.6.7 绘制饼图

绘制饼图，即绘制部分圆的边界线，具体操作如下：

（1）点击工具栏绘制饼图按钮" "，或执行"Place→Drawing Tools→Pie Chart"菜单命令，光标变成"十"字形，并附着了上一次绘制时相同的饼图。

（2）移动鼠标到合适位置，单击左键确定饼图的圆心位置，光标自动定位到饼图的圆周上。

（3）移动鼠标，单击鼠标左键确定饼图的半径，光标自动定位到饼图缺口的第一个圆周顶点上。

（4）移动鼠标，单击鼠标左键确定饼图的第一个缺口位置，光标自动定位到饼图缺口的第二个圆周顶点上。

（5）移动鼠标，单击鼠标左键确定饼图的第二个缺口位置，从而完成了饼图的绘制。此时系统仍处于绘制饼图的状态，如不需要，单击右键退出。

要编辑饼图的属性，可双击饼图打开属性设置对话框，如图 3-102 所示，从而设置饼图的各种参数。

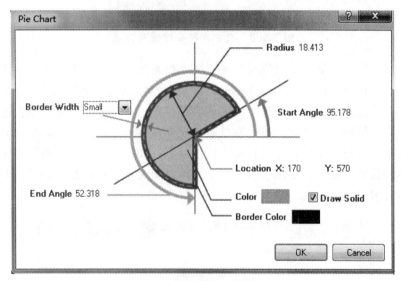

图 3-102　饼图属性设置对话框

3.6.8　放置文本字符串和文本框

在绘制原理图的过程中，有时需要给原理图对象添加注释文字，可通过放置文本字符串或文本框来实现。

单击绘图工具栏上的文本字符串按钮" "，或执行"Place→Text String"命令，光标变成"十"字形，并附着一个默认的"Text"样式字符串。移动鼠标到合适位置，单击左键即可把字符串放置在原理图上。此时系统仍处于放置文本字符串的状态，如不需要，单击右键退出。双击"Text"字符串，打开文本字符串设置对话框，如图 3-103 所示，可以对字符串内容、字体和颜色等参数进行设置。

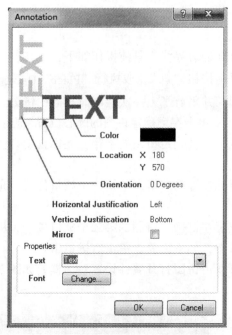

图 3-103　文本字符串设置对话框

如果用户要放置大段文字，可以通过放置文本框来实现。单击绘图工具栏上的文本字符串按钮"　"，或执行"Place→Text Frame"命令，光标变成"十"字形，并附着了与上一次绘制时相同大小的文本框样式。移动鼠标到合适位置，单击左键确定文本框左下角的顶点位置；再次移动鼠标到合适位置，单击左键确定文本框右上角顶点位置，从而完成文本框大小的定义和放置。此时系统仍处于放置文本框的状态，如不需要，单击右键退出。双击文本框，打开文本框设置对话框，如图 3-104 所示，可以对文本框的内容、字体、颜色、对齐方式等参数进行设置。

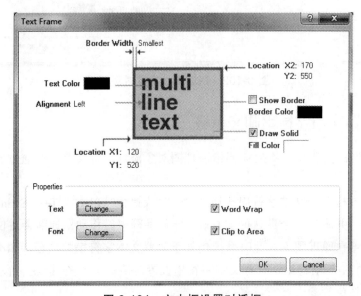

图 3-104　文本框设置对话框

3.6.9 插入图片

Protel DXP 还允许用户插入图片，具体操作如下：

（1）单击绘图工具栏上的插入图片按钮"■"，或执行"Place→Drawing Tools→Graphic"命令，光标变成"十"字形，并附着一个图片框。

（2）移动鼠标到合适位置，单击左键确定图片框的左下角顶点位置。

（3）移动鼠标到合适位置，单击左键确定图片框的右上角顶点位置，同时将弹出图 3-105 所示的"打开"对话框。用户根据需要选择图片插入即可。

图 3-105 "打开"对话框

3.7 原理图的其他操作

3.7.1 原理图的工作面板

Protel DXP 提供了很多工作面板，以方便用户对相关内容进行操作。根据功能分类，工作面板控制选项放置在不同的面板控制中心中，用户可以通过这些标签来控制工作面板的打开与关闭。在原理图编辑环境下，共有 5 个不同类型的控制标签，如图 3-106 所示。用户可以通过点击最右边的双向箭头按钮"»"来显示或隐藏这些面板标签。

图 3-106 面板标签

面板标签主要包含 5 类：

（1）System：系统面板标签。点击标签按钮" System "，将打开图 3-107 所示面板标签，里面共有 8 个面板控制开关，单击可以控制相应面板的打开或关闭。

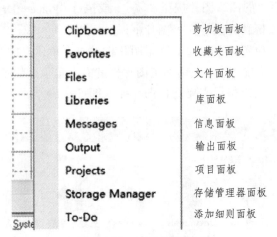

图 3-107　系统面板标签

（2）Design Compiler：设计编译面板标签。点击标签按钮" Design Compiler "，将打开图 3-108 所示面板标签，里面共有 4 个面板控制开关，单击可以控制相应面板的打开或关闭。

（3）SCH：原理图面板标签。点击标签按钮" SCH "，将打开图 3-109 所示面板标签，里面共有 4 个面板控制开关，单击可以控制相应面板的打开或关闭。

（4）Help：帮助面板标签。点击标签按钮" Help "，将打开图 3-110 所示的帮助面板，在该面板中可以输入求助内容进行查找并获得帮助。点击该标签等同于执行"Help→Smart Search"菜单命令。

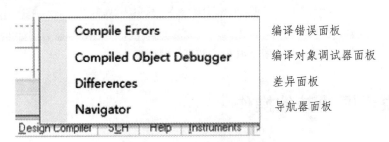

图 3-108　设计编译面板标签

图 3-109　原理图面板标签

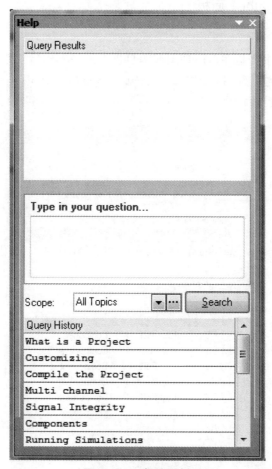

图 3-110　帮助面板

（5）Instruments：仪器面板标签。点击标签按钮"Instruments"，将打开图 3-111 所示的面板标签。这些面板主要是针对系统外接开发设备使用。

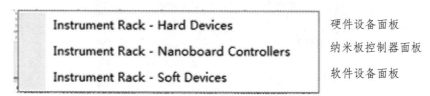

图 3-111　仪器面板标签

任何一个面板的打开或关闭，可以通过以下两种方式实现：

（1）点击相应的面板标签。如该面板处于打开状态，点击标签则关闭该面板；反之则打开该面板。

（2）执行"View→Workspace Panels"菜单命令下相应的子菜单命令。

File 面板、Projects 面板、Libraries 面板等几个面板在前面的章节中已经介绍过，这里不再赘述。下面对原理图设计过程中用得较多的其他几个面板进行逐一介绍。

1. 导航器（Navigator）面板

1）导航器面板的操作

导航器面板的功能主要是在对原理图或项目进行编译操作后，对原理图中的对象进行快速定位等操作。以本案例为例，执行"Project →Compile PCB Project 声控显示电路.PRJPCB"菜单命令，对本案例进行编译后，打开导航器面板，效果如图 3-112 所示。

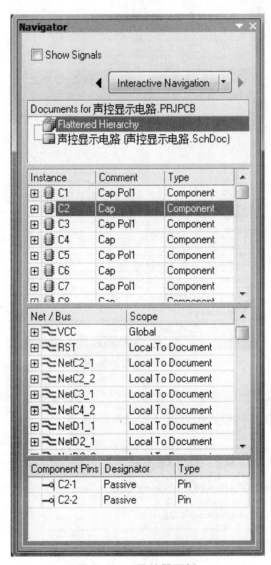

图 3-112　导航器面板

通过导航器面板可以快速地对元器件或网络进行定位，从而方便用户进行相关操作。例如，单击该面板第二个区域中"Instance"列表中的"C2"，则原理图中元器件 C2 将高亮显示，同时启动掩膜功能（其他对象均变成浅色），原理图编辑窗口也将放大显示以 C2 中心的区域，如图 3-113 所示。同时，在面板的第四个区域中将显示电容 C2 引脚的相关信息。

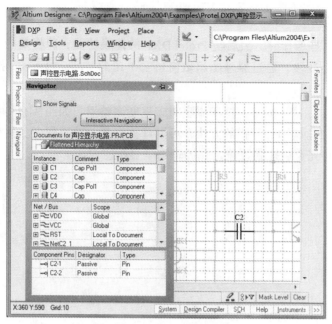

图 3-113 利用导航器面板实现元器件的快速定位

通过导航器面板还可以快速定位到某个网络。例如，单击该面板第三个区域中"Net / Bus"列表中的网络"NetD2_1"，则该网络将高亮显示，同时其他所有对象颜色变浅，原理图编辑窗口也将放大显示以该网络为中心的区域，如图 3-114 所示。同时，在面板的第四个区域中将显示与该网络连接的所有引脚的相关信息。

导航器面板在设计 PCB 的时候同样可用来进行对象的快速定位，操作方法跟原理图中的类似。

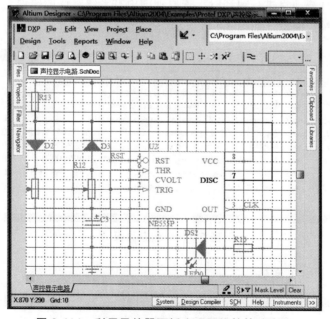

图 3-114 利用导航器面板实现网络的快速定位

115

2）掩　膜

在进行对象的某些操作时，会启动 Protel DXP 的掩膜功能，即将某些对象高亮显示，而其他对象的颜色将会变浅。通过原理图编辑窗口右下角的“Mask Level”按钮，可以调整掩膜的明暗程度。

① 单击“Mask Level”按钮，打开掩膜明暗程度调整器，如图 3-115 所示。

② 用鼠标上下拖动“Dim”栏的方块，可以调整掩膜的明暗程度。例如，将方块移至最下方，则其他对象将完全被掩膜覆盖，在原理图中显示空白。

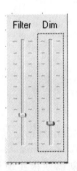

图 3-115　掩膜明暗程度调整器

当启动掩膜功能后，用户若需取消掩膜功能，只需单击右下角的清除掩膜按钮“Clear”，或者在原理图编辑窗口的任意位置单击鼠标左键，或者点击标准工具栏上的“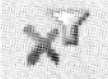”按钮，即可完成清除掩膜操作。

2. 信息（Messages）面板

在对原理图文件或项目进行编译时，若原理图中有系统默认的错误，在“Messages”面板中会显示出项目错误信息，如图 3-116 所示。

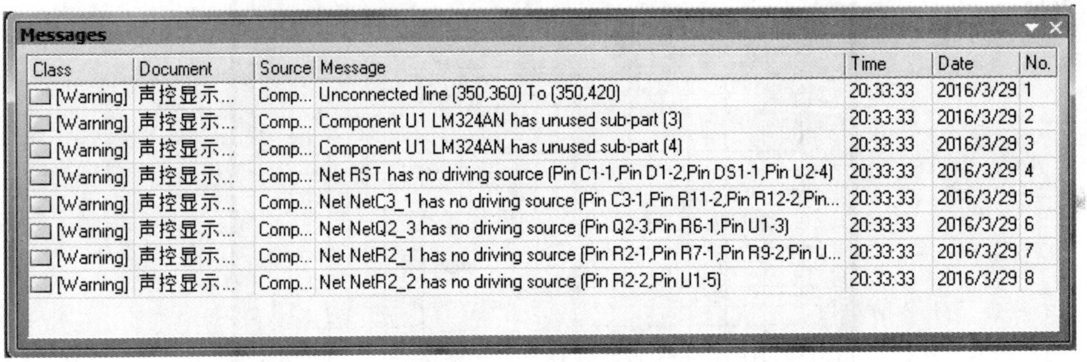

Messages

Class	Document	Source	Message	Time	Date	No.
[Warning]	声控显示...	Comp...	Unconnected line (350,360) To (350,420)	20:33:33	2016/3/29	1
[Warning]	声控显示...	Comp...	Component U1 LM324AN has unused sub-part (3)	20:33:33	2016/3/29	2
[Warning]	声控显示...	Comp...	Component U1 LM324AN has unused sub-part (4)	20:33:33	2016/3/29	3
[Warning]	声控显示...	Comp...	Net RST has no driving source (Pin C1-1,Pin D1-2,Pin DS1-1,Pin U2-4)	20:33:33	2016/3/29	4
[Warning]	声控显示...	Comp...	Net NetC3_1 has no driving source (Pin C3-1,Pin R11-2,Pin R12-2,Pin...	20:33:33	2016/3/29	5
[Warning]	声控显示...	Comp...	Net NetQ2_3 has no driving source (Pin Q2-3,Pin R6-1,Pin U1-3)	20:33:33	2016/3/29	6
[Warning]	声控显示...	Comp...	Net NetR2_1 has no driving source (Pin R2-1,Pin R7-1,Pin R9-2,Pin U...	20:33:33	2016/3/29	7
[Warning]	声控显示...	Comp...	Net NetR2_2 has no driving source (Pin R2-2,Pin U1-5)	20:33:33	2016/3/29	8

图 3-116　信息面板

3. 过滤器（Filter）面板

通过过滤器面板，用户可以快速定位元器件、网络、网络标签等原理图对象，从而方便地掌握和修改相关对象的信息。过滤器面板如图 3-117 所示。

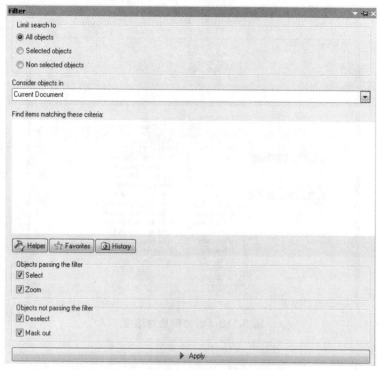

图 3-117 过滤器面板（非置顶状态）

① Limit Search to：限制搜索范围。其选项包含所有对象（All Objects）、已选择的对象（Selected Objects）或未选择的对象（Non Selected Objects），默认选中第一项。

② Consider Objects in：选择对象所在的文档。默认为当前文档（Current Document）。

③ Find items matching these criteria：输入搜索条件。在此对话框中，用户可根据查找要求输入搜索条件。该文本框对输入的查询条件的要求比较严格，初学者在不熟悉时可以使用下方的"Helper"按钮获取帮助。

点击"Helper"按钮，打开图 3-118 所示查询帮助对话框。例如，我们要查看所有导线，可以点击"SCH Functions"（原理图功能）中的"Object Type Checks"（对象类型表单），然后在右侧的"Name"栏列表中找到"IsWire"并双击，则"IsWire"查询条件被添加到条件框（Query）中，如图 3-118 所示。单击"OK"按钮返回，此时会发现在过滤器面板的搜索条件框中出现了我们刚输入的查询条件：IsWire。单击图 3-117 下方的"Apply"按钮，则所有符合条件的对象，即导线均处于选中状态，其他对象颜色变浅，如图 3-119 所示。

在图 3-117 所示的过滤器面板中，在进行元器件查找匹配时，点击"History"按钮或者"Favorites"按钮，可以利用历史操作中的内容进行编辑、调用或加入收藏等。

在该对话框的下方还有 4 个复选框。其中：

1）经过滤波器的对象（Objects passing the filter）

① Select：若选中则符合查询条件的对象会以选中方式显示。

② Zoom：若选中则以符合条件的所有对象为中心显示符合条件的所有对象。

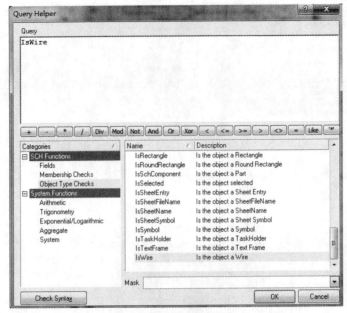

图 3-118 查询帮助对话框

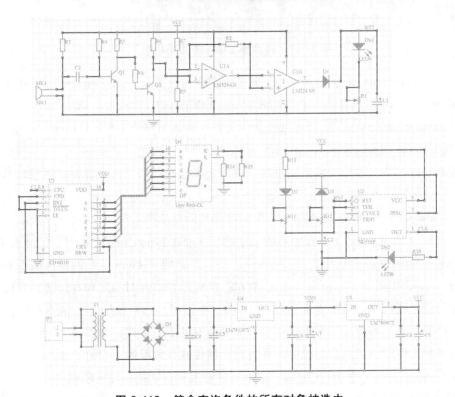

图 3-119 符合查询条件的所有对象被选中

2）未经过滤波器的对象（Objects not passing the filter）

① Deselect：在显示时，若选中该复选框则不符合查询条件的对象不会选中。

② Mask out：在显示时，若选中该复选框则不符合查询条件的对象会做掩膜处理。

3.7.2 视图操作

1. 工作窗口的缩放

在绘制原理图的过程中，经常需要对原理图进行放大或缩小显示，此时可以利用菜单、工具栏或者快捷键来控制视图的显示方式。跟工作窗口的缩放有关的命令均在"View"菜单中，如图 3-120 所示。常用的一些操作如下：

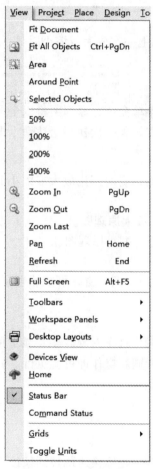

图 3-120　View 菜单

1）控制显示

① Fit Document：显示整个文档，即将整张图纸完整地显示出来。

② Fit All Objects：显示所有对象，即将用户在当前原理图中放置的所有对象显示出来。该命令相当于点击标准工具栏上的"　"按钮。

③ Area：显示某个指定区域。执行该命令后，光标变成"十"字形。先单击左键确定需要显示区域的左上角位置，然后移动鼠标到指定位置，再单击左键确定需要显示区域的右下角位置，此时原理图编辑界面仅显示选定区域中的所有对象。该命令相当于点击标准工具栏上的"　"按钮。

④ Around point：显示指定点附近对象。执行该命令后，可以用鼠标拖出一个指定区域，则该区域附近的对象将显示在编辑界面上。

⑤ Selected Objects：显示选中的对象。执行该命令前，用户需要先选中要显示的对象。执行该命令后，则选定的对象将显示在编辑界面上。该命令相当于点击标准工具栏上的" "按钮。

2）即时放大和缩小

① Zoom in：放大。

② Zoom out：缩小。

③ Zoom last：放大或缩小到上一次放大或缩小时显示的比例。

③ Pan：视图居中。

3）全屏显示

执行"View→Full Screen"菜单命令，原理图将以全屏方式显示，上下左右的标签、按钮等均隐藏。要退出全屏显示方式，再一次执行上述命令即可。

4）快捷键操作

在对原理图进行放大或缩小时，有时调用放大或缩小命令比较复杂，最方便快捷的方法是利用键盘上的快捷键实现。

① PageUP：以光标为中心，放大原理图。

② PageDown：以光标为中心，缩小原理图。

③ Home：视图居中显示。

④ 按键盘上的↑、↓、←、→等四个键，可视原理图上下左右移动。

2. 视图的刷新

在绘制原理图的过程中，有时原理图对象较多，显示可能会有些残留点，例如本来水平的直线变成折线了，这时只需执行刷新操作即可。执行"View→Refresh"菜单命令，或按键盘上的"End"键，可刷新原理图。

3.7.3 光标的快速跳转

在原理图设计过程中，有时需要光标快速跳转到某位置，可利用 Protel DXP 的光标快速跳转功能实现。执行"Edit→Jump"打开光标跳转子菜单，如图 3-121 所示。

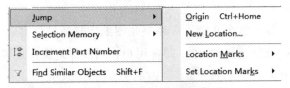

图 3-121 光标快速跳转子菜单

① Origin：跳转到坐标原点，即图纸的左下角。

② New Location：跳转到指定坐标位置。执行该命令后将弹出新位置设置对话框，如图 3-122 所示，当用户输入新的坐标位置后，光标将跳转到此位置。

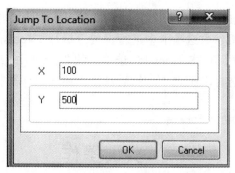

图 3-122 跳转新位置设置对话框

③ Set Location Marks：设置位置标记，该命令与"Jump→Location Marks"命令配合使用。本命令用来设置位置标记，位置标记值可设置为 1 到 10。

④ Location Marks：跳转到指定标记的位置，该命令与"Jump→Set Location Marks"配合使用。

3.7.4 图纸的复制与粘贴

在制作项目文档或撰写研究论文时，经常需要将绘制好的原理图复制至 Word 等文档中，应该如何操作呢？

在原理图编辑界面下，按快捷键"Ctrl + A"选中所有元器件，再按快捷键"Ctrl + C"可将原理图复制到剪贴板中。再在 Word 文档中，按快捷键"Ctrl + V"，可得到整张图纸的复制图，如图 3-123 所示。

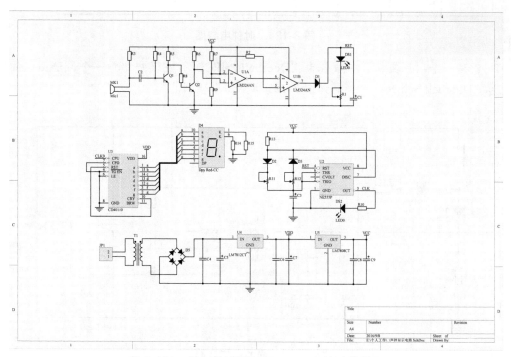

图 3-123 复制整张图纸至 Word 文档时的效果

由于复制的是整张原理图图纸，所以图中的对象显得较小。如果用户仅想复制原理图中的所有对象，需要在原理图参数选项卡中进行设置。执行"Tools→Schematics Preferences"命令，打开参数设置对话框，在"Schematic"选项下的"Graphical Editing"选项卡中，将"Add Template to Clipboard"复选框取消选中，然后执行上述选中、复制和粘贴操作，则将得到本章开始时图 3-1 所示效果。

实训操作

1. 新建一个项目文件，并命名为"Clock.PrjPCB"，在其中添加一个原理图文件，并命名为"Clock.SchDoc"，绘制如图 3-124 所示的原理图。

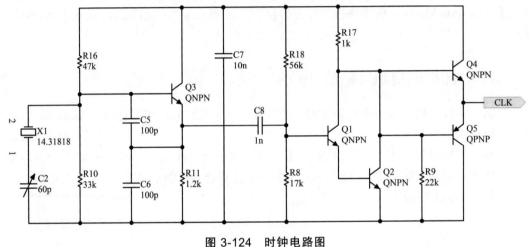

图 3-124　时钟电路图

2. 新建一个项目文件，并命名为"Doorbell.PrjPCB"，在其中添加一个原理图文件，并命名为"Doorbell.SchDoc"，绘制如图 3-125 所示的原理图。

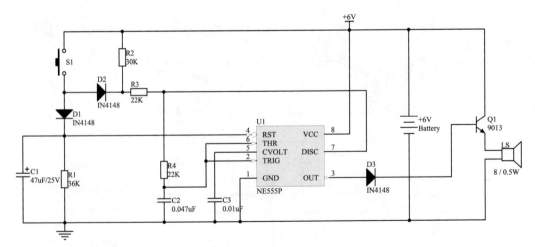

图 3-125　简易门铃电路图

3. 新建一个项目文件,并命名为"Power Supply.PrjPCB",在其中添加一个原理图设计文件,并命名为"Power Supply.PrjPCB",绘制如图 3-126 所示的原理图。

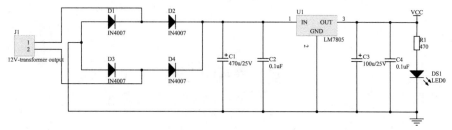

图 3-126　电源电路图

4. 新建一个项目文件,并命名为"模数转换电路.PrjPCB",在其中添加一个原理图文件,并命名为"模数转换电路.SchDoc",绘制如图 3-127 所示的原理图。

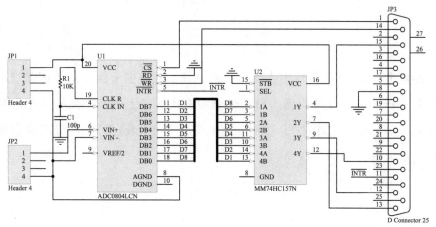

图 3-127　模数转换电路图

5. 新建一个项目文件,并命名为"NE555 电路.PrjPCB",在其中添加一个原理图文件,并命名为"NE555 电路.SchDoc",绘制如图 3-128 所示电路。然后执行以下操作:
(1)利用不同方法来自动标识元器件的流水号。
(2)利用全局编辑的方式,将所有电阻的封装更改为贴片式封装"CR3216-1206"。

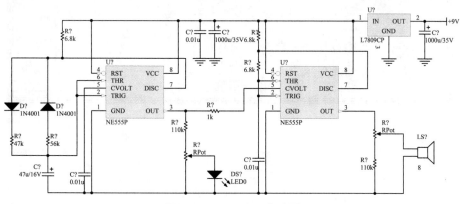

图 3-128　NE555 电路图

第 4 章

原理图元器件制作与管理

虽然 Protel DXP 有较为丰富的元器件库，但是由于器件更新速度快或需要使用非标准元器件等原因，有些时候我们不能像上一章中那样"把所需元器件从元器件库中找出来"，这时，就需要使用 Protel DXP 的元器件制作及管理功能来制作新的元器件。

本章学习重点：

（1）元器件库的管理，元器件库编辑器的使用。

（2）新元器件原理图符号的绘制。

（3）项目元器件库的生成与编辑。

（4）生成元器件报表。

4.1 元器件库的编辑管理

元器件库的编辑管理就是进行新元器件原理图符号的制作、已有元器件原理图符号的修订等操作。元器件的原理图符号制作、编辑,以及元器件库的建立可以使用 Protel DXP 的元器件库编辑器和元器件库编辑管理器来进行。下面,我们首先来熟悉元器件库编辑器和元器件库编辑管理器。

4.1.1 元器件库编辑器

1. 元器件库编辑器的启动

启动 Protel DXP 软件后,执行"File→New→Library→Schematic Library"菜单命令,新建默认文件名为"Schlib1.SchLib"的原理图库文件,如果此时选择保存,则可以更改文件名和保存路径,同时,元器件库编辑器界面得以启动,如图 4-1 所示。

2. 元器件库编辑器的界面

与原理图编辑器界面类似,元器件库编辑器的界面主要由工具栏、菜单栏、常用工具栏和编辑区组成,不同之处在于,编辑区里有一个"十"字坐标轴,将元器件编辑区划分为 4 个象限,通常我们在第 4 象限进行元器件编辑工作。

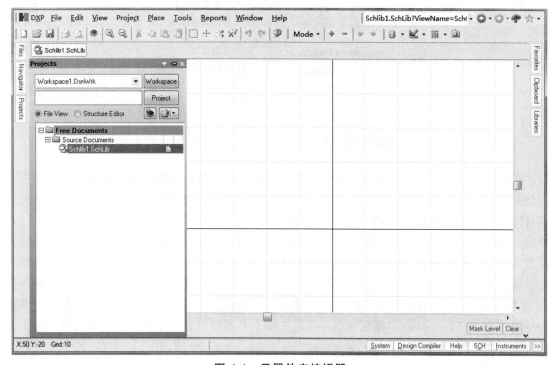

图 4-1 元器件库编辑器

另外，请读者注意此编辑器独有的菜单命令，如 Tools 菜单、Place 菜单中的子菜单"IEEE Symbols"等。在这些菜单中，用户制作元器件时用得比较多的是 Tools 菜单，其各个命令的功能如图 4-2 所示。

图 4-2 Tools 菜单

4.1.2 元器件库编辑管理器

在介绍如何制作元器件和创建元器件库前，我们先来熟悉元器件库编辑管理器的使用，以便制作新元器件和创建新元器件库后对其进行有效管理。假设我们已经生成了本项目的元器件库"声控显示电路.SchLib"，如果用户没有打开元器件库编辑管理器（SCH Library），若单击左侧面板的"声控显示电路.SchLib"，将打开图 4-3 所示的元器件库工作界面，但此时无法进入元器件库编辑管理器。用户单击右下角面板标签"SCH"，将出现图 4-4 所示面板控制对话框，单击"SCH Library"，可打开图 4-5 所示的元器件库编辑管理器。此时由于用户打开了"Files"、"Navigator"和"Projects"面板，系统默认该三个面板（图 4-5 的左侧上半部分所示）和"SCH Library"面板（图 4-5 的左侧下半部分所示）组合成了一个面板。为了阐述方便，这里将"Files"、"Navigator"和"Projects"等三个面板关闭，则可以清晰地看到元器件库编辑管理器，如图 4-6 所示。

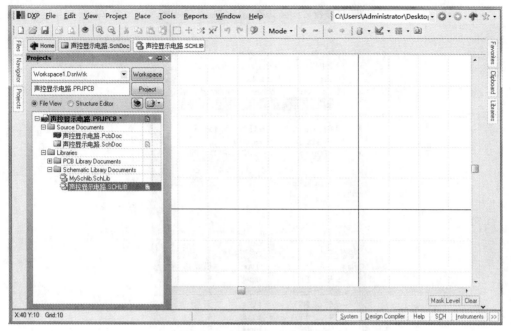

图 4-3 元器件库工作界面 1

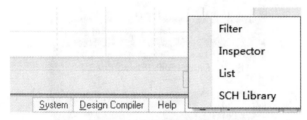

图 4-4 SCH 面板标签

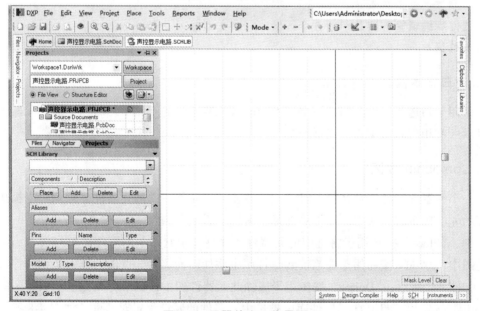

图 4-5 元器件库工作界面 2

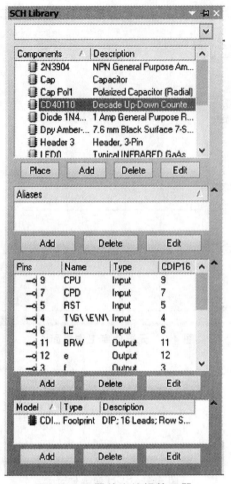

图 4-6　元器件库编辑管理器

元器件库编辑管理器共包括 5 个区域：空白文本框区、Components 区、Aliases 区、Pins 区和 Model 区。

1. 空白文本框区

该区用于筛选元器件。当在该文本框中输入元器件名的起始字符时，下面的元器件列表中会显示所有相同起始字符的元器件名。

2. Components 区

当一个元器件库处于打开状态时，此区域显示该元器件库的元器件名称和功能描述。该区下部的 4 个按钮用于库内元器件的选择、编辑、添加和删除。

其中，"Place"按钮用于将选中的元器件（高亮显示状态）的原理图符号放入当前打开的原理图中；"Add"按钮用于在当前元器件库中添加新元器件，点击后进入新元器件命名对话框，如图 4-7 所示；"Delete"按钮用于删除此元器件库中被选中（高亮显示状态）的元器件；"Edit"按钮用于打开此元器件库中被选中元器件的属性编辑对话框，如图 4-8 所示。

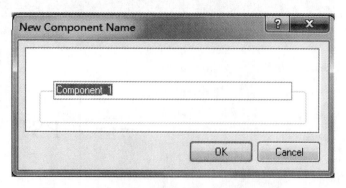

图 4-7　新元器件命名对话框

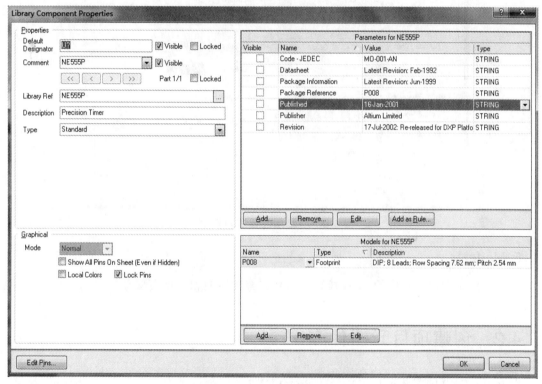

图 4-8　元器件属性编辑对话框

3. Aliases 区

Aliases 区主要用来设置所选中元器件的别名。

4. Pins 区

该区域用于显示已选中元器件的引脚名称和电气特性。"Add"按钮用于向选中元器件添加引脚；Delete 按钮用于从选中的元器件符号中删除引脚；点击"Edit"按钮，可以进入选中引脚的属性设置对话框以编辑该引脚属性，如图 4-9 所示。

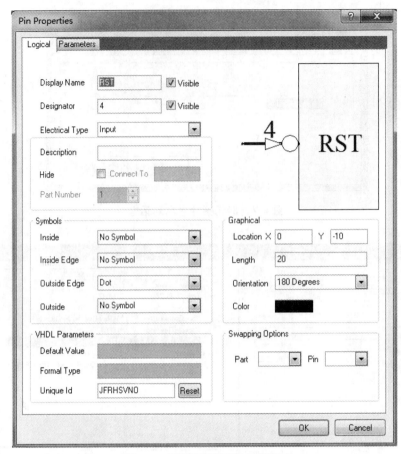

图 4-9 引脚属性设置对话框

5. Model 区

该区域用于指定元器件的 PCB 封装、信号完整性模型和仿真模型等。

4.2 创建项目元器件库

在 Protel DXP 的安装过程中，会在 Protel DXP 的安装目录中生成一个"Library"目录，专门用来存储元器件库。在该目录中，元器件一般是按生产厂家来分类的。这些元器件库是我们进行电路设计的基础元器件库。绘制原理图的过程中，我们需要将自己使用到的元器件库加载到原理图编辑器中形成本地的设计环境。如果要将我们的设计工作远传，一般不会将本地的设计环境一并发出或要求对方有相同的设计环境，而是将设计中用到的元器件打包成一个项目元器件库，与其他设计文件一起作为 Project 的一部分进行远传。项目元器件库包括了项目中使用到的元器件的所有信息。

建立项目元器件库的步骤如下：

（1）延续上一章的操作，假设我们完成了"声控显示电路"的原理图绘制工作，首先打开"声控显示电路.PRJPCB"，并打开原理图文件，进入原理图编辑界面。

（2）执行"Design→Make Schematic Library"菜单命令，将弹出如图 4-10 所示的确认对话框，表示该项目共有 17 个元器件即将加入到本元器件库中。单击"OK"按钮即可生成与项目名称相同的元器件库文件，同时进入原理图元器件编辑器界面，如图 4-11 所示。项目元器件库生成后，该项目"Project"目录结构下有一个"Libraries"目录，点击打开该目录后，可以发现我们刚生成的本项目元器件库文件：声控显示电路.SchLib。注意本项目中用户创建和生成的所有库文件（含元器件库和封装库）都将归并到"Libraries"目录中。需要注意的是：①"Libraries"目录只是表示文件的组织结构，并不是表示在本项目文件夹中生成了一个名为"Libraries"的文件夹，所有的库文件将单独存储在本项目所在文件夹中；② 只有对项目进行编译操作后，用户才能执行相应的命令生成项目元器件库，且元器件库编辑管理器内各区才有内容显示。

图 4-10　生成项目元器件库确认对话框

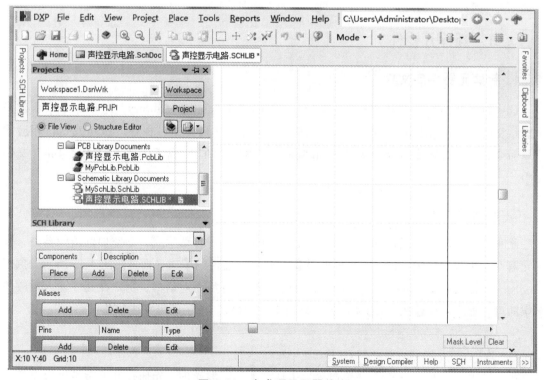

图 4-11　生成项目元器件库

4.3 原理图的元器件符号制作

当我们在原理图绘制过程中需要使用系统元器件库中没有的元器件时，就需要利用元器件库编辑器自行制作元器件。例如，本项目中使用的十进制计数器/译码器/驱动器 CD40110，若在系统自带的库文件中无法找到，就需要用户自行绘制其元器件符号。该元器件符号如图 4-12 所示。下面我们将以此为例，来阐述一个原理图元器件符号的一般制作步骤和方法。

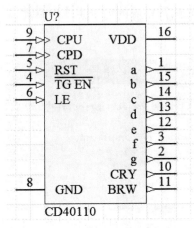

图 4-12　CD40110 原理图符号

4.3.1 新建元器件

1. 新建元器件库文件

选中该项目文件，执行"File→New→Library→Schematic Library"菜单命令，新建一个默认文件名为"Schlib1.SchLib"的原理图库文件，然后单击"保存"按钮或执行相应的菜单命令，将文件重命名为"MySchLib.SchLib"并保存在 D 盘下的"声控显示电路"文件夹中。

2. 命名元器件

此时由于是新建的元器件库，将在"SCH Library"中自动生成一个空白的新元器件，默认元器件名称为"Component_1"，同时默认打开该元器件的编辑界面，如图 4-13 所示。执行"Tools→Rename Component"菜单命令，将弹出图 4-14 所示对话框，用户在其中输入对应的名字即可，如本例中输入"CD40110"，然后单击"OK"按钮即可完成操作。

3. 绘制矩形

执行"Place→Rectangle"菜单命令，出现"十"字形光标。先捕捉并点击坐标原点作为矩形的左上角，然后根据所需要的矩形，拖动鼠标以改变矩形大小和形状，最后在合适的位置单击鼠标左键以确定矩形的右下角位置，完成该矩形的放置，结果如图 4-15 所示。矩形放置完成后，仍可对其位置和大小进行修改：单击该矩形，当矩形四周出现绿色的小方块时，表示该矩形已处于选中状态（如图 4-16 所示），用户可以拖动各个小方块来改变其大小，或直接将鼠标放在矩形上，当出现双向十字箭头时按住鼠标左键拖动来改变矩形位置。

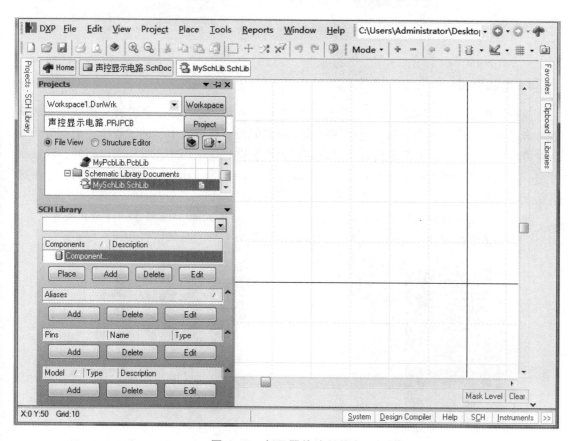

图 4-13　新元器件绘制状态

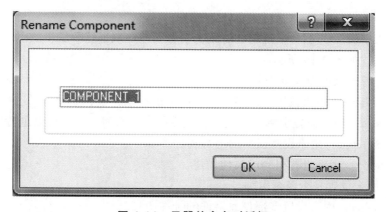

图 4-14　元器件命名对话框

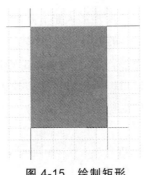
图 4-15 绘制矩形

图 4-16 选中矩形

4. 绘制引脚

执行 "Place→Pin" 菜单命令，光标变为 "十" 字形且附着了一个引脚，捕捉矩形边缘后单击鼠标左键即可完成放置。这里特别需要强调的是：在放置引脚的过程中，引脚有一端会附带着一个 "×" 形的灰色的标记，该标记表示引脚该端是用来连接外围电路的，故该端方向一定要朝外，而不能向着矩形方向，具体如图 4-17 所示。用户若需调整引脚方向，可按键盘上的空格键，每按一次，可将引脚逆时针旋转 90°。

我们根据元器件的实际情况，放置完 16 个引脚，结果如图 4-18 所示。注意：放置完后，用户仍可根据绘制原理图的需要，拖动引脚以调整各个引脚的具体位置和相对间距。

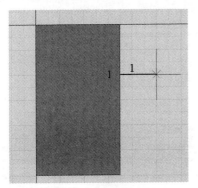
图 4-17 放置引脚　　　　　　图 4-18 所有引脚放置完毕的效果图

5. 编辑引脚

下面我们以引脚 1 为例，来说明如何编辑引脚属性。双击需要编辑的引脚 1，打开引脚属性设置对话框，如图 4-19 所示。

对话框中主要选项的意义如下：

① Display Name：用来设置引脚名，是引脚端的一个符号，用户可以进行修改。
② Designator：用来设置引脚号，是引脚上方的一个符号，用户可以进行修改。
③ Electrical Type：用来设置引脚的电气属性。
④ Description：用来设置引脚的属性描述。
⑤ Hide：用来设置是否隐藏引脚。
⑥ Part Number：用来设置多部件元器件的子件序号。
⑦ Symbols：用来设置引脚的输入输出符号，这些符号一般是 IEEE 符号。

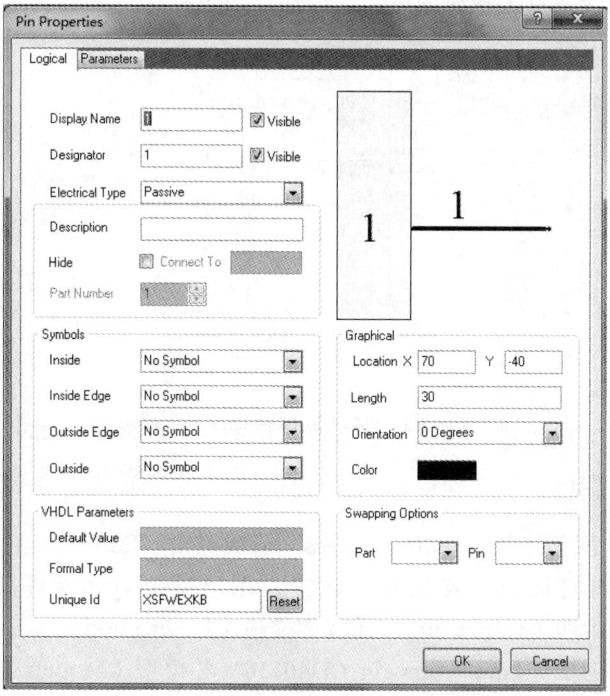

图 4-19 引脚属性设置对话框

按照图 4-20 将 1 号引脚设置完毕：将"Display Name"栏中原来的内容"1"改为"a"，将"Electrical Type"栏中原来的内容"Passive"改为"output"。完成后点击"OK"按钮确认。

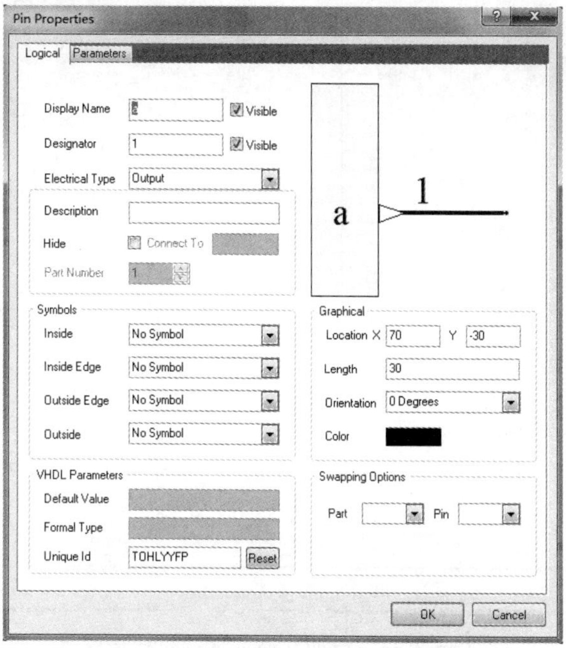

图 4-20 编辑后的引脚属性设置对话框

以此类推，完成其余 15 个引脚的编辑，最终效果如图 4-21 所示。编辑完成后注意执行"File→Save"菜单命令或点击相应的按钮，以保存当前操作。

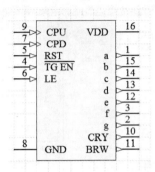

图 4-21　修改引脚属性后的图形

6. 修改元器件属性

在元器件库编辑管理器中的"Components"区域点击"Edit"按钮，将会弹出图 4-22 所示的元器件属性编辑对话框。在该对话框中，用户可以对元器件默认流水号（Default Designator）、元器件说明（Comment）、元器件描述（Description）、类型（Type）、图形参数（Graphical）、元器件参数（Parameters for CD40110）和模型（Models for CD40110）等系列参数进行设置。比如，这里我们将元器件默认流水号修改为"U？"，元器件说明修改为"CD40110"，修改完成后单击"OK"按钮保存操作。

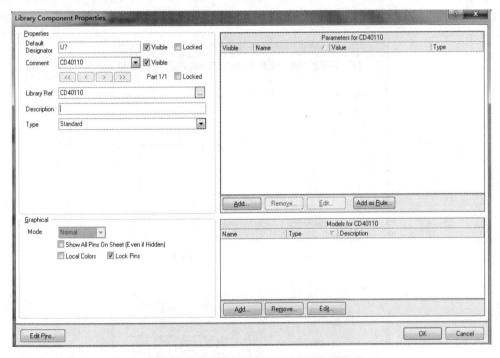

图 4-22　元器件属性编辑对话框

7. 添加封装

需要注意的是，用户在制作完元器件后，一定要制作元器件的封装，并将二者关联起来，否则在将原理图导入 PCB 图时将丢失该元器件。PCB 封装的制作将在第 9 章讲解，这里仅阐述如何将二者关联。在图 4-22 所示的元器件属性编辑对话框的模型参数中，单击"Add"按钮，或在"SCH Library"选项卡中选中"CD40110"，单击"Model"区域中的"Add"按钮，均会弹出添加模型对话框，如图 4-23 所示。我们选择"Footprint"选项以添加 PCB 封装，然后点击"OK"按钮确认，此时 PCB 封装浏览框被打开，如图 4-24 所示。

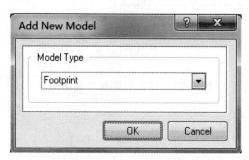

图 4-23　添加模型对话框

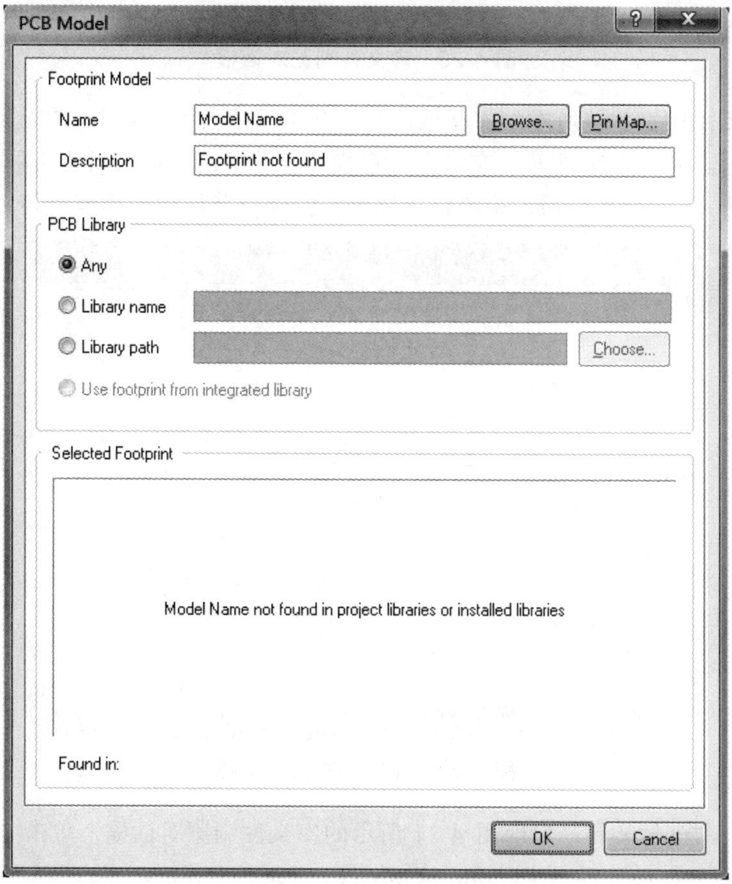

图 4-24　PCB 封装浏览框

为元器件添加封装，可以从已有库文件中选择与之匹配的封装，也可以自行绘制封装。本例中我们假设 CD40110 的封装为标准的双列直插式封装（DIP），名称为"CDIP16"，可以从已有的库文件中选择，则具体操作为：

（1）单击"Browse"按钮，将出现库文件浏览对话框，如图 4-25 所示。

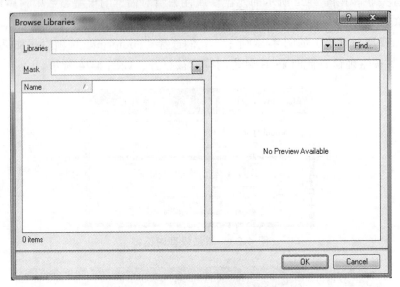

图 4-25　库文件浏览对话框

（2）如果 CDIP16 封装所在的库文件没有加载至本项目中，单击"Find"按钮，打开库文件查找对话框，如图 4-26 所示。在最上方查找内容的空白处输入封装名称"CDIP16"，然后单击左下角的"Search"按钮，系统将按设置好的查找路径来查找该封装。

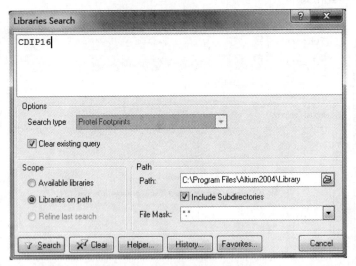

图 4-26　库文件查找对话框

（3）当查找到该封装后，出现图 4-27 所示的库文件浏览对话框，单击"OK"按钮，将返回图 4-24 所示的界面，同时"Footprint Model"区域的"Name"将显示为"CDIP16"。再次单击"OK"按钮，即完成添加封装的操作。

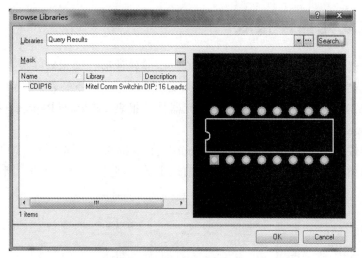

图 4-27　库文件浏览对话框

4.3.2　添加新元器件

在一个项目中，用户可能需要自行制作多个元器件。此时用户不需要新建多个元器件库，只需要在已创建的库文件中添加新的元器件即可。在元器件库管理工作界面下，执行"Tools →New Component"菜单命令，弹出图 4-28 所示的添加新元器件对话框，在该对话框中用户可以直接输入新的元器件名称（如 CD40110S），从而不需要再次对元器件进行命名。单击"OK"按钮后，即进入新元器件编辑界面，用户可以采取 4.3.1 节所述方法来制作新元器件。

图 4-28　添加新元器件对话框

一般来说，如果需要绘制一个新元器件，并不是如 4.3.1 节中所述，从零开始绘制，而是借用系统中已经有的类似元器件。查找并打开该元器件后，用户只需要复制该元器件至新建元器件库中，然后对其进行编辑操作，改变其名称、引脚名称、数量、定义和属性等。例如，图 4-28 中，我们已经新建了一个新元器件 CD40110S 并进入了该元器件的编辑界面，假设标准元器件库中的元器件 HCC40110BF 的外形符号与 CD40110S 相似，并已被复制至剪贴板中。我们执行粘贴操作即可完成元器件符号的复制，接着按 4.3.1 节中步骤 6～7 可完成新元器件的制作。

这里需要特别注意的是，应避免直接对系统自带元器件库中的元器件做编辑、修改，而应在自己新建的元器件库或创建的项目元器件库中进行操作。

4.4 生成元器件报表

在元器件库编辑器的编辑环境中，用户可以生成各种形式的元器件报表，以便用户掌握本项目或某个元器件库中元器件的相关信息。元器件共有 4 种报表，分别为：元器件报表（Component）、元器件列表（Library List）、元器件库报表（Library Report）和元器件规则检查报表（Component Rule Check）。

在项目元器件库编辑界面下，单击"Report"菜单命令，将弹出图 4-29 所示的报表生成命令。以创建的项目元器件库为例，假设当前选中的元器件为 CD40110，则：

图 4-29　元器件库报表子菜单

（1）元器件报表命令"Component"用来生成当前选中元器件的报表文件，报表中显示元器件的相关参数，如元器件名称、组件等信息，如图 4-30 所示。

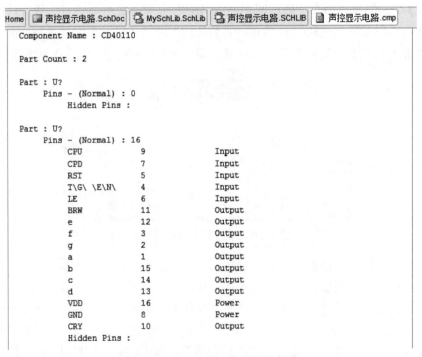

图 4-30　CD40110 的元器件报表

（2）元器件列表命令"Library List"用来生成当前元器件库中所有元器件的相关信息，如元器件总数、元器件名称和描述等。执行该命令后，系统直接建立元器件库报表文件，并成为当前文件，如图 4-31 所示。

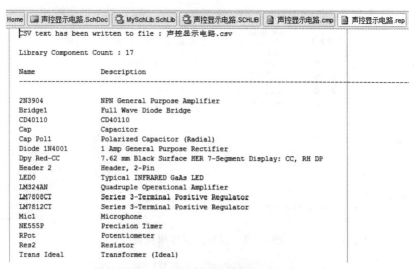

图 4-31　元器件库报表文件

（3）元器件库报表命令"Library Report"用来生成当前元器件库的报表文件，格式为 Word 格式。执行该命令后，将弹出图 4-32 所示的元器件库报表参数设置对话框。

图 4-32　元器件库报表参数设置对话框

若采用默认设置，单击"OK"按钮后将生成 Word 格式的元器件库报表，如图 4-33 所示，里面包含了每个元器件的详细信息。

（4）元器件规则检查命令"Component Rule Check"用来生成元器件规则检查的错误信息，点击后弹出规则检查选择对话框，如图 4-34 所示。选中不同的检查选项则会输出不同的检查报告。

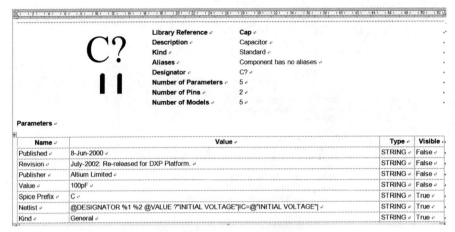

图 4-33 部分元器件库报表

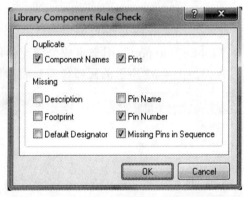

图 4-34 库元器件规则检查选中对话框

实训操作

1. 在 Protel DXP 的安装文件夹的"Library"子文件夹中添加一个以"MyLibrary"命名的文件夹，用来存放自行绘制的元器件。新建一个元器件库"我的元器件库.SchLib"并保存在"MyLibrary"文件夹中，在该元器件库中绘制如图 4-35 所示的元器件原理图符号，并为其添加 DIP8 标准封装。

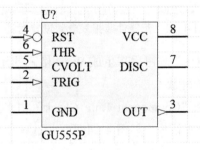

图 4-35 GU555P 图样

2. 在上一题的新建元器件库中添加新的元器件,并绘制其原理图符号,如图 4-36 所示。这里假设其代表一个自绕无感电位器。

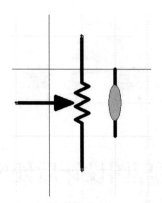

图 4-36　自制元器件的原理图符号

3. 打开第 3 章"实训操作 1"完成的项目"Clock.PrjPCB",生成其项目元器件库,并生成该库的元器件列表和元器件库报表。

4. 尝试以本章"实训操作 2"中自制的电阻符号替代本书案例中的两个可调电阻 R11 和 R12,替换后的效果如图 4-37 所示。

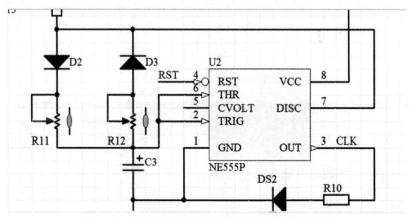

图 4-37　自制原理图符号替代标准符号的效果

5. 小组讨论:

(1) 为什么在绘制一个新元器件符号时,一般并不是从零开始绘制,而是借用系统中已经有的类似元器件,对其进行编辑、修改操作,然后另存为新符号名称?

(2) 为什么应避免直接对系统自带元器件库中的元器件做编辑、修改?

(3) 为什么利用已有元器件绘制新元器件的操作应该在项目元器件库中进行?

第 5 章

原理图设计后处理

电路原理图绘制完成后,需要检验其是否符合电气规则,是否符合电气连接特性,并要对电路网络连接关系、材料名称和数量等形成直观报表。多数情况下,还要将原理图输出打印为标准图纸以便传阅、审定和备案等。本章我们将针对 Protel DXP 的这些功能进行学习和操作。

本章学习重点:

(1)编译操作与编译参数设置。

(2)生成原理图报表。

(3)原理图打印输出。

5.1 原理图的编译

用 Protel DXP 绘制的电路原理图与一般图像不同，这些简单的点、线和图形代表了实际电路中的元器件及其电气连接。所以，它们不仅满足一定的拓扑关系，还必须遵循电气规则。

Protel DXP 主要通过编译操作来对电路原理图进行电气规则和电气连接特性等参数的检查，并将检查后产生的错误信息在 "Messages" 工作面板中显示，同时在原理图中标注出来。另外，编译操作还要创建一些与该项目相关的文件，以便用于同一项目内不同应用的交叉引用。

编译操作首先要对错误报告类型、电气连接矩阵、比较器、ECO、输出路径、网络表选项和其他项目进行设置，然后由 Protel DXP 依据这些设置对项目进行编译。

5.1.1 编译参数设置

1. 设置错误报告类型

启动 Protel DXP 软件后，打开相应的设计项目和已经绘制完成的原理图文件，执行 "Project →Project Option" 菜单命令，打开设置项目选项对话框，如图 5-1 所示。首先选择其中的 "Error Reporting"（错误报告类型）选项卡。

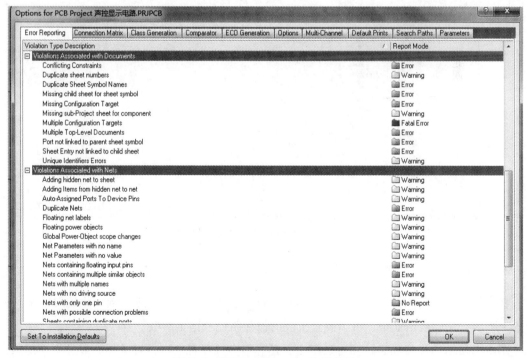

图 5-1 "Error Reporting" 选项卡

错误报告类型共分为 6 大类，68 项，涉及总线、元器件、文件、网络等参数检查，每一项的报告模式（Report Mode）用于表示违反规则的程度，有 No Report、Warning、Error、Fatal Error 共 4 个级别可供选择。用户单击对应规则右侧的"Report Mode"的内容即可进行违反规则错误提示的设置。一般情况下，用户可使用默认设置。

2. 设置电气连接矩阵

第二个选项卡用于电气连接矩阵（Connection Martix）的设置，如图 5-2 所示。光标移动到矩阵中需要产生错误报告的条件交叉点时会变为"手形"。点击交叉点的方框可选中报告模式，有 No Report、Warning、Error、Fatal Error 共 4 个级别可供选择。一般情况下，用户可使用默认设置。

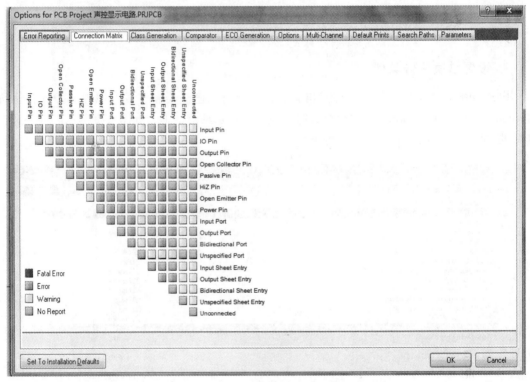

图 5-2 "Connection Martix"选项卡

3. 设置输出路径和网络表选项

在设置项目选项对话框中，点击"Options"（选项）选项卡，进入选项设置对话框，如图 5-3 所示。在此对话框中，可以设置报表的保存路径及输出参数。

图 5-1 所示的设置项目选项对话框中，还有很多选项可以进行设置，一般进行原理图设计和编译时，可以采用默认设置，这里不再赘述。

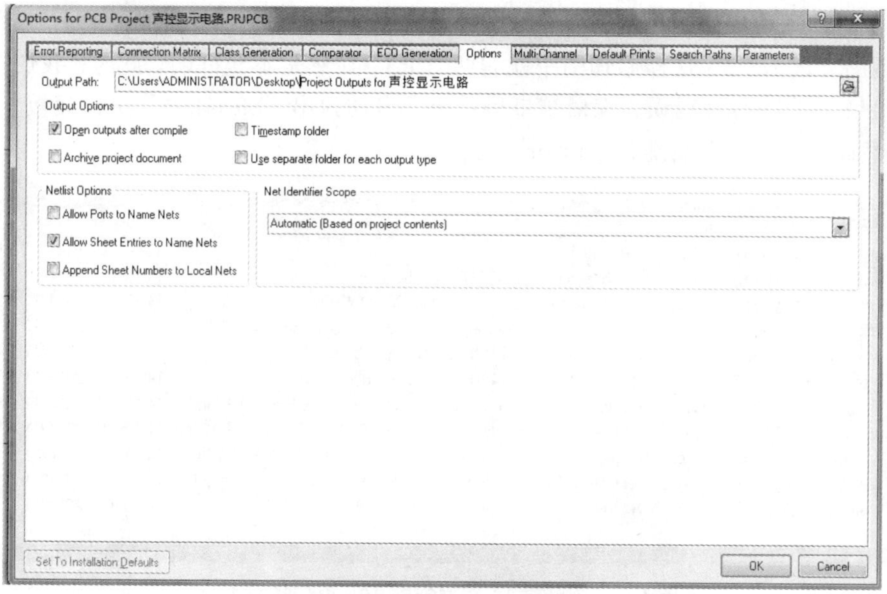

图 5-3 "Options"选项卡

5.1.2 项目编译与定位错误元器件

1. 项目编译

当完成编译参数设置后，就可以对项目进行编译了。执行"Project →Compile PCB Project 声控显示电路.PRJPCB"菜单命令，对"声控显示电路.PrjPCB"项目进行编译，此时需要打开"Navigator"和"Messages"工作面板。如果这两个面板没有自动弹出，则点击右下角面板标签中的"Design Compile"和"System"，在其中选中"Navigator"和"Messages"即可显示这两个面板。

我们知道，编译过程就是依据编译设置对原理图文件进行检查，检查结果会出现在"Messages"工作面板中，如果没有错误，则该面板空白。如果有错误，按照之前的设置显示为 Warning、Error、Fatal Error 共 3 个级别的报告，以提醒用户注意。

我们对第 3 章已经绘制过的原理图进行编译操作，"Messages"工作面板中将出现图 5-4 所示信息。其中包括 8 个按默认设置应被提醒为"Warning"的检查结果。一般来说，用户对于提示为"Warning"的报告可以忽略，所以本例中我们可以忽略该警告。

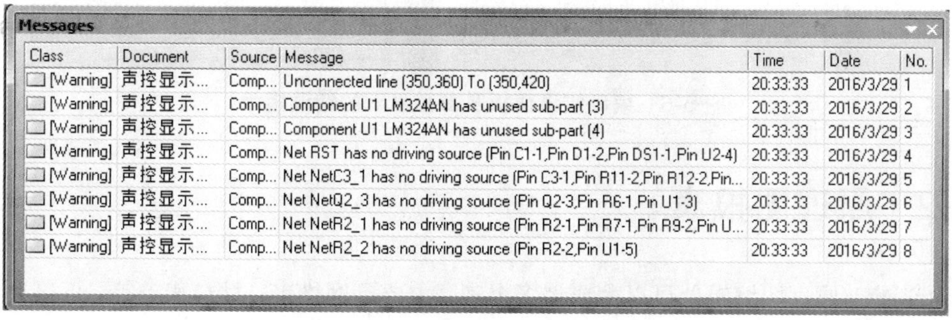

图 5-4 编译后的 Messages 工作面板

为了更好地理解编译的作用，我们不妨故意在原理图中设置一个错误，再行编译。例如，我们将电阻 R4 改为 R3，这样原理图中就有两个 R3，显然是不允许的。此时，我们再执行编译操作，由于项目中存在错误，编译结束后系统会自动弹出"Messages"工作面板，如图 5-5 所示，显然此时多了两个级别为"Error"的错误。

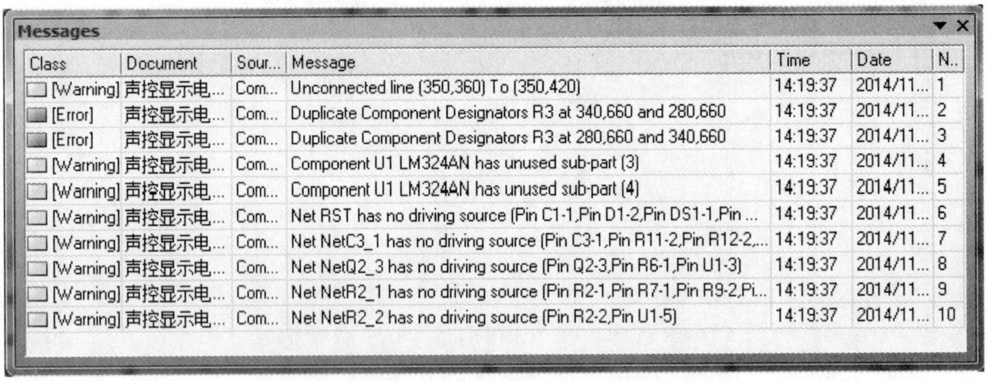

图 5-5 设置错误及 Messages 窗口的变化

2. 定位错误

对于"Warning"型警告一般可以忽略，而对于"Error"型错误，则必须进行处理，如修改原理图。如图 5-5 中显示两个"Error"，其中一个内容为"Duplicate Component Designators R3 at 340，660 and 280，660"，表示坐标（340，660）和（280，660）两处的两个对象具有重复的流水号 R3。为了修改错误，将鼠标移动到任意一个错误提示上，双击左键，打开编辑错误面板，如图 5-6 所示。在该面板中显示两个重复流水号的电阻 R3，单击任何一个电阻，则该电阻将高亮显示，其他对象颜色变浅。此时用户可快速修改该错误，比如把某一个电阻流水号改为 R4，再次进行编译，将不会自动弹出信息面板。

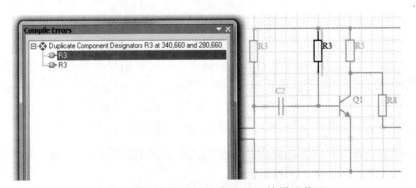

图 5-6 编译错误面板及高亮显示的错误指示

5.2 原理图报表

Protel DXP 原理图编辑器可以生成许多报表，主要有网络表、材料清单等，可以在存档、对照、校对以及设计 PCB 时使用。

5.2.1 生成网络表

网络表是指电路原理图中元件引脚等电气点相互连接的关系表，其主要用途是为 PCB 设计提供元器件信息、管脚连接关系信息及必要仿真操作信息。网络表是联系原理图和 PCB 的桥梁。在早期的 Protel 版本中，用户需要手动生成网络表，然后在 PCB 图中导入网络表才能将原理图转换为 PCB 图中的电气连接。在 Protel DXP 中，用户不需要手动生成网络表，在将原理图导入到 PCB 图中时，系统会自动地导入电气连接，但究其根本仍然是将网络表导入 PCB 图中。生成网络表的具体操作如下：

（1）执行"Design→Netlist For Project→Protel"菜单命令，系统自动生成 Protel 网络表，默认名称与项目名称相同，扩展名为".NET"，保存在项目所在文件夹中自建的子文件夹"Project Outputs For 声控显示电路"中。

（2）网络表文件可以显示为一个文本文件，可以用文本编辑器进行编辑和修改，文件样式如图 5-7 所示。网络表主要包含两个重要信息，一是元器件信息，由一对方括号括起来；二是元器件的电气连接，即属于同一个网络的引脚有哪些，由一对圆括号括起来。

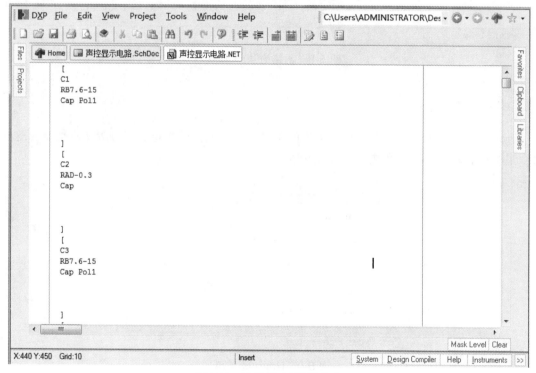

图 5-7　网络表-元器件信息

① 元器件信息：例如，图 5-7 中第一对方括号内的内容表示元器件 C1 的相关信息，即名称为 C1，封装形式为 RB7.6-15，描述为 Cap Pol1。

② 电气连接：如图 5-8 所示，第一对圆括号内的内容表示网络名称为 VDD，和该网络相连接的引脚有 5 个，分别为 C6 的 2 脚（C6-2）、C7 的 1 脚（C7-1）、U3 的 16 脚（U3-16）、U4 的 3 脚（U4-3）、U5 的 1 脚（U5-1）。

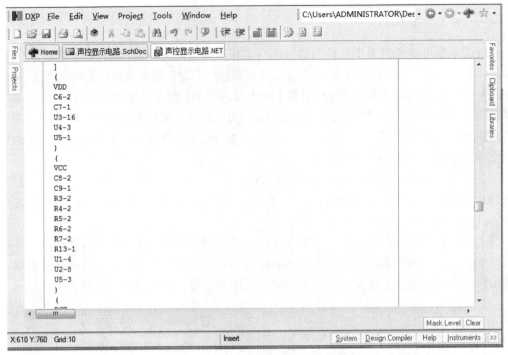

图 5-8 网络表-电气连接

5.2.2 Reports 菜单

Protel DXP 提供了专门产生统计报表的工具，涉及元件的数量、型号等基本信息。这些命令集中在"Reports"菜单内，如图 5-9 所示。

图 5-9 Reports 菜单

5.2.3 材料清单

材料清单也称元器件报表或元器件清单，主要报告项目中使用的元器件型号、数量等信息，可用于给物料采购部门做参考及估算电路的物料成本。

（1）打开第 3 章中完成的设计项目，然后打开其中的原理图文件，此时原理图编辑器为当前界面。

（2）执行"Reports→Bill of Material"命令，打开报表管理器对话框，如图 5-10 所示。此对话框用来配置输出报表的格式。

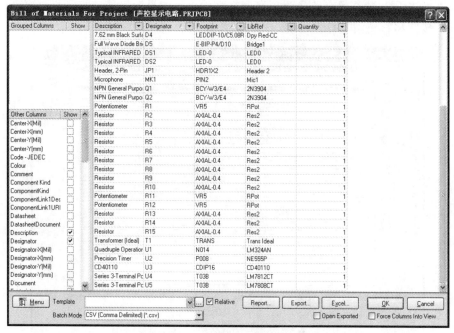

图 5-10　报表管理器对话框

对话框左边的"Others Columns"一栏中的复选框用来选择予以显示的元器件信息。一般，我们选择显示元器件的功能描述、名称、数量、封装和标识符等信息。

（3）点击对话框中的"Export"按钮，系统将生成与项目同名的列表文件，扩展名为".xls"。计算机中如果装有 Excel 软件则可以打开该文件，如图 5-11 所示。

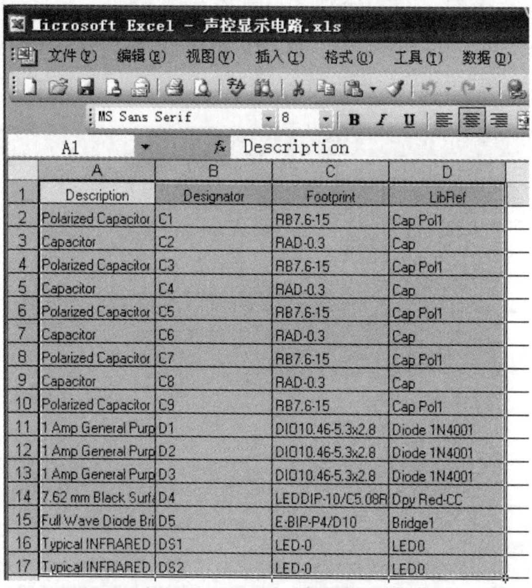

图 5-11　Excel 格式的 BOM 清单

如果点击"Reports"按钮，则生成报表的预览对话框，如图 5-12 所示，点击其下方按钮可以调整显示方式。另外，此时再点击"Export"按钮，效果与在报表管理器对话框中点击"Export"按钮相同，默认保存路径为项目所在文件夹。如果此时装有打印机，也可以直接点击"Print"按钮将材料清单打印出来。

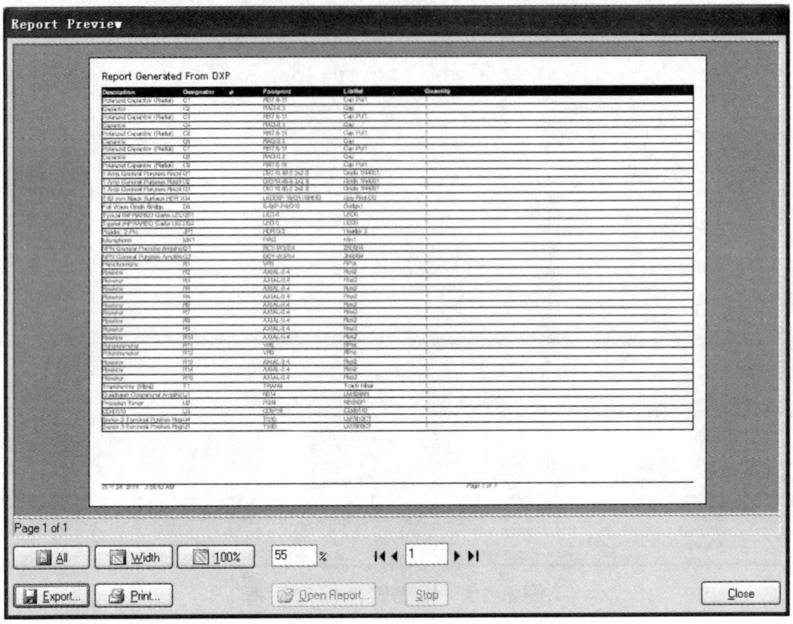

图 5-12 报表预览

5.2.4 简易材料清单

在"Reports"下拉菜单中如果选择点击"Simple BOM"，系统会生成简易材料清单报表。保持默认设置时，生成 2 个报表文件，分别为"声控显示电路.BOM"和"声控显示电路.CSV"，它们会被保存在"Project Outputs For 声控显示电路"文件夹中。同时，文件名会被添加到项目工作面板中，如图 5-13 所示。

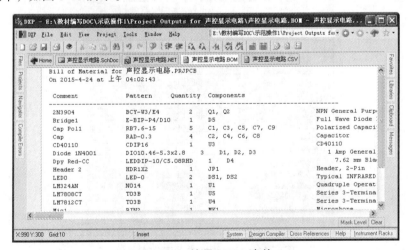

图 5-13 简易 BOM 清单

5.3 原理图的输出

某些情况下，需要将原理图打印输出，其操作方法如下：

5.3.1 设置默认打印参数

（1）执行"Project→Project Options"菜单命令，打开设置项目选项对话框。再单击"Default Prints"标签，打开默认打印设置对话框，如图5-14所示，勾选原理图文件输出（Schematic Prints）一项。

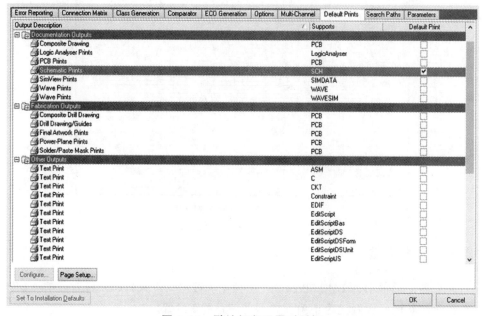

图 5-14 默认打印设置对话框

（2）单击默认打印设置对话框的"Page Setup"（页面设置）按钮，打开打印页面设置对话框，如图5-15所示。也可以执行菜单命令"File→Page Setup"，效果相同。

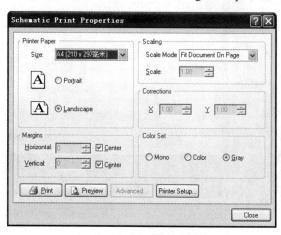

图 5-15 页面设置对话框

5.3.2 设置打印机参数

在打印设置对话框中，单击"Print Setup"（打印机设置）按钮，打开打印页面设置对话框，如图 5-16 所示。完成对话框中有关参数设置后，单击"OK"按钮返回到打印页面设置对话框。

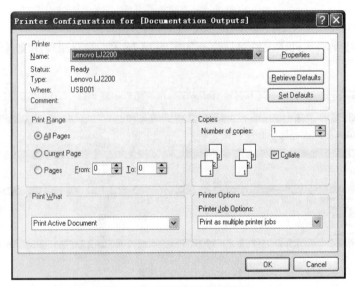

图 5-16 打印机设置对话框

5.3.3 打印预览

在打印设置对话框中，单击"Preview"（预览）按钮，进入打印预览对话框，如图 5-17 所示。在此可预览图纸设置是否正确，如不妥，需重新设置。

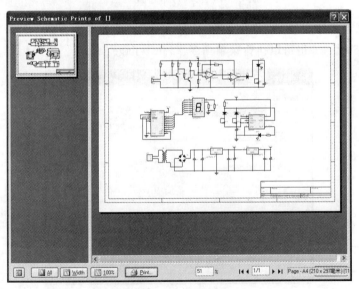

图 5-17 打印预览

5.3.4 打印原理图

在打印设置对话框或打印预览对话框中,单击"Print"按钮可执行打印操作。

需要注意的是,计算机中应安装打印机,否则上述有关打印的功能不能实现。如果暂时不需要打印或没有打印机,又想预览图纸,可以在计算机中添加系统自带的虚拟打印机,将原理图输出为图片文件,这样一方面可以执行上述打印输出的所有功能,另一方面也可以将电路图纸拿到没有安装Protel的计算机上实现浏览、打印。

实训操作

1. 分别对第3章"实训操作1~5"的设计成果进行编译操作,观察Messages窗口的信息,如发现错误,应予以修正,直到Messages窗口没有错误提示为止。

2. 尝试按照本章第1节介绍的方法对以上各项目进行修改、检查,使它们编译后的Message窗口中不出现"Warning"型警告。

3. 生成第3章"实训操作1~5"各个项目的网络表、元器件清单。

4. 利用虚拟打印机将以上各个项目的电路原理图以图片形式输出。

5. 小组讨论:什么是网络表?网络表有什么作用?Protel DXP中是否需要手动生成网络表,为什么?

第 6 章

层次原理图设计

在设计一个项目时，有时原理图内容比较多，不便于在一张图纸中完成电路图的设计。因此，设计者通常会把该电路划分成多个功能相对独立的模块，分别进行设计，最后将各独立模块组合起来，实现总的功能。Protel DXP 提供了层次原理图的设计方法，同一个项目的原理图可以绘制在不同的图纸上，从而大大加快了项目设计进度，提升了原理图的可读性。

本章学习重点：

（1）层次原理图设计的概念。

（2）自顶向下设计层次原理图。

（3）自底向上设计层次原理图。

6.1 层次原理图设计的概念及优点

6.1.1 层次原理图设计的概念

所谓层次原理图设计,就是把一个完整的电路系统按功能划分成若干个子系统,即子功能电路模块。如果需要还可以将这些子功能模块再划分成若干个更小的电路模块,然后通过方块电路的输入输出端口或者网络标号将子功能电路进行电气连接,于是就可以在较小的多张图纸上分别编辑、打印各模块电路的原理图,以达到大规模电路的设计要求。

6.1.2 层次原理图设计的优点

对于比较复杂的电路,如果不采用层次化设计方法,而是将原理图绘制在一张图纸上,这样的原理图将有以下缺点:
(1)原理图过于臃肿、繁杂。
(2)原理图的检错和修改比较困难。
(3)原理图纸张过大,打印不方便。
(4)难以读懂原理图,给设计交流带来不便。
如果设计者采用层次电路设计方法,以上4个问题就迎刃而解了。

6.2 层次原理图设计方法

电路原理图若采用层次化设计,需按照某种标准划分为若干个功能部件,分别绘制在多张原理图纸上,这些图纸通常被称为子图。这些子图将由一张原理图来说明它们之间的联系,这张原理图称为父图。各张子图和父图之间,以及子图之间是通过输入输出端口或者网络标号建立起电气连接的,这样就形成了此电路系统的层次原理图。

层次原理图由以下两个主要元素构成:
(1)构成项目电路的所有子图。该子图中包含有与其他子图建立电气连接的输入输出端口,以及该子图的功能电路图。
(2)表明单张子图之间关系的父图。父图中包含有代表单张子图的子图符号,对应各张子图之间电气连接的子图入口,以及父图中可能含有的功能电路图。

通常层次原理图的设计主要有两种方法:自顶向下的设计方法和自底向上的设计方法。

6.2.1 自顶向下设计层次原理图

自顶向下设计层次原理图是先对父图进行设计,放置好代表子图的图纸符号及相应的图纸入口,再来设计各个子图对应的电路图。其设计流程如图6-1所示。

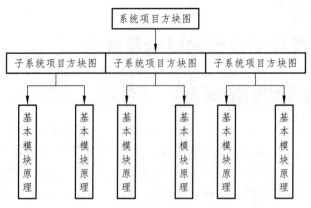

图 6-1 自顶向下设计方法流程图

6.2.2 自底向上设计层次原理图

自底向上设计层次原理图，是先绘制各个基本模块所对应的子图，然后再由这些子图生成图纸符号。因此在绘制层次原理图之前，要先设计出各个基本模块所对应的原理图。其设计流程如图 6-2 所示。

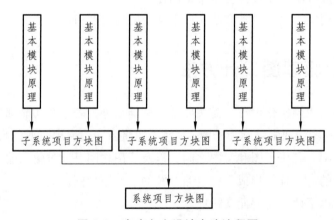

图 6-2 自底向上设计方法流程图

6.3 建立层次原理图

6.3.1 自顶向下设计方法

以本书的声控显示电路为例，假设本项目根据其电路功能，分为四个模块：电源电路、计数与显示电路、脉冲形成电路和声控主电路，如图 6-3 所示。下面我们采取自顶向下的设计方法来阐述层次原理图的设计步骤。

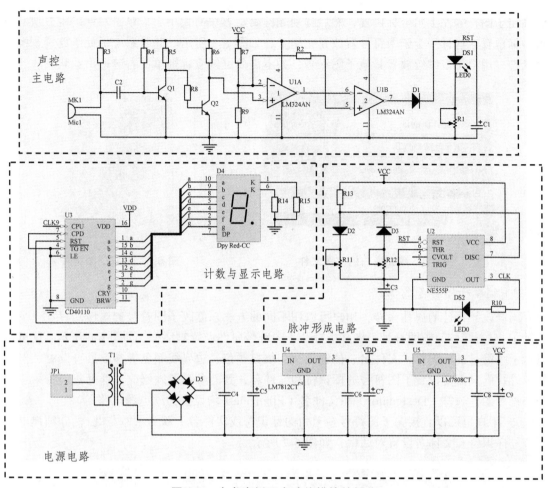

图 6-3 本书案例四个功能模块的划分

1. 创建 PCB 项目文件

启动 Protel DXP 软件后，执行"File→New→Project→PCB Project"菜单命令，新建一个 PCB 项目文件，并保存为"声控显示电路.PrjPCB"。

2. 建立父图

自顶向下的设计方法首先要建立表明各个层次原理图之间关系的父图，用来描述各个子图之间的电气连接。

1）建立空白的父图

选中该项目，执行"File→New→Schematic"菜单命令，创建一个空白的父图文件，并保存为"声控显示电路.SchDoc"。原理图和项目文件均保存后，结果如图 6-4 所示。

2）放置子图符号

在绘图工具栏中单击子图符号按钮" "，或者执行"Place→Sheet Symbol"菜单命令，此时光标将变成"十"字形态，并带有虚线形式的方块符号。移动鼠标到合适位置，单击左键确定子图符号左上角坐标位置，然后移动光标确定方块的大小后，单击左键确定方块右下角坐标位置，这样一个子图符号就放置完毕了，如图 6-5 所示。此时系统仍处于放置子图符号状态，用户可以继续放置其他子图符号，如不需要继续放置则单击右键退出本状态。

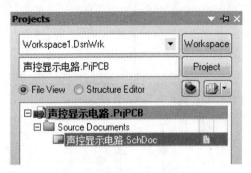

图 6-4　建立空白的父图文件　　　　图 6-5　放置子图符号

3）编辑子图符号属性

同修改元器件的属性一样，用户可以用不同的方法来修改子图符号的属性。

① 双击绿色的子图符号，将直接打开子图符号属性设置对话框，如图 6-6 所示。这里可以对子图符号的标识符、文件名、位置坐标、填充颜色、边界线颜色等参数进行设置，但一般来说我们只需要设置子图符号的标识符和文件名，其他参数无须修改。这里我们将第一个子图符号的标识符（Designator）和文件名（Filename）均设置为"电源电路"。

② 用户也可以直接在子图符号左上角的标识符或文件名上双击鼠标左键，将分别弹出子图符号标识符和文件名设置对话框，如图 6-7 所示。

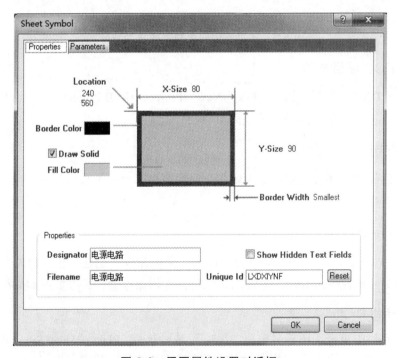

图 6-6　子图属性设置对话框

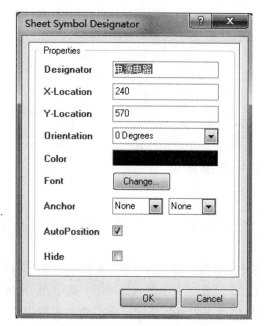
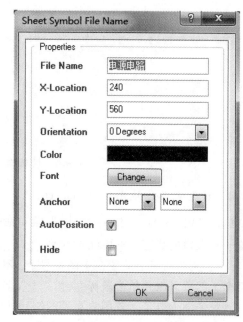

（a）子图符号标识符设置对话框　　　　（b）子图符号文件名设置对话框

图 6-7　子图符号标识符和文件名设置

③ 用户还可以在执行放置子图符号命令后，按键盘上的"Tab"键，也会弹出图 6-6 所示属性设置对话框。

④ 用户还可以直接在图纸上对子图符号的标识符和文件名进行修改。单击子图符号标识符，等待片刻后再一次单击鼠标左键，则此时标识符处于编辑状态，用户可以直接修改，如图 6-8 所示。子图文件名的修改与此类似。

重复步骤 2）和 3），绘制出另外三个电路子图符号，并分别输入对应的文件标识符和文件名，如图 6-9 所示，从左到右分别是电源电路、计数与显示电路、脉冲形成电路和声控主电路。当然用户也可以一次性放置完所有子图符号后，再分别进行修改。

需要注意的是，子图符号同样是一个原理图的对象，用户同样可以对其执行复制、剪切、粘贴和删除等操作，也可以选中子图符号后，调整和修改其大小、形状和位置。

图 6-8　直接修改子图符号标识符

161

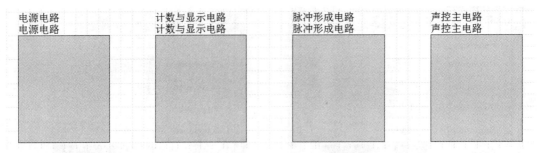

图 6-9 放置完子图符号后的效果图

4）放置电路方块图的电路端口

执行 "Place→Add Sheet Entry" 菜单命令，或者点击子图入口按钮 " "，系统将处于放置子图入口的状态。需要注意的是：

① 子图入口只能放置在子图符号上，不能放置在子图方块外的位置。如果用户将光标移至某个子图符号内并单击鼠标左键，"十"字光标上将附着一个子图入口符号，提示用户可以开始放置子图入口了。若用户在子图符号外的任何位置单击鼠标左键，将仍处于初始状态，无法放置子图入口。

② 子图入口只能放置在子图符号内部边缘上。

③ 一个子图符号中的子图入口要与另一个子图符号的子图入口建立电气连接，除了要把这两个子图入口用导线连接起来外，还必须保证这两个子图入口的名称一模一样。

这里我们根据项目的原理图可知，电源电路、计数与显示电路和声控主电路分别与其他电路有两个电气连接，脉冲形成电路与外电路有三个电气连接。我们分别在每个子图符号上放置上述数量的子图入口，如图 6-10 所示。

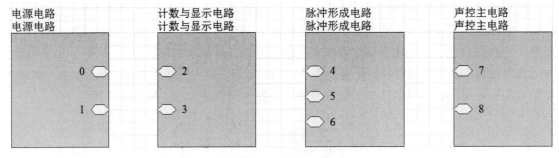

图 6-10 放置了子图入口的子图符号

5）编辑子图入口属性

用户双击需要修改的子图入口，或者在放置子图入口时按键盘上的 "Tab" 键，均会打开图 6-11 所示的子图入口属性设置对话框。

图 6-11 中，填充颜色（Fill Color）、文本颜色（Text Color）和边界线颜色（Border Color）一般无须更改，这里不赘述。下面对其他几个参数一一说明。

① Side：子图入口与子图符号相连接的位置。将光标放在图 6-11 中 "Side" 右边的 "Right"位置后将出现下拉按钮，点击打开可以看到共有左侧（Left）、右侧（Right）、顶部（Top）和

底部（Bottom）四个选项。一般来说，我们不需要在此处设置子图入口的位置，而是在图纸中直接拖动子图入口到子图符号的某条边上即可。

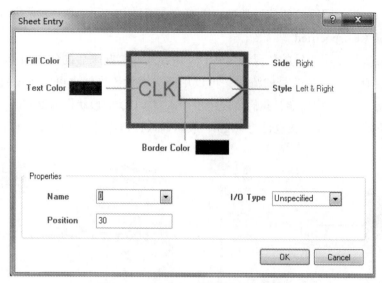

图 6-11　子图入口属性设置对话框

② Style：子图入口的形状。点击右侧的下拉列表后，可以看到共有八种不同的形状，其中前四种为水平（Horizontal）形状，后四组为垂直（Vertical）形状，如图 6-12 所示。所谓水平形状，是指子图入口位于子图符号左右两侧时可以设置的形状；垂直形状则是指子图入口位于子图符号上下两侧时可以设置的形状。比如，"None（Horizontal）"表示子图入口为矩形；"Left"表示子图入口左侧为箭头形状，右侧为矩形。其他各项的含义可以此类推。

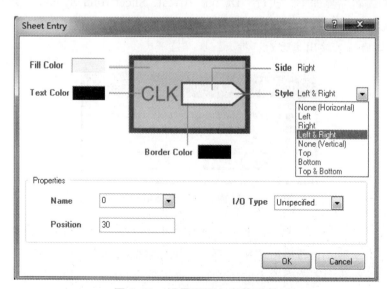

图 6-12　设置子图入口的形状

③ Name：子图入口的名称。若两个子图入口之间或多个子图入口之间具有相同的电气网络连接，则它们的名称必须一致。

④ Position：子图入口在其所在侧的位置。这里一般也不需要设置，要调整其在子图符号某侧的位置，直接在图纸上拖动子图入口即可。

⑤ I/O Type：指子图入口的信号类型，比如输入端口（Input）等。如无仿真等特别要求，一般可以不指定（Unspecified）。

这里我们设置好子图入口的位置和名称，并用导线连接起来后的父图如图 6-13 所示。一般来说，为了更直观地看到信号的流向，可以用箭头示意（当然也可任意设置）。例如，图 6-13 中电源电路 VDD 是输出端，我们可以将子图入口 VDD 的形状设为 Right，表示输出；而计数与显示电路中的 VDD 形状也设为 Right，表示输入，这样可以比较直观地了解信号流向。

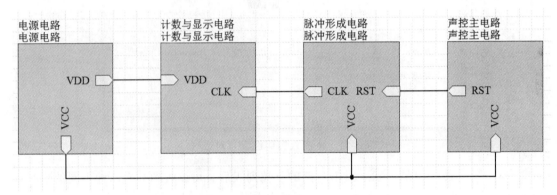

图 6-13　设置好位置和名称的子图入口

3. 由子图符号创建子图

（1）在父图编辑器界面下，执行"Design→Create Sheet from Symbol"菜单命令，光标变为"十"字形，将光标移动到某个子图符号上方（如电源电路）上，单击鼠标左键，打开图 6-14 所示的转换输入输出类型对话框。

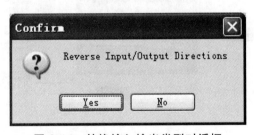

图 6-14　转换输入输出类型对话框

（2）若单击"Yes"按钮，则生成的新原理图中的 I/O 端口与电路方块图的端口相反，即输入变输出，输出变输入；若单击"No"按钮，则生成的新原理图中的 I/O 端口与电路方块图的端口相同。一般我们不改变输入输出关系，这里单击"No"按钮，系统将生成与子图符号文件名称相同的原理图文件"电源电路.SchDoc"，同时将"电源电路"子图符号中的子图入口转换为对应的输入输出端口，并自动添加到子图"电源电路.SchDoc"的原理图中，具体如图 6-15 所示。单击"保存"按钮保存该原理图。

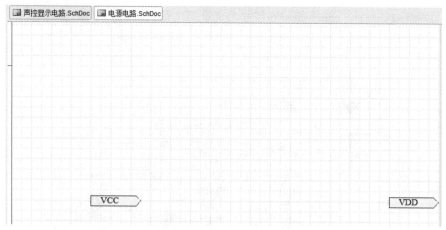

图 6-15 生成的同名子图 "电源电路.SchDoc"

4．绘制子图原理图

生成图 6-15 所示带输入输出端口的空白子图后，用户就需要在该原理图中绘制电源电路模块的原理图了。绘制完毕后的电源电路子图如图 6-16 所示。

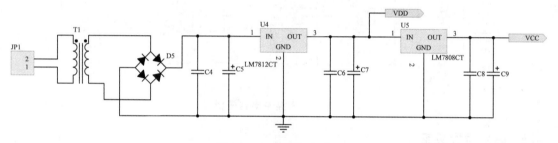

图 6-16 电源电路子图

类似地，我们分别生成其他三个子图符号对应的子图并保存，同时再一次保存项目文件。接着用户只需分别绘制它们的原理图并保存。各个子图分别如图 6-17、6-18 和 6-19 所示。

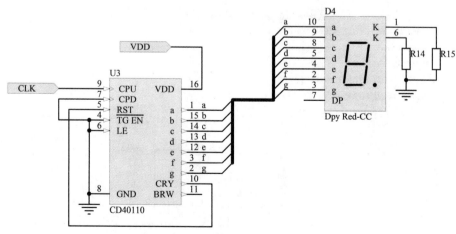

图 6-17 计数与显示电路子图

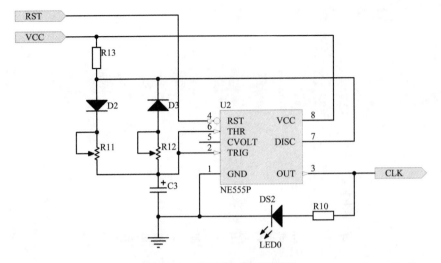

图 6-18 脉冲形成电路子图

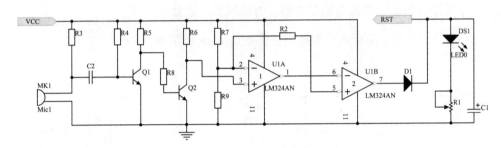

图 6-19 声控主电路子图

5. 确立层次关系

对所建立的层次原理图项目进行编辑操作后，就可以确立父图和子图的关系了。执行"Project→Compile PCB Project 声控显示电路.PrjPCB"菜单命令后，系统就产生了层次设计原理图中父图和子图的关系，其项目控制面板如图 6-20 所示。

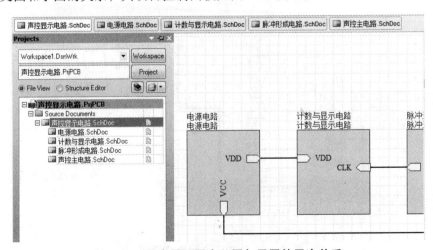

图 6-20 层次原理图中父图与子图的层次关系

6.3.2 自底向上设计方法

自底向上的设计方法是先创建和绘制各个子图对应的电路原理图，再由电路原理图生成子图符号以便建立各个子图之间的关系。

1. 创建 PCB 项目文件

启动 Protel DXP 软件后，执行"File→New→Project→PCB Project"菜单命令，新建一个 PCB 项目文件，并保存为"声控显示电路.PrjPCB"。

2. 创建子图

（1）创建空白子图。

执行"File→New→Schematic"菜单命令，创建一个空白的子图文件，并保存为"电源电路.SchDoc"。类似地，为其他三个模块分别创建空白的子图文件"计数与显示电路.SchDoc""脉冲形成电路.SchDoc"和"声控主电路.SchDoc"。

（2）分别绘制各个模块的电路原理图。方法同前，此处不再赘述。

（3）放置输入输出端口并连接。

自底向上的设计方法是先绘制子图，子图与子图之间的电气连接同自顶向下的设计方法一样，是由输入输出端口进行连接的。由于这里是先绘制子图，因此每个子图还需要放置对应的输入输出端口，并保证具有相同电气网络连接关系的输入输出端口名称必须一致。

执行"Place→Port"菜单命令，或者点击工具栏上的放置输入输出端口命令按钮" "，光标变成"十"字形，并附着一个名称为"Port"的输入输出端口。将光标移动到需要的位置，单击左键确定端口的起点位置，移动鼠标使端口的长度符合用户要求后，再次单击左键确定端口终点位置，从而完成一个输入输出端口的放置。此时系统仍处于放置输入输出端口状态，可以继续放置下一个端口，若无须继续放置则单击右键退出。

若用户需要编辑输入输出端口的属性，双击该端口即可打开图 6-21 所示的输入输出端口属性设置对话框。这里的设置与子图入口的设置类似，不再赘述。

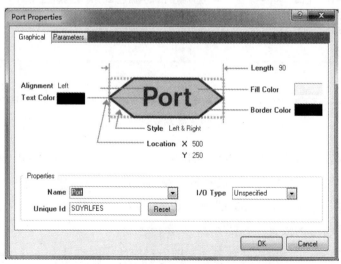

图 6-21　输入输出端口属性设置对话框

绘制好的子图电路原理图同图 6-16～6-19 一样，此时项目面板如图 6-22 所示。

图 6-22　创建完 4 个子图后的工程项目面板

3．由子图创建子图符号

（1）执行"File→New→Schematic"菜单命令，创建一个空白的父图文件，并保存为"声控显示电路.SchDoc"，同时保存项目文件。

（2）在"声控显示电路.SchDoc"原理图编辑器界面下，执行"Design→Create Sheet Symbol From Sheet"菜单命令，将打开选择文档对话框，如图 6-23 所示。

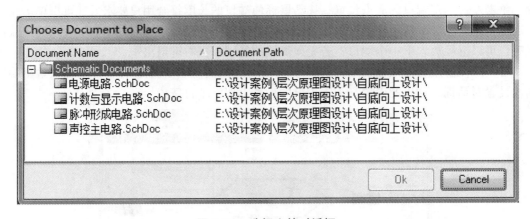

图 6-23　选择文档对话框

（3）将光标移至文件名"电源电路.SchDoc"上，单击鼠标左键选中该文件，然后单击"OK"按钮后，打开图 6-14 所示的转换输入输出端口类型对话框。单击"No"按钮后，系统将自动生成子图"电源电路.SchDoc"所对应的子图符号，移动光标到合适位置并单击鼠标左键即可完成子图符号的放置，如图 6-24 所示。

类似地，我们还可继续生成其他三个子图所对应的子图符号，并将其连接起来，即可得到图 6-25 所示的父图。

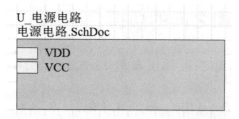

图 6-24 由"电源电路.SchDoc"生成的子图符号

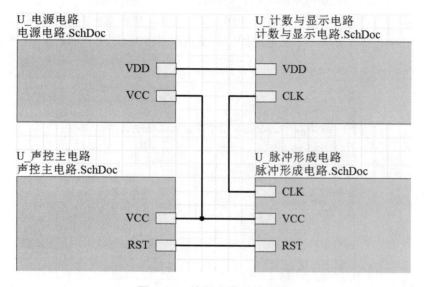

图 6-25 绘制完毕后的父图

4．确立层次关系

执行"Project→Compile PCB Project 声控显示电路.PrjPCB"菜单命令后，系统就产生了层次原理图设计中父图和子图的关系，其项目控制面板如图 6-26 所示。

（a）未建立层次关系　　　　　　（b）已建立层次关系

图 6-26 层次原理图中父图与子图的层次关系

6.4 层次原理图之间的切换

当用户绘制好层次原理图之后，有时需要在层次原理图之间相互切换，其主要操作方法有两种：

（1）执行"Tools→Up/Down Hierarchy"菜单命令；

（2）单击标准工具栏按钮上的层次原理图切换命令按钮" "。

若当前原理图为图 6-25 所示的父图，则执行上述命令后，光标变为"十"字形，将光标移动至子图符号"U_电源电路"上方，如图 6-27 所示，单击鼠标左键后，将自动切换到子图符号"U_电源电路"对应的子图电路图"电源电路.SchDoc"上，如图 6-28 所示。

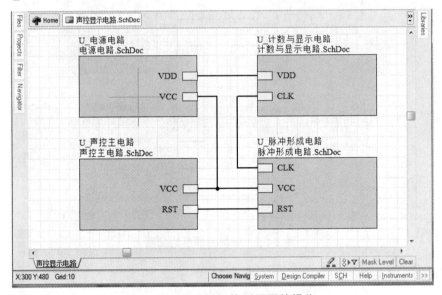

图 6-27 由父图切换到子图的操作

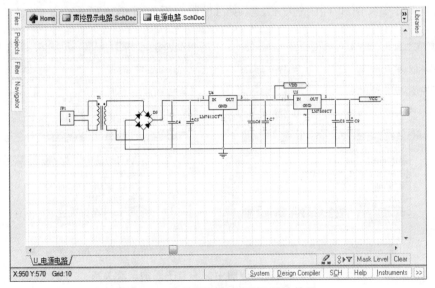

图 6-28 由父图切换到子图后的效果

若当前原理图为图 6-28 所示的子图，用户也可以快捷地切换到父图中。执行"Tools→Up/Down Hierarchy"菜单命令后，将光标移动到图中任意一个输入输出端口上，如图 6-29 所示，并单击鼠标左键，则系统将自动切换到父图中，如图 6-30 所示。

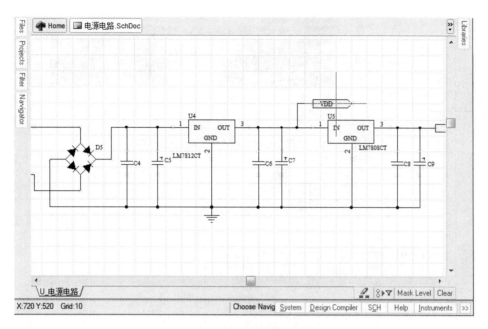

图 6-29 由子图切换到父图的操作

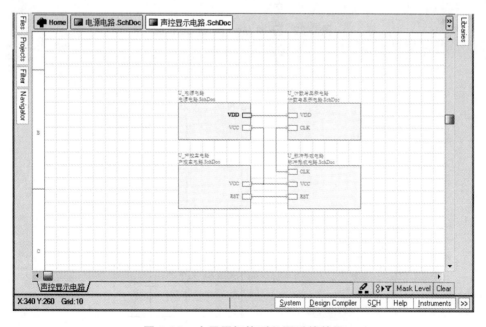

图 6-30 由子图切换到父图后的效果

实训操作

1. 试分别用自顶向下和自底向上两种设计方法设计层次原理图,其中父图如图 6-31 所示,子图如图 6-32 和 6-33 所示。

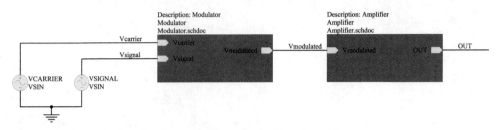

图 6-31　父图 Amplified Modulator.SchDoc

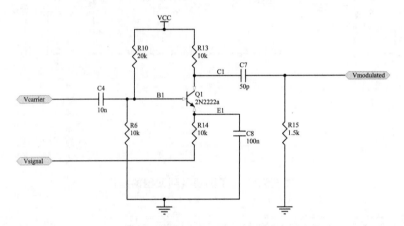

图 6-32　子图 Modulator.SchDoc

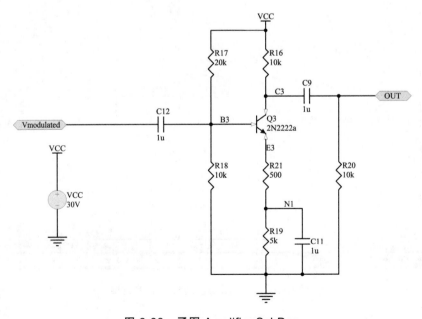

图 6-33　子图 Amplifier.SchDoc

2. 试分别用自顶向下和自底向上两种设计方法设计以下项目,其中子图如图 6-34 和 6-35 所示,父图如图 6-36 所示。

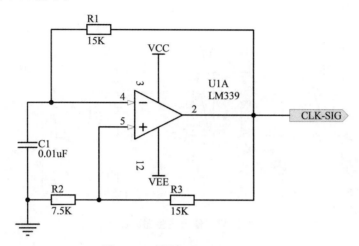

图 6-34　子图 Clock.SchDoc

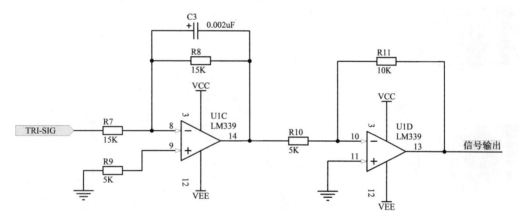

图 6-35　子图 Sin.SchDoc

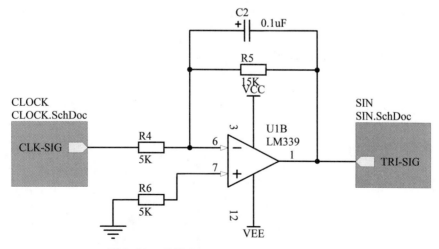

图 6-36　父图 Signal Processing.SchDoc

3. 试将图 6-37 所示的信号发生器用层次原理图来绘制。以图中的虚线分割，三个子图分别为方波发生器、三角波发生器和正弦波发生器。要求分别用自顶向下和自底向上两种设计方法来完成设计，并练习父图和子图之间的相互切换操作。

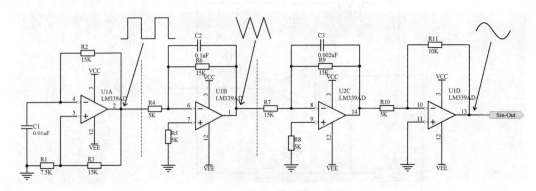

图 6-37　信号发生器电路图

4. 小组讨论：为什么要设计层次原理图？层次原理图的两种设计方法分别是什么？这两种设计方法在具体设计过程中有何区别？

第 7 章

PCB 绘图环境设置

PCB 是 Printed Circuit Board（印刷电路板）的缩写。当用户设计好电路原理图之后，就要开始设计 PCB 了。本章主要介绍 PCB 设计的一般流程、PCB 的基本知识、PCB 参数设置和 PCB 编辑器的主界面，以及 PCB 文件的基本操作等内容。

本章学习重点：

（1）PCB 设计的一般流程。

（2）电路板的组成及封装类型。

（3）电路板板层管理与设置。

（4）电路板工作层管理与设置。

（5）PCB 参数设置。

（6）PCB 编辑器主菜单、工具栏及工作面板。

（7）PCB 文档的基本操作。

7.1 PCB 的设计流程

使用 Protel DXP 设计 PCB 时，一般包含以下几个步骤：

1. 规划电路板

在设计 PCB 之前，首先要规划好电路板物理边界和电气边界，同时做好其他预规划工作。物理边界主要是指电路板的外形尺寸。电气边界是指设定 PCB 的布线区域，在该区域外禁止走线。其他预规划工作主要是指在电路板上预留一些螺丝孔，用于固定电路板；或者根据电子产品需要预留一些空间来放置接口元器件。其次就是设定需要使用几层板，这既要考虑布线需要及电磁兼容性问题，同时还要考虑成本问题。例如，四层板可以使用两个独立的内层作为电源层和电源地层，以提高电子产品的电磁兼容特性，但同时四层板的成本也远高于双面板。

2. 设置 PCB 绘图环境

在设计 PCB 时，用户可能有自己的设计要求或者习惯，此时用户可以对 PCB 的环境参数和系统参数进行设置，一次设置后就无须再次修改了。一般情况下，这些参数可以采用系统的默认值。

3. 导入原理图数据

规划好电路板并设置好相应参数后，就可以将原理图数据导入 PCB 图了。原理图和 PCB 之间的联系是通过网络表来构建的，但 Protel DXP 无须用户生成网络表，在编译完项目后就已经建立了网络关系，只要直接导入即可。如果导入过程中没有发生任何问题，就可以进行布局和布线了。但是，一般来说不会一次就成功。这时候，就需要找到出错的原因，并回到原理图中进行修改，然后再次编译并导入，直至没有错误为止。

4. 元器件布局

在导入网络表之后，Protel DXP 自动将所有元器件添加到 PCB 图中，此时元器件的放置是杂乱无章的，需要通过自动布局或手动布局来调整。一般来说，自动布局速度快，但很难达到实际电路设计的要求，没有手动布局得到的结果准确。因此，可采用先自动布局、后手动布局的方式来调整元器件位置。

5. 设置布线规则

布线规则是进行 PCB 布线时的各种规范，如安全间距、导线宽度等。系统在自动布线时将严格按照此规则进行走线，手工布线时同样也不能违反此规则。

6. 自动布线

设计好布线规则后，对于简单的电路可以直接利用手动布线来完成，但对于比较复杂的电路，一般都先进行自动布线，然后在利用手动布线来调整局部走线方式。Protel DXP 自动布线的功能比较强大，如果参数设置、元器件布局合理，一般都能 100%完成所有网络的布线。

7. 手动布线

在很多情况下，自动布线的结果可能会存在不合理、不科学等问题，如导线拐弯太多、电磁兼容特性很差等问题，此时需要用户通过手工布线来调整布线。手工布线是 PCB 设计中最需要技巧的部分，也是最复杂的部分，需要依靠设计人员大量的经验积累。

8. 检查错误

为了确保 PCB 的设计质量，应在打印输出之前对整个 PCB 图进行仔细的检查。如果在制板之后才发现问题，所有制成的 PCB 将全部报废。除了根据经验来检查之外，往往还可以借助于 DRC 设计规则来进行检查，确保 PCB 符合设计规则。

9. 生成报表

用户可以根据需要，通过 PCB 的各种报表生成操作来生成各种报表文件，以供查阅和使用。

10. 保存和输出

用户一定要注意随时保存和设计相关的所有文档，若需要还可以将 PCB 图打印输出。

7.2 PCB 的基本知识

PCB 是电子产品设计中必不可少的重要部件，它不仅是装配和固定元器件的底板，也是各种元器件之间电气连接的基础。它通过在绝缘性能非常好的材料上覆盖一层导电的铜膜来构成导电层，为元器件之间提供电气连接，同时通过制作工艺保证不需要连接的部分完全绝缘。

7.2.1 PCB 的组成

PCB 中的对象主要包括焊盘、过孔、导线、元器件、接插件、安装孔、填充等。PCB 上的各个组成部分的主要作用如下：

① 焊盘：用于焊接元器件引脚的金属孔，对于贴片元器件来说相当于一块铜膜。
② 过孔：用于连接各层之间导线的金属孔，一般由系统根据布线情况自动生成。
③ 安装孔：用于固定 PCB 的穿透孔。
④ 导线：用于连接元器件引脚的铜膜线，相当于用一根导线将两个引脚相连接。
⑤ 接插件：用于电路板之间连接的元器件。
⑥ 填充：主要用于放置大块面积的铜膜，一般其网络为电源地。

7.2.2 元器件的封装

1. 封装的概念

元器件的封装是指元器件或者集成电路的外壳，它起到安放、固定、密封、保护芯片和增强电热性能的作用，同时也是芯片内部与外部电路沟通的桥梁。

不同的元器件可以有相同的封装，同一个元器件同样也可能会有不同的封装，所以在设计电路原理图和 PCB 时，不仅要知道选用什么型号的元器件，还要知道选用该元器件的什么封装，比如是直插式的还是表贴式的等。

2. 元器件封装的分类

通常元器件的封装可以分为直插式封装、表面粘贴式封装和球栅阵列式封装等三类。

1）直插式封装

直插式封装也称为针脚式封装，主要指的是针脚类元器件的封装。图 7-1（a）下方显示的就是 NE555 的直插式封装示意图。焊接该类元器件时，首先要将该元器件的针脚插入焊盘导孔中，再进行焊接。

2）表面粘贴式封装

表面粘贴式（表贴式）封装元器件的焊盘不同于直插式封装元器件的焊盘，该封装的焊盘只在 PCB 表面一层，即顶层或者底层。图 7-1（b）下方显示的就是 NE555 表面粘贴式封装的示意图。

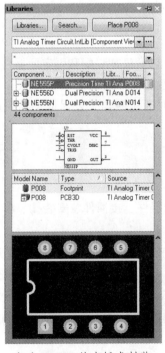 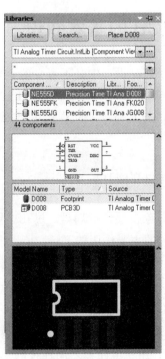

（a）NE555 的直插式封装　　　　（b）NE555 的表贴式封装

图 7-1　NE555 的封装示意图

3）球栅阵列式封装

球栅阵列式封装（Ball Grid Array，BGA）技术为应用在集成电路上的一种表面黏着技术，此技术常用来永久固定元器件（如微处理器之类）。该封装形式比其他封装形式如双列直插式封装（Dual in-line package）或四侧引脚扁平封装（Quad Flat Package，QFP）能容纳更多的引脚，因为整个装置的底部表面可全作为引脚使用，而不是只有周围可使用。此外，它比起周围限定的封装类型还具有更短的平均导线长度，以提供更佳的高速效能。

该封装形式占用基板的面积比较大，虽然其引脚数增加了，但引脚之间的距离远大于四侧引脚扁平封装，从而提高了组装成品率。而且该技术采用了可控塌陷芯片法焊接，从而可以改善它的电热性能。该技术的组装可用共面焊接，从而能大大提高封装的可靠性。并且，由该技术实现的封装信号传输延迟小，使用频率大大提高。球栅阵列式封装如图7-2所示。

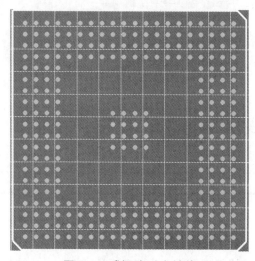

图7-2　球栅阵列式封装

7.2.3　PCB的板层与设置

1. 电路板的板层结构

PCB根据电路板的结构可以分为单层板PCB、双层板PCB和多层板PCB。

单层板只有一个导电层，包含焊盘及导线铜膜，该层也叫焊接层。另一面称为元器件层。单层板的成本较低，但由于所有导线集中在一个面中，所以很难满足复杂的连接布线要求，它适用于线路简单、成本低的情况。

双层板包含顶层和底层两个层面，两面都有敷铜，都可以布线。通常情况下元器件位于顶层，特殊情况下两层均可放置元器件。双层板顶层和底层的电气连接是通过焊盘或过孔实现的。无论是焊盘还是过孔都进行了内壁的金属化处理，从而保证电气连通性。对双面板而言，两面布线极大地提高了布线的灵活性和布通率，适用于比较复杂的电气连接。

多层板是在顶层和底层之间加上若干个中间层构成，中间层可以是电源层或信号层，或电源层和信号层均有。各层间通过焊盘或过孔实现互连。多层板一般用于制作复杂度很高或有特殊要求的电路板。层与层之间是绝缘层，用于隔离电源层和布线层。绝缘层的材料具有良好的绝缘性能。Protel DXP 支持多达 72 层板的设计，但在实际应用中，6 层板就已经基本满足电路设计的要求，板层过多反而给设计带来很多麻烦，并造成很大的浪费。

2．电路板的板层设置

在 PCB 编辑器环境下，执行"Design→Layer Stack Manager"菜单命令，或者按快捷键"D＋K"，将弹出板层堆栈管理器（Layer Stack Manager），如图 7-3 所示。在该对话框中，用户可以为 PCB 设置不同的板层，例如单层板、双层板和多层板。

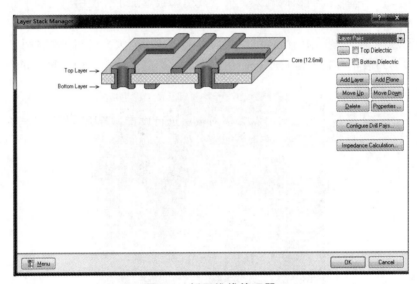

图 7-3　板层堆栈管理器

1）单层板

在图 7-3 所示的板层堆栈管理器中，单击左下角的"Menu"按钮，并执行"Example Layer Stacks"命令，将弹出图 7-4 所示对话框，这里给出了用户在设计 PCB 过程中会用到的一些板层设计样例，比如单层板、双层板、4 层板、6 层板……这里我们单击"Single Layer"命令，将当前电路板设置为单层板，此时 PCB 编辑器界面下方的工作层标签将变为图 7-5 所示。

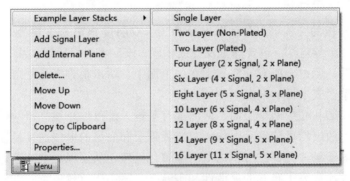

图 7-4　设置单面板

图 7-5　单层板工作层标签

从图中可以看出，默认顶层为元器件面（Component Side），用来放置元器件和布线，底层为阻焊面（Solder Side），禁止布线。

2）双层板

当用户利用菜单命令"File→New→PCB"新建一个空白的 PCB 时，默认板层为双层板。图 7-3 上方图形显示的就是双层板示意图。

从图 7-6 可以看出，当前 PCB 板层为两层，分别为顶层信号层（Top Layer）和底层信号层（Bottom Layer），两层都可以进行布线。

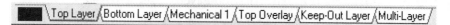

图 7-6　双层板工作层标签

3）多层板

当用户需要的板层多于两层时，就必须对板层进行设置。若所需板层结构在图 7-4 所示的板层样例中存在，只需单击相应的命令即可。例如，我们常见的 4 层板中，一般顶层和底层为信号层，中间再增加两个内层（Plane）作为电源层和电源地层，此时我们只需单击图 7-4 中的"Four Layer（2×Signal，2×Plane）"命令，堆栈管理层将变化为图 7-7 所示内容。

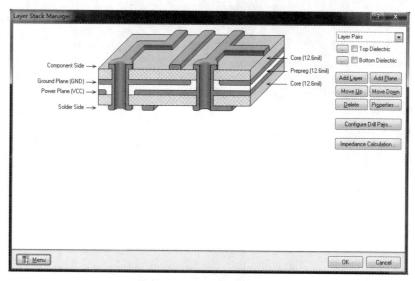

图 7-7　4 层板堆栈管理器

单击"OK"按钮，系统弹出如图 7-8 所示确认对话框，提示用户是否需要更新阻抗规则，这个一般跟信号完整性模型有关，这里我们单击"OK"即可将当前板层设置为 4 层板。

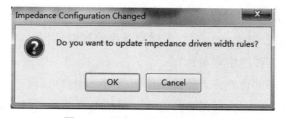

图 7-8　更新阻抗规则对话框

此时我们若将两个内层显示出来，则 4 层板的工作层标签如图 7-9 所示。

\Component Side /Ground Plane /Power Plane /Solder Side /Mechanical 1 /Top Overlay /Keep-Out Layer /Multi-Layer /

图 7-9　多层板工作层标签

当然，用户也可以在图 7-3 所示的双层板情况下的堆栈管理器中直接增加两个内层，来设置 4 层板。具体操作步骤如下：

（1）点击图 7-3 所示双层板示意图上的 Top Layer，表示选中该板层。

（2）点击增加内层命令按钮"Add Plane"，则默认在 Top Layer 层下增加一个内层"Internalplane1（No Net）"，由于这里并没有为刚刚增加的内层设置电源或电源地网络，故显示为"No Net"。

（3）再次单击增加内层命令按钮"Add Plane"，则增加第二个内层"Internalplane2（No Net）"，此时堆栈管理器对话框如图 7-10 所示。

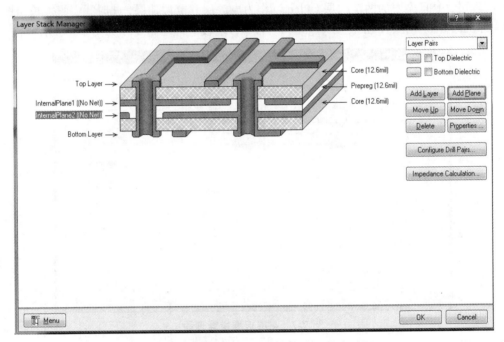

图 7-10　手动增加 2 个内层后的堆栈管理器

（4）单击"OK"按钮，将弹出图 7-8 所示对话框，确认后即可完成 4 层板设置。

在图 7-10 中，我们还可以对增加的内层属性进行修改。选中"Internalplane1（No Net）"，单击右侧的属性设置按钮"Properties"，将弹出板层编辑对话框，如图 7-11 所示，用户可以在此设置当前内层的名称和网络等参数。

当需要改变某个板层的位置或者删除某个板层时，用户可以在布线之前进行此操作。操作时需要先选中操作对象，再执行相应的命令，包括向上移动一层（Move Up）、向下移动一层（Move Down）和删除一层（Delete）等。

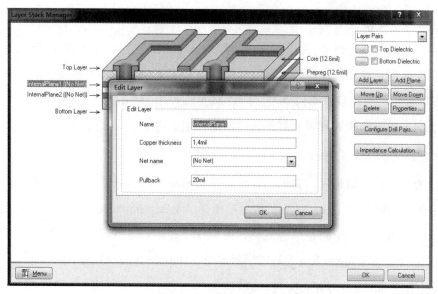

图 7-11 板层属性设置

7.2.4 PCB 的工作层与管理

1. PCB 的工作层

Protel DXP 的 PCB 编辑器采用层管理模式，其工作层主要包括信号层、丝印层、组焊层、机械层和内层等。

在 PCB 编辑器界面下，执行"Design→Board Layers & Colors"菜单命令，将打开图 7-12 所示的工作层设置对话框。下面我们对各个工作层进行一一介绍。

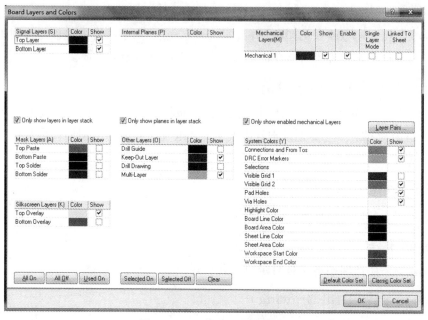

图 7-12 工作层设置对话框

1）信号层（Signal Layer）

该层用于布线，分为顶层、底层和中间层。Protel DXP 支持最多设置 32 个信号层。单层板中信号层为底层；双层板中信号层则包括顶层信号层（Top Layer）和底层信号层（Bottom Layer）；多层板则包括很多中间信号层，例如 Mid-Layer1、Mid-layer2……。一般情况下，顶层和底层敷铜，用来布线和放置元器件，中间层则主要用于多层板的信号布线。

2）防护层（Mask Layer）

该层分为锡膏层和阻焊层。其中，锡膏层是指露在外面的铜箔，主要用来焊接贴片元器件。它又分为顶层锡膏层（Top Paste）和底层锡膏层（Bottom Paste）两层，分别对应顶层和底层两个层面。阻焊层用于防止焊锡流动，避免在焊接相邻但不同的网络焊点时发生短路。它又分为顶层阻焊层（Top Solder）和底层阻焊层（Bottom Solder）两个层面。

3）丝印层（Silkscreen Layer）

该层用于放置元器件的外形轮廓、流水号、生产编号、标记、公司名称等信息。丝印层又分为顶层丝印层（Top Overlay）和底层丝印层（Bottom Overlay）两个层面。

4）内层（Internal Planes）

内层有时也称为电源/接地层，专门为 PCB 上的电路提供电源。信号层内需要与电源或地线相连接的网络一般通过焊盘或过孔实现连接，这样就可以缩短供电线路的长度，降低电源的阻抗。专门的电源层在一定的程度上隔离了不同的信号层，这样有助于降低不同信号层间的干扰。只有多层电路板才会使用该层。

5）机械层（Mechanical Layers）

该层用于支持印刷电路板的印制材料，共 16 层，主要用于放置电路板的物理边界、关键尺寸信息及电路板生产过程中所需要的对准孔等，它不具备导电性质。

6）禁止布线层（Keep-Out Layer）

该层用于定义 PCB 的电气边界，即在 PCB 上布线时，所有导线不能超出该指定区域。用户在设计 PCB 之前，一定要先设定好电气边界。电气边界为封闭图形，其大小一般不超出 PCB 的物理边界。

7）多层（Multi-Layer）

多层主要用于观察焊盘或者过孔。

8）钻孔方位层（Drill Guide）

该层主要用于生产印刷电路板时定位钻孔位置。

9）钻孔绘图层（Drill Drawing）

该层主要用于设定钻孔形状。

2. 工作层的切换

不同的工作层有不同的用途,用户在绘制原理图时,首先应根据工作需要切换到相应的工作层面后再进行相关操作。选择工作层面只需单击相应的工作层面标签即可。例如双层板中,我们要切换到底层进行布线,则首先应单击底层标签"Bottom Layer",使其成为当前工作层面。如图 7-13 所示,现在底层为当前工作层面,最左边提示在当前工作层面布线时的颜色为蓝色。底层标签"Bottom Layer"凸出显示且颜色为灰色,表示其为当前工作层,其他层面标签颜色均为白色。

图 7-13　工作层标签

3. 工作层的管理

Protel DXP 的工作层非常多,但在设计中并不是都会用到,如 Mid-Layer、Internal Plane 层和 Mechanical Layer 等都是根据用户需要进行设置。工作层的管理操作主要是指工作层标签的显示与关闭,以及各层颜色设置。

1)工作层标签的显示与关闭

PCB 工作界面下方的工作层标签的显示与关闭,可以通过图 7-12 所示的工作层设置对话框来设置。要显示某一工作层,只需使该层后对应的"Show"栏复选框有效,比如默认情况下双面板的 Top Layer 和 Bottom Layer 是显示的,阻焊层是不显示的。

2)工作层颜色设置

从图 7-12 可以看出,每层的层名后对应"Color"栏有一个颜色框,表示在该层进行绘图或画线操作时线的颜色。单击该颜色框,即可打开图 7-14 所示的颜色设置对话框,选中某一颜色后,单击"OK"按钮即可完成某层颜色的设置。需要注意的是,为了保证 PCB 图的可读性,一般不建议修改工作层颜色,均采用默认设置。

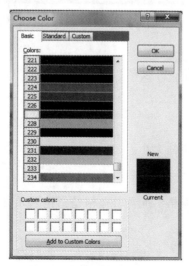

图 7-14　颜色设置对话框

7.3 PCB 参数设置

PCB 编辑器中集成了许多参数，进行合理的设置后可以有效提高设计效率。这些参数分为环境参数和系统参数两大类。

7.3.1 PCB 环境参数设置

执行"Design→Board Options"菜单命令，将弹出如图 7-15 所示 PCB 环境参数设置对话框。该对话框中含有 6 个选项区，一般来说，这些参数均可采用默认设置。

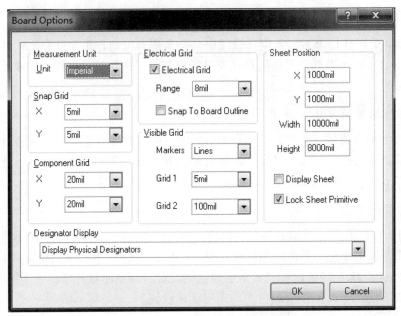

图 7-15 PCB 环境参数设置对话框

1）Measurement Unit 选项区

该选项区用于设置度量单位，可以在"Unit"下拉列表中选择"Imperial（英制单位 mil）"或者"Metric（公制单位 mm）"。

2）Snap Grid 选项区

该选项区用于设置捕捉栅格的大小。

3）Component 选项区

该选项区用于设置元器件栅格。元器件栅格是指拖动元器件时移动的最小栅格。

4）Electrical 选项区

该选项区用于设置电气栅格。若电气栅格有效，布线时可以捕捉到光标附近可连接的电气节点。

5）Visible Grid 选项区

该选项区用于设置可视栅格。在"Markers"下拉列表中选择"lines（线）"或者"Dots（点）"可设置可视栅格的线型。在"Grid 1"和"Grid 2"处可分别设置可视栅格 1 和可视栅格 2 的大小。

6）Sheet Position 选项区

该选项区用于设置图纸位置，包括 X 轴坐标、Y 轴坐标、宽度、高度等参数。

7.3.2　PCB 系统参数设置

设置 PCB 系统参数是电路板设计过程中非常重要的一个环节。因为系统参数的设置直接影响到 PCB 设计的效果。执行"Tools→Preferences"菜单命令，将打开图 7-16 所示对话框，在该对话框中可以对 PCB 设计过程中的系统参数进行设置，包括系统内部参数（System）、原理图参数（Schematic）、FPGA 参数（FPGA）、版本控制（Version Control）、嵌入式系统参数（Embedded System）等内容。

在 PCB 编辑器环境下，需要设置的主要参数均在 PCB 系统参数（Protel PCB）目录下。如图 7-16 所示，PCB 系统参数主要包含 5 个选项卡，分别是：General（常用设置）、Display（显示）、Show/Hide（显示/隐藏项目）、Defaults（默认）和 PCB 3D（PCB 板的 3D 显示）。

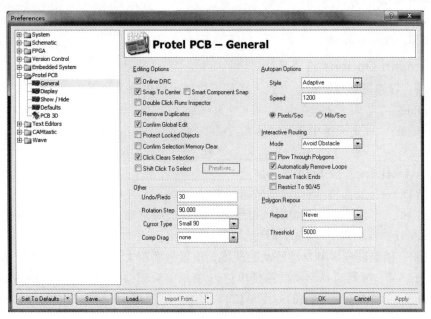

图 7-16　PCB 系统参数设置对话框

1. General 选项卡

该选项卡用于设置 Protel DXP 的 PCB 文件基本选项。如图 7-16 所示，它主要包含 5 个选项区：Editing Options（编辑选项）、Other（其他选项）、Autopan Options（自动移位选项）、Interactive Routing（手动布线）和 Polygon Repour（多边形覆铜）。

1）Editing Options 选项区

① Online DRC：布线时系统会实时进行 DRC 检查，并对违反规则的情况进行报警。

② Snap To Center：自动对准中心。用光标选取元器件时，光标会跳到该元器件的中心点，通常为该元器件的第 1 引脚。

③ Smart Component Snap：智能元器件捕捉。

④ Double Click Runs Inspector：鼠标双击启动"Inspector"面板。

⑤ Remove Duplicates：自动删除标号重复的元器件。

⑥ Confirm Global Edit：确定全局修改。用于设置在进行全局修改时，系统是否出现全局修改确认对话框。

⑦ Protect Locked Objects：保护锁定的对象。

⑧ Confirm Selection Memory Clear：用于设置在执行存储器清除操作时，系统是否出现确认对话框。

⑨ Click Clears Selection：单击鼠标取消对象已选取状态。

⑩ Shift Click To Select：选择换挡。

2）Other 选项区

① Undo/Redo：用于设置撤销操作或重复操作的步骤。

② Rotation Step：设置旋转间隔的度数。

③ Cursor Type：设置光标类型。

④ Comp Drag：设置元器件移动模式。"None"表示仅移动元器件，"Connected Tracks"表示元器件和连线一起移动。

3）Autopan Options 选项区

① Style：设置屏幕自动移动方式。在其下拉列表框中包含如下选项：

- Disable：禁止屏幕移动。
- Re-center：以光标为中心移动屏幕。
- Fixed Size Jump：以一定的步长移动屏幕。
- Shift Accelerate：按 Shift 移动加速。
- Shift Decelerate：按 Shift 移动减速。
- Ballistic：当光标移动到编辑区边缘时，越往边缘移动，移动的速度就越快。
- Adaptive：自动调节屏幕的移动速度。

② Speed：用于设置屏幕自动移动的速度，所填数字越大，屏幕移动的速度越快。

③ Pixels/Sec：屏幕自动移动的速度单位，"Pixels/Sec"表示每秒移动的屏幕像素点数。

④ Mils/Sec：屏幕自动移动的速度单位，"Mils/Sec"表示每秒在图中实际移动的距离。

4）Interactive Routing 选项区

① Mode：设置手工布线的约束模式。在其下拉列表框中包含如下 3 种模式：

- Ignore Obstacle：忽略设定的布线规则。手动布线时，当走线违背设计规则时同样可以布线。一般不选择该模式。
- Avoid Obstacle：遵守设定的布线规则。手动布线时，当布线间距小于安全距离时，不允许布线。

- Push Obstacle：自动调整以满足布线规则。手动布线时，若布线间距小于安全距离，系统会自动调整导线位置以满足布线规则。

② Plow Through Polygons：断开回路。手动布线时若出现回路将自动断开。

③ Automatically Remove Loops：自动删除回路导线。手动布线时，若某一对电气节点间有重复连接的回路线，将自动删除前一次绘制的该两点之间的连线。

④ Smart Track Ends：导线线端连接有效。手动布线时，以导线的线端连接为有效连接。

⑤ Restrict To 90/45：布线严格限制为 90° 或 45° 走线。

5）Polygon Repour 选项区

① Repour：设置在敷铜时如果该位置有相同网络的导线是否覆盖。在其下拉列表框中包含如下 3 种覆盖方式：

- Never：不覆盖。
- Threshold：超过该设定值则不覆盖。
- Always：总是覆盖。

② Threshold：门限值。当"Repour"设置为"Threshold"时，以该数值为门限值进行覆盖。

2. Display 选项卡

该选项卡主要是用于设置一些参数的显示。如图 7-17 所示，该页面共包含 4 个选项区，分别是：

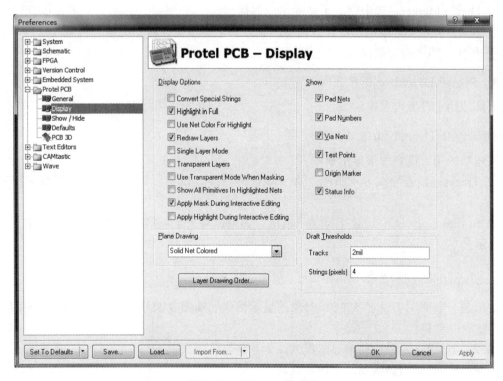

图 7-17　Display 选项卡

1）Display Options 选项区

① Convert Special Strings：转换特殊字符串，具体可参考第 2 章原理图标题栏参数设置时"Schematic"中该选项的功能示例。

② Highlight in Full：元件高亮显示。该选项用于设置在定义块时，若只选择了其中的一部分，是否将整个元器件都高亮显示。

③ Use Net Color For Highlight：高亮颜色设置。表示是否用所选中网络的颜色作为高亮色。

④ Redraw Layers：刷新当前层。表示切换工作层时，会重新绘制当前层。

⑤ Single Layer Mode：单层显示模式。若该选项有效，则在当前层布线时只显示该层的导线和对象，从而便于清晰地观察到本层导线的走线情况。

⑥ Transparent Layer：设置透明显示模式。

⑦ Use Transparent Mode When Masking：当使用掩膜功能时，采用透明显示模式。

⑧ Show All Primitives In Highlighted Nets：显示高亮网络中的所有图件对象。

⑨ Apply Mask During Interactive Editing：在交互式编辑时应用掩膜显示。

⑩ Apply Highlight During Interactive Editing：在交互式编辑时应用高亮显示。

2）Show 选项区

① Pad Nets：选中则显示焊盘的网络名称。

② Pad Numbers：选中则显示焊盘的序号。

③ Via Nets：选中则显示过孔的网络名称。

④ Test Points：选中则显示测试点。

⑤ Origin Marker：选中则显示坐标原点的标记。

⑥ Status Info：选中则在设计管理器的状态栏上显示设计对象的状态信息。这些状态信息包括 PCB 文档中的对象位置、所在的层和它连接的网络。

3）Plane Drawing 选项区

该区域用于设置内层重绘颜色。

4）Draft Thresholds 选项区

该选项区用于设置图形显示极限：

① Tracks：设置导线显示极限。大于该值的导线，以实际轮廓显示，否则仅以单直线显示。

② Strings（pixels）：设置字符显示极限。如果像素大于该值，以文本显示，否则只以文字框显示。

3. Show/Hide 选项卡

该选项卡主要用于设置各 PCB 对象的显示模式。如图 7-18 所示，每项都有相同的三种显示模式，分别是：

① Final：设计对象的精细显示模式，为系统默认模式。

② Draft：设计对象的简易显示模式。

③ Hidden：设计对象的隐藏模式，即不显示该对象。

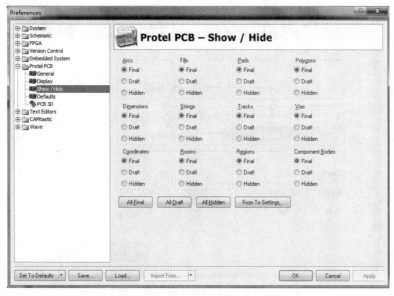

图 7-18　Show/Hide 选项卡

4. Defaults 选项卡

Defaults 选项卡主要用于设置电气符号被放置到 PCB 编辑区域时的初始状态。例如，在进行布线时，一般导线宽度都为 10 mil，若用户事先将当前导线宽度默认值设置为 10 mil，则需要更改导线宽度时涉及的对象就非常少了。在图 7-19 所示"Defaults"选项卡的"Primitive Type"选择框中找到导线宽度"Track"并选中，然后单击下方的"Edit Values"按钮即打开默认导线宽度设置对话框，如图 7-20 所示。从图中可以看出，默认导线宽度为 10 mil，若用户需要修改该默认值，输入新的导线宽度即可。若用户修改了导线宽度值而又想恢复到系统默认设置的宽度值时，只需选中"Track"并单击文本框下方的"Reset"按钮即可恢复到默认的导线宽度 10 mil。其他设置类似，这里不再赘述。该选项卡一般不需要修改。

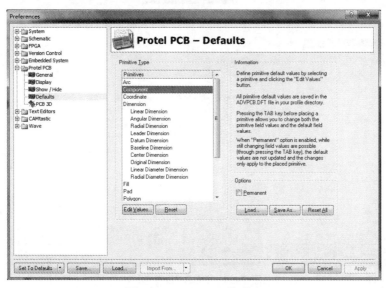

图 7-19　Defaults 选项卡

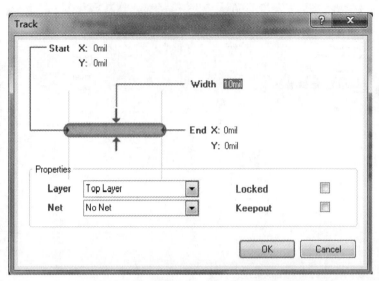

图 7-20 导线宽度 Track 默认值设置对话框

5. PCB 3D 选项卡

该选项卡用于设置 PCB 的 3D 显示效果。如图 7-21 所示，用户可以设置 PCB 3D 显示对象的质量（Print Quality），显示时高亮颜色（Highlight Color）和背景颜色（Background Color），以及是否每次显示都会重新生成 PCB 3D 文件（PCB 3D Document）等内容。一般采取默认设置即可。

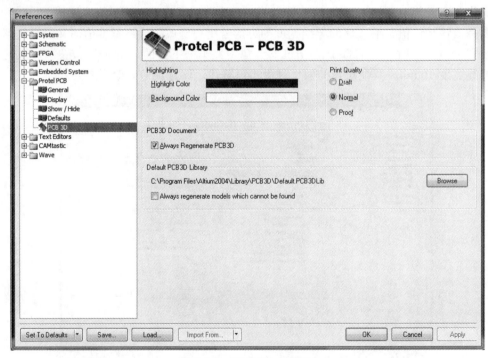

图 7-21 PCB 3D 选项卡

7.4 PCB 编辑器

创建 PCB 文件后,用户就要在 PCB 编辑器环境下设计 PCB。和原理图编辑器类似,PCB 编辑器主要包括菜单栏、工具栏、工作面板、面板控制中心、工作层标签、状态栏、命令行和工作区域等内容,如图 7-22 所示。

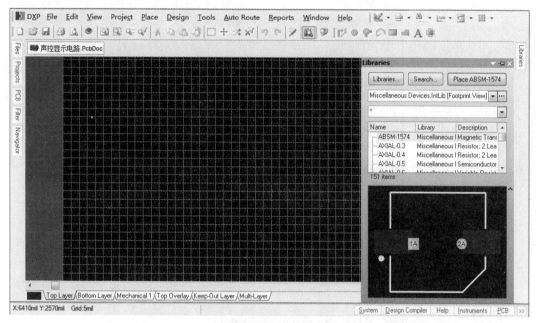

图 7-22　PCB 编辑器

7.4.1　主菜单

PCB 编辑器主菜单栏与原理图编辑器主菜单栏基本相似,如图 7-23 所示。这里仅对几个不同内容的主菜单命令稍作说明,具体将在后面设计 PCB 时讲解。

图 7-23　PCB 编辑器主菜单

1)Place 菜单

该菜单主要用于在 PCB 上放置各种图件对象,它对应着某些工具栏中的按钮操作,如布线工具栏、绘图工具栏等,具体如图 7-24 所示。

2)Design 菜单

该菜单主要用于执行与设计有关的命令,比如项目的更新、设计布线规则、板层设置与管理和元器件封装库的操作等,具体如图 7-25 所示。

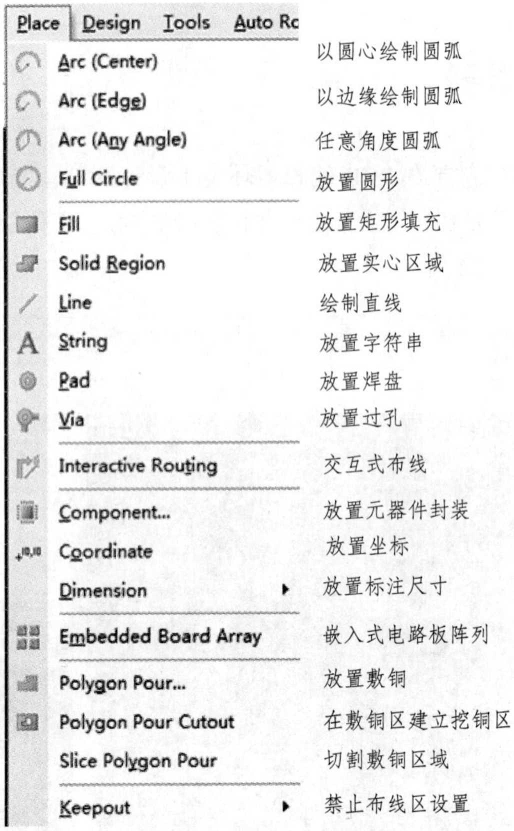

Arc (Center)	以圆心绘制圆弧
Arc (Edge)	以边缘绘制圆弧
Arc (Any Angle)	任意角度圆弧
Full Circle	放置圆形
Fill	放置矩形填充
Solid Region	放置实心区域
Line	绘制直线
String	放置字符串
Pad	放置焊盘
Via	放置过孔
Interactive Routing	交互式布线
Component...	放置元器件封装
Coordinate	放置坐标
Dimension	放置标注尺寸
Embedded Board Array	嵌入式电路板阵列
Polygon Pour...	放置敷铜
Polygon Pour Cutout	在敷铜区建立挖铜区
Slice Polygon Pour	切割敷铜区域
Keepout	禁止布线区设置

图 7-24　Place 菜单

Update Schematics in 声控显示电路.PRJPCB	更新项目中的原理图数据
Import Changes From 声控显示电路.PRJPCB	从项目中导入变化
Rules...	设计布线规则
Rule Wizard...	布线规则向导
Board Shape	电路板形状
Netlist	电气网络相关操作
Layer Stack Manager...	板层堆栈管理器
Board Layers & Colors...	板层和颜色设置
Rooms	布局空间相关操作
Classes...	设计对象的类
Browse Components...	浏览元器件封装
Add/Remove Library...	添加删除元器件库
Make PCB Library	生成 PCB 封装库
Make Integrated Library	生成集成库
Board Options...	设置环境参数

图 7-25　Design 菜单

3）Tools 菜单

该菜单主要包含了一些不包含在工具栏命令中的操作，比如 DRC 规则检查、敷铜、拆除连线等操作，具体如图 7-26 所示。

图 7-26　Tools 菜单

4）Auto Route 菜单

该菜单包含用户手动布线时的相关操作，具体如图 7-27 所示。

图 7-27　Auto Route 菜单

7.4.2 工具栏

PCB 编辑器工具栏包含 PCB 标准工具栏、布线工具栏和辅助工具栏等内容。

1）PCB 标准（PCB Standard）工具栏

PCB 标准工具栏主要与文件操作相关，如图 7-28 所示。PCB 标准工具栏各个按钮的操作等同于执行"Edit"菜单下的各种命令。

图 7-28　PCB 编辑器标准工具栏

2）布线（Wiring）工具栏

PCB 编辑器中用户用得最多的即布线（Wiring）工具栏，如图 7-29 所示，它用于放置布线时的各种对象。执行"View→Toolbars→Wiring"菜单命令，可以打开或关闭布线工具栏。点击该工具栏的按钮相当于执行"Place"菜单下的相应命令。

图 7-29　布线工具栏

3）辅助（Utilities）工具栏

辅助工具栏是 PCB 操作中相应的一些工具按钮的集合，包括绘图工具、对齐工具、电源工具、数字元器件工具、仿真工具和栅格工具等，如图 7-30 所示。执行"View→Toolbars→Utilities"菜单命令，可以打开或关闭辅助工具栏。

图 7-30　辅助工具栏

① 绘图工具（Utility Tools）：主要用于绘制没有电气特性的图形，如图 7-31 所示。绘图工具各个按钮的操作等同于执行"Place"菜单下的相应命令。

图 7-31　绘图工具

②对齐工具（Alignment Tools）：主要用来对齐 PCB 图中的各种对象，如图 7-32 所示。用户需要先选定要对齐的 PCB 对象后才能执行各种排列操作。对齐工具各个按钮的操作等同于执行"Edit→Align"菜单下的各种命令。

图 7-32　对齐工具

③ 查找已选择对象（Find Selection）工具：主要用来快速跳转到已选择的区域中某个 PCB 对象上，如图 7-33 所示。例如，"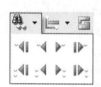" 表示跳转到已选择区域中的第一个图件对象。

图 7-33　查找已选择对象工具

④ 放置标注尺寸（Place Dimension）工具：用来放置各种标注尺寸，比如两点之间的长度、宽度等，如图 7-34 所示。例如，"" 表示放置直线型标注尺寸。放置标注尺寸工具各个按钮的操作等同于执行 "Place→Dimension" 菜单下的各种命令。

图 7-34　标注尺寸工具

⑤ 块放置（Place Room）工具：用来定义和放置不同的区域块，如图 7-35 所示。例如，"" 表示放置一个矩形块区域。点击该工具栏的按钮相当于执行 "Design→Rooms" 菜单下的相应的命令。

图 7-35　块放置工具

⑥ 栅格工具（Grid）：用来快捷地触发可视栅格显示与否、电气栅格是否有效，以及设置捕捉栅格和快速设置一些常用的捕捉栅格尺寸，具体如图 7-36 所示。

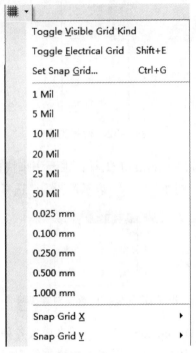

图 7-36　栅格工具

PCB 编辑器的各种工具栏同原理图工具栏一样，可以根据用户需要移动到任何位置上，或直接关闭，以方便用户设计 PCB。

7.4.3　工作层标签

在 PCB 编辑器中，工作区域主要用于设计者绘制电路板。在工作区的下方有工作层切换标签，如图 7-13 所示。通过单击相应的工作层，可在不同的工作层之间进行切换。

7.4.4　工作面板与面板控制中心

PCB 编辑器中包含有多个面板，如 File 面板、Projects 面板、PCB 面板、Navigator 面板等，这些面板大部分与原理图编辑器环境下的工作面板类似，我们将在具体使用过程中再详细介绍。

PCB 编辑器的工作面板的打开与关闭可以通过面板控制中心来操作。PCB 编辑器环境下的面板控制中心如图 7-37 所示，单击该面板标签中某工作面板名称，可以使其对应的工作面板显示或者隐藏。

图 7-37　面板控制中心

7.5 PCB 文档基本操作

7.5.1 利用向导创建 PCB 文件

在创建 PCB 文件时，我们可以直接在该项目下执行"File→New→PCB"菜单命令来创建空白 PCB 文件，也可以利用向导来创建 PCB 文件。

利用向导生成 PCB 文件时，用户可以在创建过程中设置相关的参数，比如元件封装类型、安全间距等。利用向导创建 PCB 文件的步骤如下：

（1）在已创建的项目编辑环境下，打开 Files 面板。

（2）在 Files 面板中的"New from template"区域内单击"PCB Board Wizard"选项，打开 PCB 向导欢迎页面，如图 7-38 所示。

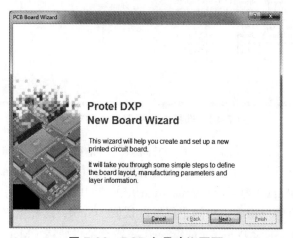

图 7-38　PCB 向导欢迎页面

（3）单击"Next"按钮，弹出"选择 PCB 度量单位"对话框，如图 7-39 所示。用户可以在这里选择度量的单位（英制或公制），这里我们选择英制。

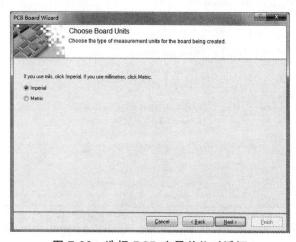

图 7-39　选择 PCB 度量单位对话框

（4）单击"Next"按钮，弹出选择电路板配置文件对话框，如图 7-40 所示。在此可以设置 PCB 的类型。对话框左侧的列表框内，提供了多种标准配置文件，以方便用户选用。单击其中任意一项，在对话框右侧可以预览该配置 PCB 示意图。这里我们选择自行定义 PCB 规格，即选择"Custom"选项。

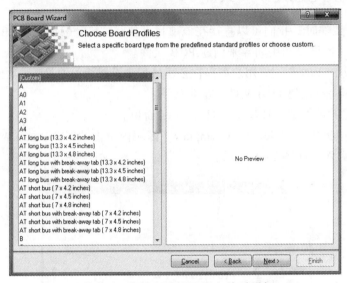

图 7-40　选择电路板配置文件对话框

（5）单击"Next"按钮，弹出"自定义电路板"对话框，如图 7-41 所示。在此对话框中可以设置电路板的形状和尺寸等参数，还可根据需要设置导线宽度和布线规则等。比如，我们选择外形（Outline Shape）为矩形（rectangular），并在"Board Size"中设置大小为 4 700 mil×2 500 mil，将电气边界与物理边界间距保持默认值 50 mil，这样电气边界大小为 4 600 mil×2 400 mil。标注尺寸层面（Dimension Layer）一般都是机械层（Mechanical Layer 1），无须更改。边界线宽、尺寸标注线宽以及其他参数一般可采用默认设置。

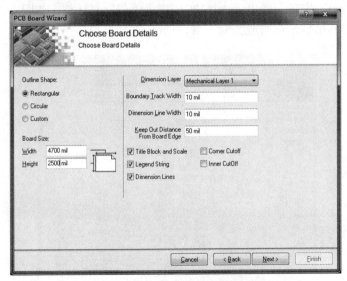

图 7-41　自定义电路板对话框

（6）单击"Next"按钮，弹出"选择板层"对话框，可分别设定信号层和内层的数量，如图 7-42 所示。本案例采用双层板，我们将信号层的数目设定为 2，内层设定为 0。如果用户要采用单层板，只需将信号层数目设定为 1，内层设定为 0 即可。

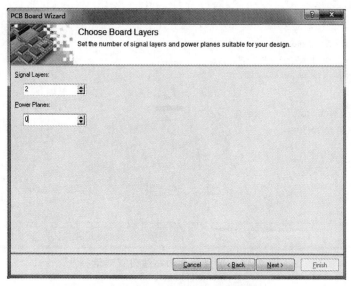

图 7-42　选择板层对话框

（7）单击"Next"按钮，选择过孔类型。用户可以根据需要将过孔类型设置为通孔（Thruhole Vias only）或盲孔和深埋孔（Blind and Buried Vias only）。这里我们选择"通孔"，如图 7-43 所示。

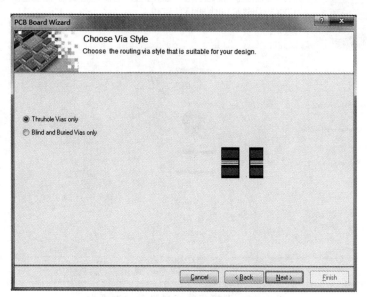

图 7-43　选择过孔类型对话框

（8）单击"Next"按钮，弹出"选择元件和布线设置"对话框。这里我们选择直插式元件（Through-hole components），并将相邻焊点之间的导线数量设置为 1 条，如图 7-44 所示。

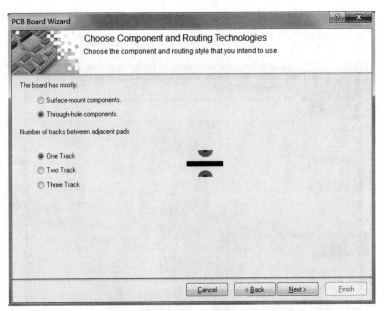

图 7-44 选择元件和布线设置对话框

（9）单击"Next"按钮，弹出选择导线和过孔尺寸的对话框，如图 7-45 所示。这里可以设置导线和过孔的尺寸，以及最小安全间距等参数。用户只需使用鼠标左键单击对话框中相应选项后的数值，然后输入新的数值即可完成设置。这里我们采用默认设置。

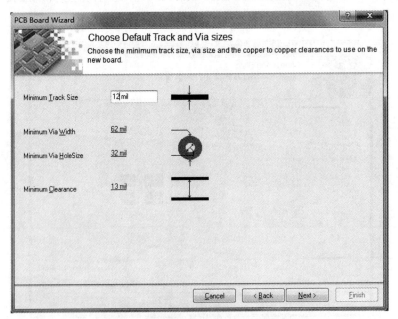

图 7-45 选择导线和过孔尺寸对话框

（10）单击"Next"按钮，弹出 PCB 向导完成画面，如图 7-46 所示。在以上步骤中，如果用户需要修改某个已经设置完毕的参数，均可单击"Back"按钮返回修改。

图 7-46　PCB 向导完成画面

（11）单击"Finsh"按钮，系统将生成一个默认名为"PCB1.PcbDoc"的文件，同时进入 PCB 编辑环境，在工作区内显示 PCB1 板轮廓，如图 7-47 所示。

图 7-47　利用向导创建的 PCB 文件

7.5.2　手动定义电路板

创建空白 PCB 文件后，用户可以直接在机械层绘制电路板的物理边界，在禁止布线层绘制电路板的电气边界，从而规划好 PCB 的形状和尺寸。电气和物理边界以外的电路板部分不使用即可。

此外，用户创建空白 PCB 文件后，还可以执行"Design→Board Shape→Redefine Board

Shapes"菜单命令，画出一个所需大小的封闭方框，重新定义 PCB 的大小。重新定义了 PCB 的形状后，再在机械层上沿 PCB 的外边缘画出边界线，在禁止布线层上画出电气边界线。绘制完毕后的 PCB 如图 7-48 所示。

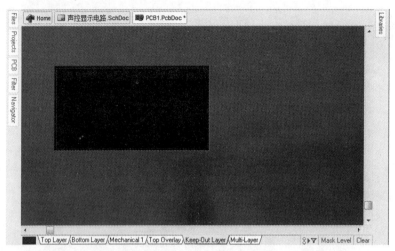

图 7-48 利用"Redefine Board Shape"命令设置的 PCB

7.5.3 通过模板创建 PCB 文件

安装 Protel DXP 软件时，系统会自带一些常用的 PCB 模板，均保存在 Protel DXP 安装目录下的"Templates"目录中。用户如果要创建类似样式的 PCB 文件，可以利用这些模板。具体创建步骤如下：

（1）单击 Files 面板"New from template"栏中的"PCB Templates"选项，将弹出如图 7-49 所示的对话框。在该对话框中打开的都是扩展名为"PrjPCB"和"PcbDoc"的文件，它们包含了模板信息，可以引入模板。

图 7-49 PCB 模板选择对话框

（2）选择一个项目文件，如"AT sort bus with break-away tab（7in*4.8inches）"，即可引入该文件内的模板信息。图 7-50 所示为引入该模板后的工作窗口，此时已新建一个名为"PCB1.PcbDoc"的 PCB 文件，该 PCB 和"AT sort bus with break-away tab（7in*4.8inches）"文件中 PCB 的各种参数均一致。

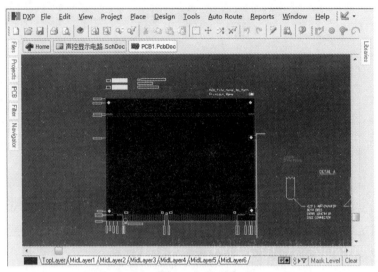

图 7-50　利用模板创建的 PCB 文件

实训操作

1. 熟悉 PCB 编辑器环境下的菜单栏与工具栏，练习工具栏的打开与关闭操作，并试着将工具栏拖放到工作界面的最左侧、最右侧、最下方和工作区域的任意位置，观察设置效果。

2. 在第 1 章的"实训操作 1"中，继续在 PCB 工程项目文件"PCB 项目设计.PrjPCB"中新建一个 PCB 文件，命名为"Ring Circuit.PcbDoc"并保存，试进行以下操作：

（1）将该电路板设置为单面板。

（2）设定物理边界为 2100 mil×2100 mil，电气边界为 2000 mil×2000 mil。

3. 在"实训操作 2"的基础上，利用向导在 PCB 工程项目文件"PCB 项目设计.PrjPCB"中新建一个 PCB 文件并保存为"USB Circuit.PcbDoc"。具体参数如下：

（1）设定单位为公制。

（2）电路板形状为矩形，物理边界尺寸为 120 mm×120 mm，电气边界尺寸为 116 mm×116 mm。

（3）元器件采用表面粘贴式元器件。

（4）最小安全距离设为 0.5 mm。

其他未指定参数均采用默认设置，试观察生成的电路板。

4. 小组讨论：在 PCB 编辑器中，为什么要规划和设置电气边界？如何绘制电气边界和物理边界？二者之间有何区别与联系？

第 8 章

PCB 设计

设计电路原理图的目的就是设计 PCB。PCB 既为各种电子元器件提供了支撑或固定的基板,又为原理图中所有的电气连接提供了实际的连接线路。PCB 就是利用 Protel DXP 提供的制板功能来设计的。

本章学习重点:

(1)电路板规划。

(2)PCB 布线工具的使用。

(3)元器件封装库的加载。

(4)原理图数据的导入。

(5)元器件自动布局。

(6)原理图和 PCB 的双向更新。

(7)元器件的手工调整布局。

(8)设计 PCB 规则。

(9)元器件自动布线与手工调整。

8.1 规划电路板

用户新建一个空白的 PCB 文件后，首先就要对电路板进行规划，包括电路板的板层选择、电路板的外形尺寸和电气边界等。如果是利用向导生成的 PCB 文件，则在生成过程中就已经对电路板进行了规划，此处不需要再进行设置了。

8.1.1 创建 PCB 文件

1. 创建空白的 PCB 文件

选中当前项目，执行"File→New→PCB"菜单命令，创建一个空白的 PCB 文件，默认名称为"PCB1.PcbDoc"。在该文件上单击鼠标右键，在弹出的菜单中选择"Save As"命令，或执行"File→Save As"菜单命令，在打开的保存文件对话框中选择路径为"D:\声控显示电路"，并输入新的文件名"声控显示电路"，点击"保存"按钮后，新的 PCB 文件"声控显示电路.PcbDoc"将出现在 Projects 面板中。此时，由于加入了新文件，用户需保存项目文件，从而建立起项目文件和新建的 PCB 文件之间的组织关系。保存后的 Projects 面板如图 8-1 所示。

图 8-1　Projects 面板

2. 添加文件

在设计 PCB 的过程中，用户可以将已存在的 PCB 文件添加到当前项目中。执行"Project→Add Existing to Project"菜单命令，弹出如图 8-2 所示的选择文件对话框，找到文件所在目录，选中需要添加的文件，如"电源电路.PcbDoc"，然后点击"打开"按钮，即可将"电源电路.PcbDoc"文件添加到"声控显示电路.PrjPCB"项目中。此时该项目中有两个 PCB 文件，如图 8-3（a）所示。

如果需要添加的文件已经在 Projects 面板中，此时可以通过快捷操作将该文件直接拖入"声控显示电路.PrjPCB"项目中。具体操作为：将鼠标放在"电源电路.PcbDoc"上方，按住左键不放并拖动其至"声控显示电路.PrjPCB"项目文件所在区域，如图 8-3（b）所示，然后放开鼠标左键，则"电源电路.Schdoc"被添加到该项目中。

图 8-2 添加 PCB 文件对话框

（a）添加 PCB 文件至项目中　　　　　（b）快速添加 PCB 文件至项目中

图 8-3 添加 PCB 文件操作

3. 移除文件

在设计 PCB 的过程中，如果不再需要某个 PCB 文件，可以直接将其从项目中移除。假设 "声控显示电路.PrjPCB" 项目中的 "电源电路.PcbDoc" 文件不被需要了，则使 "电源电路.PcbDoc" 文件处于选中状态，执行 "Project→Remove from Project" 菜单命令，或者在该原理图文件上点击鼠标右键，选择 "Remove from Project" 命令，将弹出图 8-4 所示对话框，单击 "Yes" 按钮，该原理图文件将从项目中被移除。

图 8-4　移除 PCB 文件确认对话框

8.1.2　设定 PCB 板层

PCB 文件创建后，首先要设定 PCB 的板层。用户需要根据实际电路设计的需要选择相应的板层，常见的有单层板、双层板、四层板或六层板。本例中，假设要求采用双层板。

执行 "Design→Layer Stack Manager" 菜单命令，弹出图 8-5 所示的板层堆栈管理器对话框。由于系统默认的是双层板，本例也采用双层板来设计 PCB，故不需要进行设置。

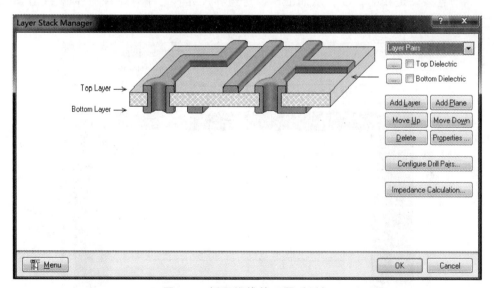

图 8-5　板层堆栈管理器对话框

8.1.3　规划电路板物理边界

物理边界，也就是电路板的外形尺寸，是一项非常重要的参数。首先它的大小要能够为所有的元器件提供机械支撑，同时还能放置装配孔、螺丝孔等固定电路板的图件。其次，电路板的外形和大小还要根据制作的电子产品的要求来确定，比如手机的电路板要根据手机的大小、形状、装配要求等设计。

电路板的物理边界是在机械层进行设定的，其大小一般和电气边界一致，或者略大于电气边界。实际上，大部分设计人员在设计 PCB 时，都是把电气边界当作物理边界来使用的，印制板厂也已经把这个当成行规。所以，用户也可以不绘制物理边界。需要注意的是，绘制物理边界首先要将当前的工作层面切换到机械层。点击 PCB 工作界面最下方的工作层标签"Mechanical 1"，如图 8-6 所示，则当前工作层面切换为机械层。

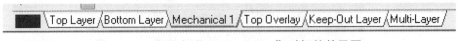

图 8-6　工作层为"Mechanical 1"时标签效果图

以本案例来说明，假设物理边界和电气边界相同，电路板为矩形，尺寸为 4 600 mil × 2 400 mil。切换到机械层后，单击辅助工具栏中的画线按钮"　"，光标变成"十"字形，即可开始绘制矩形物理边界。具体操作同原理图中的画线工具一样，这里不再赘述。一般来说，为了使边界尺寸更加准确，可以以某点为参考坐标。例如本例中以矩形框的左上角顶点为参考点，可以将该点坐标设置为坐标原点。执行"Edit→Origin→Set"命令，将光标移动到左上角顶点位置，单击左键完成设置。设置完毕后，将光标移动到该点，界面最下方的状态栏显示信息为" X:0mil Y:0mil　Grid:5mil "。此时移动光标到矩形框右下角顶点，可以看到状态栏显示信息为" X:4600mil Y:-2400mil　Grid:5mil "。在绘制直线时，可以随时根据状态栏显示的 X、Y 轴坐标信息来确定线的长度，从而准确设定边界尺寸。绘制好物理边界的 PCB 如图 8-7 所示。为了说明方便，将本章部分 PCB 图的背景色改为了白色。

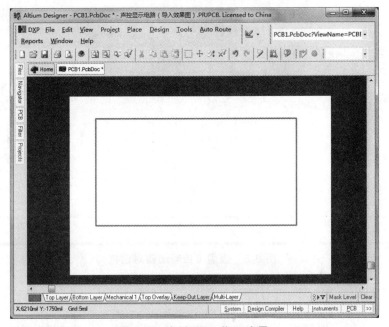

图 8-7　绘制 PCB 物理边界

用户如果要查看绘制的边界线的长度,可以执行"Reports→Measure Distance"命令,光标变成"十"字形,在需要测量的直线起点位置单击左键,再移动鼠标到直线终点位置并单击左键,系统将弹出测量结果对话框。以本例的宽度测量为例,结果如图 8-8 所示。

图 8-8　宽度测量结果对话框

8.1.4　设置电路板电气边界

电气边界是指在 PCB 板上可以布线和放置元器件的封闭区域,在进行布线时,所有电气连接(导线)均不能超越该边界。电气边界的设置非常重要,若不设置电气边界,系统布线将没有限制区域,从而无法得到想要的布线结果。要设置电气边界,首先要将工作层切换到禁止布线层(Keep-Out Layer),然后单击辅助工具栏中的画线按钮" ",即可开始绘制矩形电气边界。一般来说,电气边界的尺寸可以略小于或等于物理边界的尺寸,如 4 500 mil×2 300 mil 或 4 600 mil×2 400 mil。本例选择第二种。需要注意的是,默认在禁止布线层和机械层绘制线条的颜色一样,用户应注意区分(可通过关闭机械层来观察电气边界是否准确)。

8.2　PCB 布线工具的使用

在设计 PCB 的过程中,用户将原理图中的元器件导入 PCB 图后,有时需要更改某个元器件封装等内容;在自动布线后,还需要进行手动布线;有时还需要放置一些指示信息等。因此,用户需要熟悉 PCB 设计中常见布线工具的使用方法。

PCB 布线工具栏如图 8-9 所示,主要包括导线、焊盘、过孔等。

图 8-9　PCB 布线工具栏

8.2.1 导线的放置与设置

1. 绘制导线

PCB 图中绘制铜膜导线与原理图中绘制导线的操作类似，这里仅简述之。

（1）选定需要布线的工作层，例如本例中的顶层（Top Layer）或底层（Bottom Layer）。默认情况下，顶层导线颜色为红色，底层导线颜色为蓝色。如果用户需要更改导线颜色，可以执行"Design→Board Layers & Colors"菜单命令，打开板层与颜色设置对话框，如图 8-10 所示，然后双击 Top Layer 和 Bottom Layer 后的红色方块和蓝色方块，即可打开颜色修改对话框，从而更改导线颜色。一般来说，为了保持 PCB 的一致性和可读性，不建议更改各个工作层面的颜色。

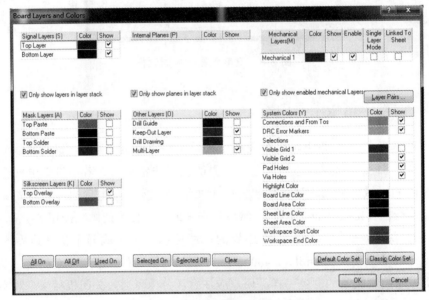

图 8-10　板层和颜色设置对话框

（2）点击 PCB 布线工具栏上的绘制导线按钮" "，或者执行"Place→Interactive Routing"菜单命令，光标变成"十"字形。在合适位置单击左键确定导线起点的位置，然后移动鼠标；若需要拐弯，在需要拐弯的地方单击左键，然后继续绘制导线；单击右键可结束本次导线绘制状态。此时系统仍处于绘制导线状态，若要退出该状态，再次单击右键。

PCB 默认布线模式为"先直线，再 135° 斜线"。用户在绘制导线的过程中，可以按空格键来更改先后顺序，即"先 135° 斜线，后直线"模式，如图 8-11 所示。

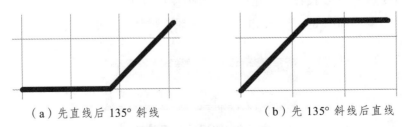

（a）先直线后 135° 斜线　　　　（b）先 135° 斜线后直线

图 8-11　135°走线效果图

此外，用户还可以在绘制导线过程中，按"Shift+空格键"来更改走线模式。共有5种走线模式，依次为：

① 先直线，再135°斜线（默认布线模式）。
② 先直线，再圆弧线，然后135°斜线。
③ 先直线，再90°直线。
④ 先直线，再圆弧线，然后90°直线。
⑤ 任意角度直线。

五种走线模式的效果图如图8-12所示。通常情况下，采取默认走线模式即可。

图8-12 五种走线模式效果图

2. 编辑导线

在绘制导线时按"Tab"键或者在导线绘制完后双击该导线，可打开导线属性设置对话框，如图8-13所示。在该对话框中可以对导线的宽度、起始点坐标位置、导线所在工作层和导线所属网络、是否锁定、是否禁止布线等进行设置。

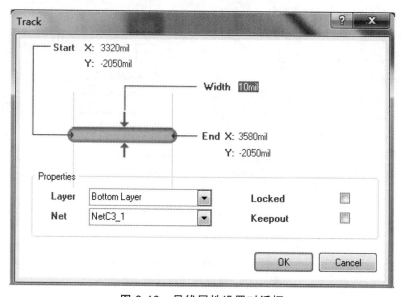

图8-13 导线属性设置对话框

8.2.2 焊盘的放置与设置

1. 放置焊盘

在设计PCB的过程中，用户可以手动放置焊盘至PCB上。点击PCB布线工具栏上的放置焊盘按钮"⊙",或者执行"Place→Pad"菜单命令,光标变成"十"字形,并附着了一个焊盘。将光标移动到合适位置,单击左键即可将该焊盘放置在指定位置。此时系统仍处于放置焊盘状态,若要退出此状态,单击右键即可。

2. 编辑焊盘

若要对焊盘属性进行设置,可在执行放置焊盘命令后按键盘上的"Tab"键,或者双击已经放置好的焊盘,打开焊盘属性设置对话框,如图8-14所示。

在该对话框的上半部分,可以对焊盘的内径、外径以及外部形状、旋转角度、坐标位置等进行设置。这里需要注意两点:一是焊盘的内径也就是过孔的大小,一定要比对应元器件引脚的直径略大,否则元器件将无法安装上去;二是内外径要存在一定的差值,这样可保证有足够的焊锡面积来焊接元器件。

在该对话框的下半部分,还可以对焊盘的标号、焊盘所在层面、焊盘所在网络、电气类型、测试点、镀锡、锁定、锡膏层和阻焊层尺寸等内容进行设置。需要注意的是,焊盘的标号一定要和原理图中该元器件的引脚标号一致。

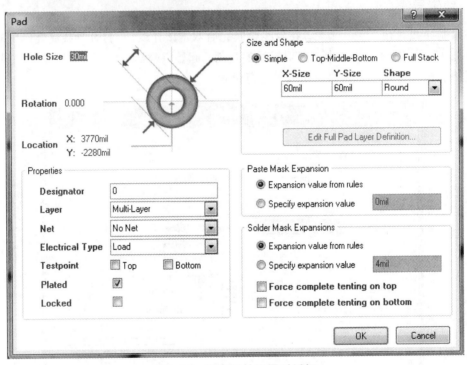

图 8-14 焊盘属性设置对话框

8.2.3 过孔的放置与设置

1. 放置过孔

过孔是PCB的一部分,其作用是进行电气连接、固定元件和元件定位。在制作过孔时,会在过孔的孔壁圆柱面上镀一层金属,用于连通中间各层。过孔的上下两面做成焊盘状,可直接和线路相通（起着固定元器件作用时，也可不连）。

过孔一般分为三类：盲孔、埋孔和通孔。盲孔一般用于表层（可以是顶层或底层）电路和内层电路的电气连接，具有一定深度（孔径和孔深按一定的比率设置）。埋孔用于电路板的内层电气连接，在电路板表面看不到。通孔则用于整个电路板的电气连接，包括表层和中间层，例如双层板的顶层和底层电气连接。此外，通孔一般也用于元件的定位和安装。

单击 PCB 布线工具栏上的放置过孔按钮" "，或者执行"Place→Via"菜单命令，光标变成"十"字形，并附着了一个过孔。将光标移动到合适位置，单击左键即可将该过孔放置在指定位置。此时系统仍处于放置过孔状态，若要退出该状态，单击右键即可。

2. 编辑过孔

在放置过孔的过程中按键盘上的"Tab"键，或者双击已放置好的过孔，即可打开过孔属性设置对话框，如图 8-15 所示。在该对话框中，可以对过孔的内径、外径、坐标、起始工作层面、终止工作层面、所在网络、测试点、是否锁定、阻焊层尺寸等属性进行设置。

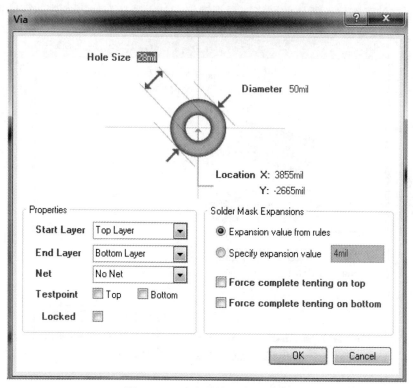

图 8-15 过孔属性设置对话框

8.2.4 矩形填充的放置与设置

1. 放置矩形填充

在设计完 PCB 后，为了提高系统的抗干扰性，同时考虑电源/电源地中通过的电流较大等因素，一般还需要在 PCB 上放置大面积的电源/电源地网络。这可以通过系统提供的放置矩形填充（Fill）和多边形敷铜（Polygon Pour）来实现。其中，矩形填充的形状为矩形，且会直接覆盖所填充的区域，无论区域内是否有焊盘或者过孔。而多边形敷铜则会对某一区域内的某一网络（一般为电源地网络）按照某一方式进行覆盖，对其他的网络会进行隔离处理。

选定需要放置矩形填充的工作层，然后单击 PCB 布线工具栏上的放置矩形填充按钮"▇"，或者执行"Place→Fill"菜单命令，光标变成"十"字形，并附着了一个小圆点。将光标移动到合适位置，单击左键确定矩形的一个顶点位置。然后移动鼠标，将拖出一个矩形区域。在合适位置单击左键，确定矩形填充大小，即放置了一个矩形填充。此时系统仍处于放置矩形填充状态，若要退出此状态，单击右键即可。

2. 编辑矩形填充

在放置矩形填充的过程中按键盘上的"Tab"键，或者双击已放置好的矩形填充，可打开矩形填充属性设置对话框，如图 8-16 所示。在该对话框中，可以对矩形填充两个对角坐标、旋转角度、所在的工作层、所属的网络、是否锁定、是否禁止布线等参数进行设置。

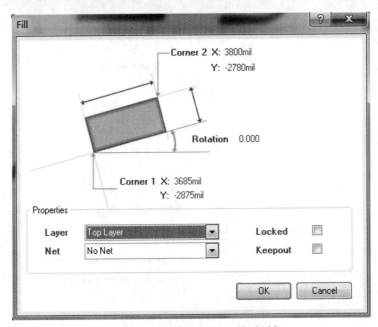

图 8-16　矩形填充属性设置对话框

8.2.5　敷铜的放置与设置

敷铜和矩形填充一样，一般是为了提高电路的抗干扰性而设置。以双层板为例，放置敷铜时，一般要对整个电路板的顶层和底层都进行敷铜，且敷铜网络一般为电源地网络。

1. 放置敷铜

选定需要放置敷铜的工作层面，单击 PCB 布线工具栏上的放置敷铜按钮"▇"，或者执行"Place→Polygon Pour"菜单命令,将打开敷铜属性设置对话框,如图 8-17 所示。

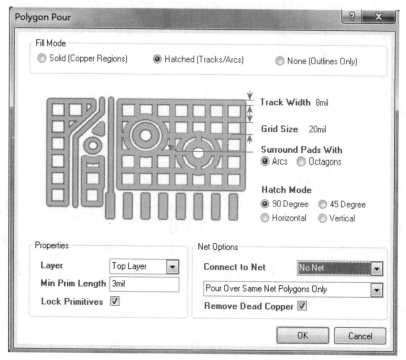

图 8-17 敷铜属性设置对话框

1)敷铜模式

在填充模式(Fill Mode)区,可以选择敷铜的方式。

① 实心型(Solid〔Copper Regions〕):铺设实心型敷铜,所有敷铜区域均为铜膜。

② 导线型(Hatched〔Tracks/Arcs〕):铺设线型敷铜,所有敷铜区域由铜膜导线构成。

③ 仅勾画轮廓(None〔Outlines Only〕):敷铜时,仅勾勒敷铜的轮廓线,中间没有铜膜。

下面我们以本例的一部分电路进行电源地(GND)网络敷铜为例,来说明这三种模式的区别,如图 8-18 所示。

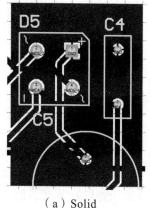
(a)Solid

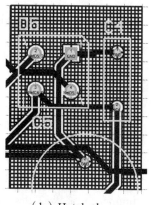
(b)Hatched

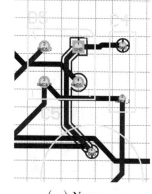
(c)None

图 8-18 敷铜的三种填充模式

一般将敷铜的填充模式设置为默认的方式，即导线型。此时在敷铜属性设置对话框的中间部分可以对导线的宽度、导线之间构成的栅格距离、敷铜环绕焊盘的形式（圆弧形〔Arcs〕和八角形〔Octagons〕）导线填充的方式（90°、45°、水平线和垂直线）等进行设置。图 8-18（b）所示为采取默认方式敷铜的效果图。

2）敷铜属性

在敷铜属性设置对话框的属性（Properties）设置区域，可以对敷铜的层面、敷铜导线的最小长度和是否锁定敷铜等参数进行设置。

3）敷铜网络选项

在敷铜属性设置对话框的网络选项（Net Options）区可以对敷铜网络进行设置，比如本例中的"GND"网络。"Pour Over Same Net Polygons Only"所在下拉列表主要用于设置敷铜网络和相同网络的导线相遇时，敷铜是否覆盖铜膜导线。

复选框"Remove Dead Copper"有效，则会删除未连接任何网络的敷铜。当某一块敷铜区域周围没有相同的电气连接时，即该敷铜被其他网络隔离开了，因此没有起到任何作用，可以删除。

4）敷铜区域的绘制

设置好参数后，单击"OK"按钮返回放置敷铜状态，鼠标变为"十"字形。将光标移动到多边形敷铜的起点位置，单击左键确定多边形起点，然后移动鼠标到多边形的第二个顶点位置并单击左键确定该顶点，依次操作，直至多边形所有顶点确定完毕，最后返回第一个顶点位置，单击左键完成本次敷铜操作。需要注意的是，敷铜操作时绘制的敷铜区域一定是一个闭合的区域。

2. 编辑敷铜

执行放置敷铜的命令后，在弹出的图 8-17 所示对话框中，用户就可以设置敷铜属性。在敷铜放置完毕后，用户也可以继续编辑其属性：双击敷铜区域，将弹出图 8-17 所示敷铜属性设置对话框，从而对敷铜参数进行修改。

若敷铜放置完毕，用户对敷铜结果不满意或者需要删除敷铜，只需要选中敷铜，单击键盘上的"Delete"键即可删除选定敷铜。

8.2.6 元器件封装的放置与设置

1. 放置元器件封装

在设计 PCB 时，元器件封装是自动导入的，但如果需要更改元器件封装，可以直接放置新的封装。选定需要放置元器件封装的工作层面，单击 PCB 布线工具栏上的放置元器件封装按钮"▦"，或者执行"Place→Component"菜单命令，将打开放置元器件封装对话框，如图 8-19 所示。

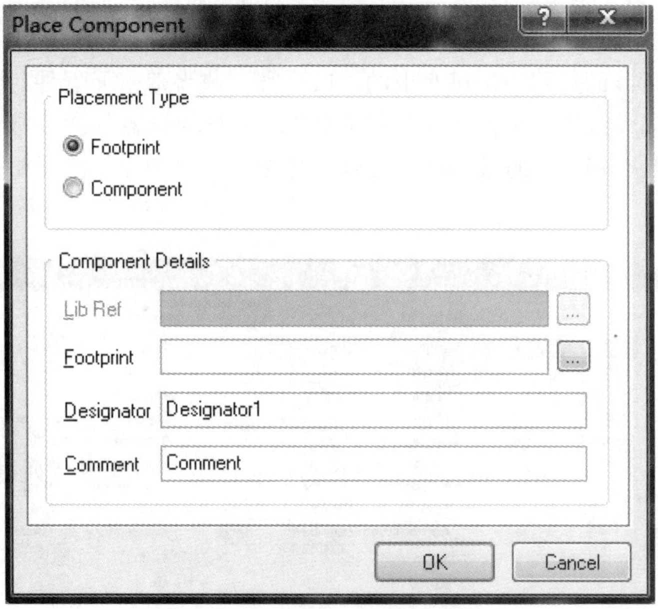

图 8-19 放置元器件封装对话框

在该对话框中，用户可以直接在"Footprint"栏输入封装名称进行放置。若用户对需要放置的封装名称不熟悉，可以点击"Footprint"右侧的按钮"…"，打开图 8-20 所示浏览封装库文件对话框，从相应的库中找到相应的封装。单击"OK"按钮返回图 8-19 所示界面，此时"Footprint"栏将显示为用户选择的封装名称。再次单击"OK"按钮，光标将变为"十"字形，并附着了一个刚才选择的封装。在合适位置单击左键即可放置该封装。此时系统仍处于放置该封装状态，单击右键，系统将返回到图 8-19 所示界面。此时可以继续放置其他封装，如不需要则单击"Cancel"按钮退出。

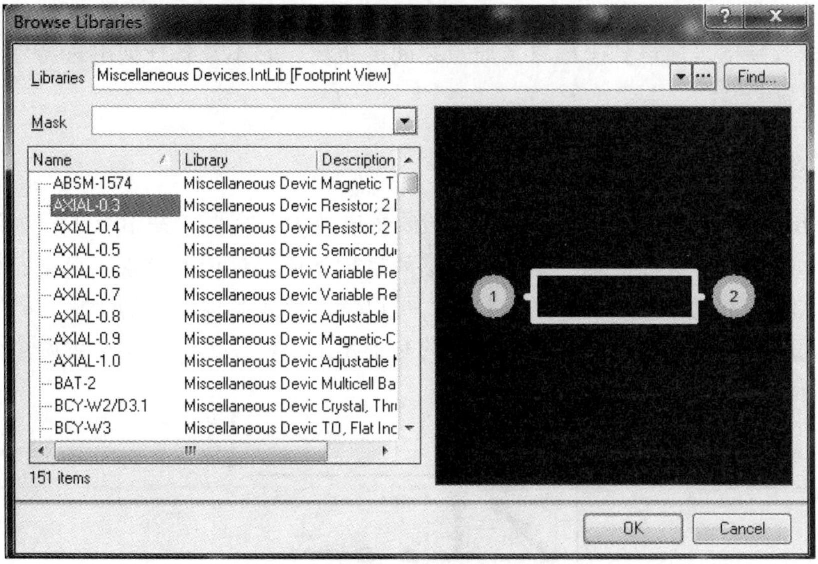

图 8-20 浏览封装库文件对话框

2. 编辑元器件封装

在放置元器件封装的过程中按键盘上的"Tab"键，或者双击元器件封装，将打开图 8-21 所示的元器件封装属性设置对话框。在该对话框中，可以对元器件封装所在工作层面、坐标位置、旋转角度、是否锁定、封装形式、元件序号相关参数和元件注释相关参数等内容进行设置。

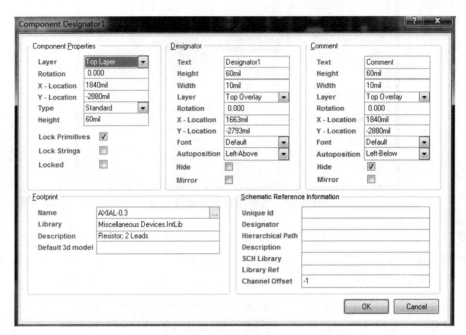

图 8-21 元器件封装属性设置对话框

8.2.7 坐标的放置与设置

所谓坐标，是指当前点到坐标参考原点之间的距离，它不具备任何电气特性，只是提示用户某点的位置。

1. 放置坐标

执行"Place→Coordinate"菜单命令，光标变成"十"字形，并附着了一个当前的坐标值，随着光标的移动，坐标值也不断变化。移动鼠标到需要标记的位置，单击左键即可放置该点坐标。此时，系统仍处于放置坐标状态，可以继续放置其他位置的坐标，若不需要则单击右键退出。例如，本例中我们设置电路板的左上角为坐标原点，连续放置两个坐标的效果如图 8-22 所示。

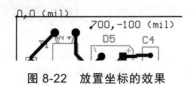

图 8-22 放置坐标的效果

2. 编辑坐标

在放置坐标的过程中按键盘上的"Tab"键，或者双击坐标，将打开图 8-23 所示坐标属性设置对话框。在此可以设置文本字符的宽度和高度、文本的尺寸、坐标指示"十"字符号的线宽和大小、坐标指示"十"字符号的位置、坐标文字所在的工作层面、坐标的字体、坐标的单位样式和是否锁定等参数。

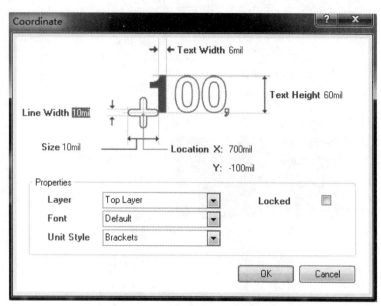

图 8-23 坐标属性设置对话框

8.2.8 尺寸标注的放置与设置

在设计 PCB 时，为了后续设计或制板过程的方便，经常需要标注某些对象的尺寸。该尺寸标注不具备任何电气特性，仅起到提示的作用。

1. 放置尺寸标注

执行"Place→Dimension"菜单命令，打开尺寸标注子菜单，如图 8-24 所示。此处共有 10 种标注方式，依次为线性、角形、径向弧线、引线、数据、基线、中心、线性直径、径向直径和标注线。这 10 种标注方法，也可以通过点击辅助工具栏上尺寸标注工具中相应的按钮实现，如图 8-25 所示。10 种标注方法大同小异，下面以第一种线性标注尺寸为例来说明。

点击辅助工具栏上尺寸标注工具中的线性标注按钮" "，或执行"Place→Dimension→Linear"菜单命令，光标变成"十"字形，并附着一个当前所测线间尺寸数值，如图 8-26 所示。移动鼠标到被测对象的起点位置单击左键，再移动鼠标到被测对象的终点位置单击左键，即可确定标注尺寸的起止点。此时，还需要确定标注字符的位置：上下移动鼠标至合适位置后单击左键即可。这样，便完成了该对象的尺寸标注工作。此时系统仍处于放置尺寸标注的状态，若不需要则单击右键退出。

以本案例中电容 C6 的两个焊盘的线间距离为例进行尺寸标注。执行菜单命令后移动鼠标到左边第一个焊盘上，单击左键确定起点位置，然后往右移动鼠标至第二个焊盘位置并再次单击左键确定终点位置，再往上方移动鼠标到适当位置后单击左键确定标注字符的位置，便完成了电容 C6 两个焊盘的线间距离的标注，效果如图 8-27 所示。

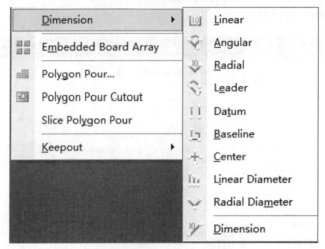

图 8-24　尺寸标注子菜单

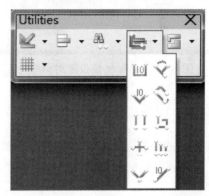

图 8-25　尺寸标注工具栏

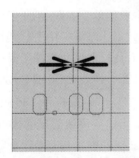

图 8-26　放置尺寸标注时的光标状态

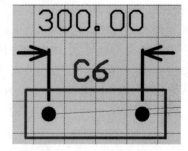

图 8-27　尺寸标注效果

2. 编辑尺寸标注

在放置尺寸标注的过程中按键盘上的"Tab"键，或者双击尺寸标注，将打开图 8-28 所示尺寸标注属性设置对话框。在此可以设置尺寸标注的相关属性，包括被测对象的有效拾取间隔（Pick Gap）、端线宽度（Extension Width）、箭头长度和尺寸等图形参数设置，以及标注的起止点、字体的宽度和高度、标注所在工作层面、字体样式和格式、坐标参数和是否锁定等内容。

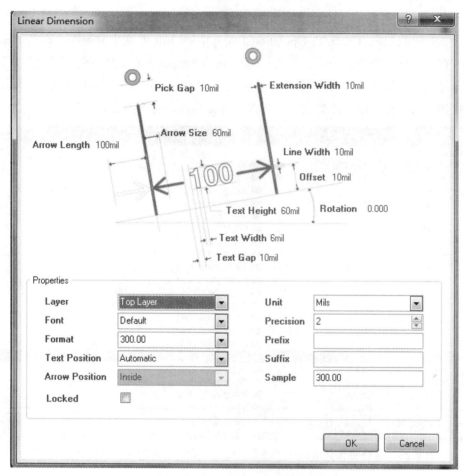

图 8-28 尺寸标注属性设置对话框

8.3 加载元器件封装库和 PCB 数据

Protel DXP 中，在对原理图进行编译后，无须再手动生成网络表来构建原理图和 PCB 图之间的关系，而是默认已经对原理图和 PCB 图进行了链接，用户只需导入数据即可。

8.3.1 加载元器件封装库

需要特别注意的是，在将原理图的数据导入 PCB 图之前，必须将原理图中所有元器件所在的库文件（无论是系统自带的库文件还是用户自行制作的库文件）加载到当前的 PCB 库文件中，否则在导入数据时将会出现错误。

本案例中用到的元器件库共有 5 个系统自带的库，分别为 Miscellaneous Devices. IntLib、Miscellaneous Connectors. IntLib、TI Analog Timer Circuit. IntLib、TI Operational Amplifier. IntLib 和 NSC Power Mgt Voltage Regulator. IntLib，还有 2 个自行制作的分离库，分别为 MySchlib.SchLib 和 MyPcblib. PcbLib。用户在导入数据前，应将这 7 个库文件都加载到当前的 PCB 库文件中，否则将无法正确导入数据。

例如，假设我们没有加载 TI Operational Amplifier. IntLib 这个数据库，而其他库均已正确加载。在执行导入数据命令后，单击"Validate Changes（使变化生效）"按钮，将出现图 8-29 所示结果。从图中可以看出 U1 的错误信息为"Footprint Not Found N014"，即 U1 的封装没有找到。用户将该库文件加载后，再次执行此操作，将不会出现该错误。

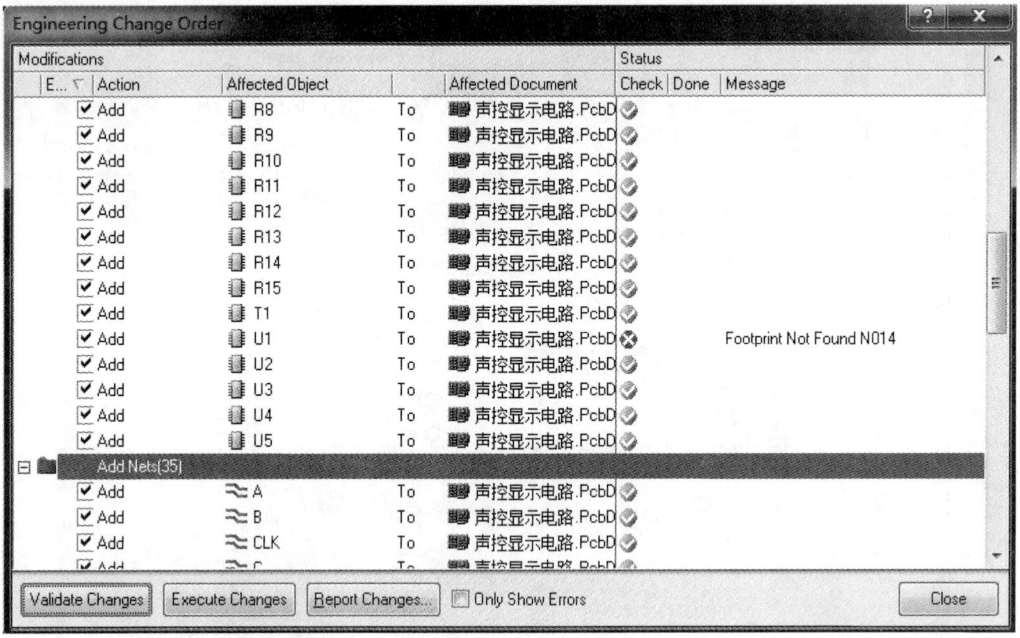

图 8-29 项目变化订单执行"使变化生效"命令后的对话框提示出错示意图

8.3.2 加载 PCB 数据

加载 PCB 数据之前，必须保证三项工作已经完成：
（1）已经对本项目进行编译且无任何错误。
（2）空白 PCB 文件已经建立且已规划好电路板参数。
（3）所有元器件的库文件均已加载到当前项目中。
加载 PCB 数据的操作步骤如下：
（1）在原理图编辑器中，执行"Design→Update PCB Document 声控显示电路.PcbDoc"菜单命令，或者在 PCB 编辑器中，执行"Design→Import Changes From 声控显示电路.PrjPCB"菜单命令，打开项目变化订单（ECO）对话框，如图 8-30 所示。该对话框中显示了原理图中所有的元器件信息及网络连接信息。

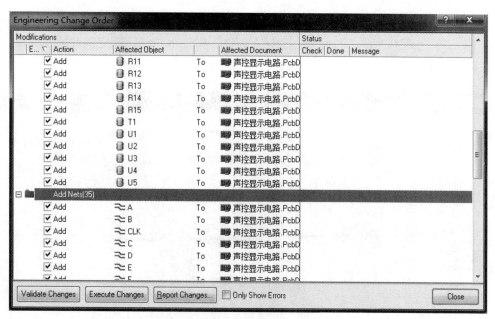

图 8-30 项目变化订单（ECO）对话框

（2）单击"Validate Changes（使变化生效）"按钮，系统将对所有元器件信息和网络连接信息进行检查。如果所有信息都无误，在"Check"栏中各个元器件和网络信息后都出现"√"标记，如图 8-31 所示；如果某个元器件或网络信息有错，该对象的"Check"栏将标记为"×"，相应的"Message"栏会显示错误信息，提示用户需要对该对象进行检查和修改。

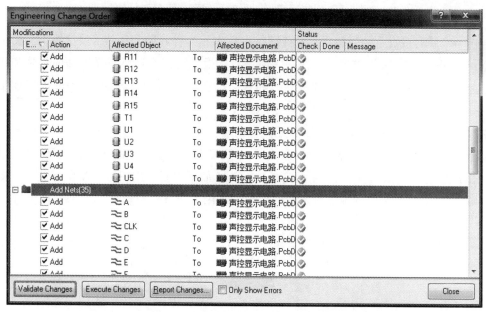

图 8-31 执行"使变化生效"后的项目变化订单对话框

（3）在确认图 8-31 所示对话框中无任何错误后，单击"Execute Changes（执行变化）"命令，系统开始将原理图中所有元器件转换为对应的封装，并将原理图中元器件引脚间的电气连接转换为 PCB 图中元器件封装焊盘的电气连接。执行完毕后，效果如图 8-32 所示。在"Done"栏中，若所有元器件和网络信息导入无误，则显示"√"标记；若导入有误，则某对象后该栏显示"×"标记。

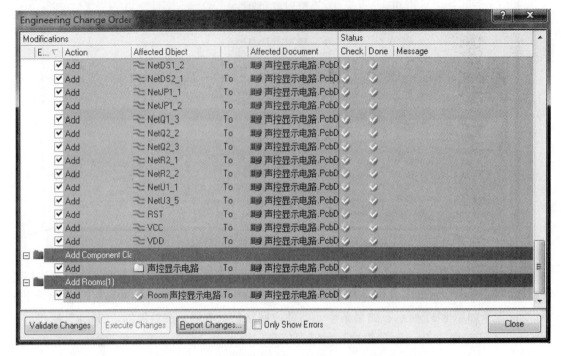

图 8-32 "执行变化"后的项目变化订单对话框

（4）在"执行变化"的过程中，系统同时将所有元器件封装和飞线（预拉线）放置在 PCB 图中。单击图 8-32 中的"Close"按钮关闭该对话框，可以看到所有元器件的封装和相应的电气连接已出现在 PCB 图中。在没有进行布线之前，系统会将各个焊盘之间的电气连接用飞线来进行连接，提示用户它们之间的网络连接关系。

图 8-33 所示即加载 PCB 数据后的元器件封装。实际上加载完 PCB 数据后，所有的封装和飞线都被预装在一个"Room"中，该"Room"仅表示一个划定的区域，不具备电气特性。加载 PCB 数据时，"Room"一般在电路板的右侧。如果需要，用户可以将鼠标放在"Room"区域内的空白位置，按住鼠标左键不放，将 Room 内的所有对象整体移动到任何位置。

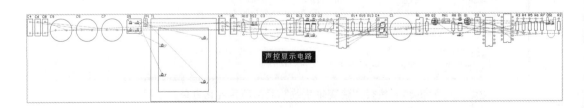

图 8-33 加载 PCB 数据后的所有元器件封装

此外，用户在设计 PCB 时，可以根据需要设置多个不同的"Room"，从而实现元器件封装的分组。一般来说，简单电路的设计很少需要定义"Room"来对元器件封装进行分组。本案例中我们不需要"Room"，可以将"Room"删除。用鼠标单击"Room"区域内的任何空白位置选中"Room"，按键盘上的"Delete"键即可删除"Room"。删除"Room"后，所有元器件封装和飞线如图 8-34 所示。

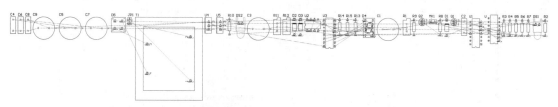

图 8-34　删除 Room 后 PCB 中的所有元器件封装

8.4　元器件调整与布局

将数据导入 PCB 图中后，元器件封装和电气连接等信息将自动放置在 PCB 图中，但此时元器件封装等不在规定的电气边界内，需要通过自动布局和手动调整布局的方式将这些封装科学、正确地摆放在电路板的电气边界内。

8.4.1　更改元器件封装

在将数据导入 PCB 图后，如果用户发现某个元器件与其封装不匹配，可以在 PCB 图中直接更改元器件的封装。以本例中变压器 T1 的封装为例，该封装为"TRF_5"，如图 8-35（a）所示，跟元器件实物不符，而应更改为封装名称为"TRANS"的封装，如图 8-35（b）所示。具体操作如下：

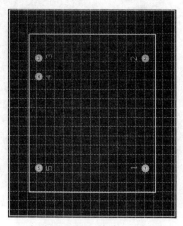
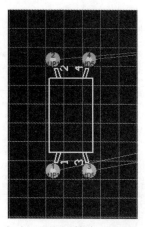

（a）T1 的原封装 TRF_5　　　　（b）T1 的新封装 TRANS

图 8-35　元器件 T1 的封装

（1）双击元器件 T1，打开图 8-36 所示的元器件封装参数设置对话框。

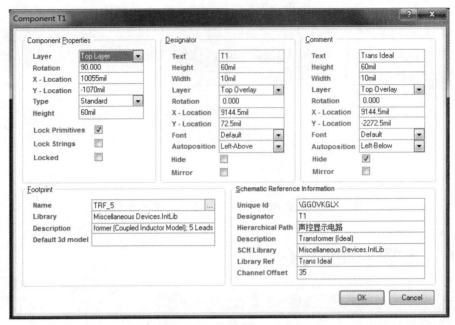

图 8-36　元器件封装参数设置对话框

（2）单击在元器件封装名称（Name）栏后面的浏览按钮"…"，打开浏览库文件对话框，如图 8-37 所示。找到新的封装所在的库文件，并在该库中找到新的封装的名称，如本案例中的"TRANS"，然后单击"OK"按钮返回元器件封装参数设置对话框，如图 8-38 所示，此时封装名称已更改为"TRANS"。

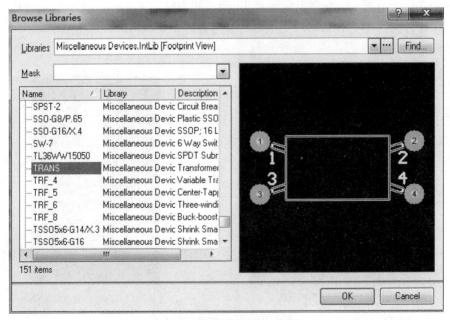

图 8-37　浏览库文件对话框

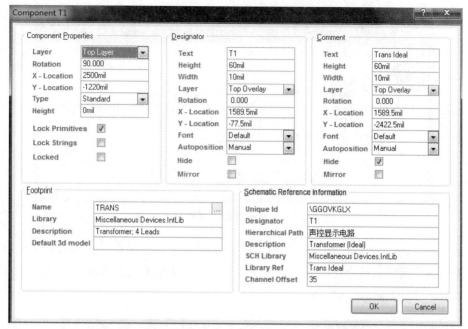

图 8-38　更改参数后的元器件封装参数设置对话框

（3）单击"OK"按钮，元器件封装将变为新的封装"TRANS"，整个 PCB 中的元器件封装和飞线效果图如图 8-39 所示。从图中可以看出，T1 的封装已经修改为新的封装"TRANS"。

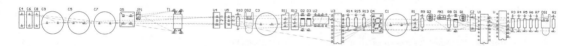

图 8-39　调整 T1 封装后所有元器件和飞线效果图

8.4.2　原理图和 PCB 图的双向更新

当用户把数据导入 PCB 图中后，若又在原理图中修改了某些对象的参数，应该及时地将该修改后的参数同步到 PCB 图中，以更新其对应封装中的某些参数。同样，当用户在 PCB 图中修改了某些对象的参数后，也应该及时地将该修改后的参数同步到原理图中，以更新其对应元器件中的某些参数。Protel DXP 提供了快捷的操作，以便原理图和 PCB 图文件保持同步。

1. 由 PCB 图更新原理图

当用户在 PCB 图中更改了某些对象的参数后，可以同步更新原理图中对应的数据。以上节在 PCB 图中修改变压器 T1 的封装为例，更改完毕后，若要同步原理图中的数据，操作步骤如下：

（1）在 PCB 编辑器界面下，执行"Design→Update Schematics in 声控显示电路.PrjPCB"菜单命令，弹出同步更新原理图文件的确认对话框，如图 8-40 所示。

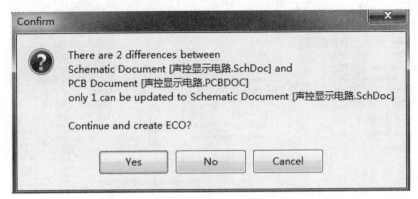

图 8-40 更新原理图文件确认对话框

（2）单击"Yes"按钮，打开图 8-41 所示项目变化订单对话框，在该对话框中，详细列出了需要更新的内容。从中可以看出更新了文件"声控显示电路.SchDoc"中的"TRF_5"封装，由"TRF_5"更新为"TRANS"。

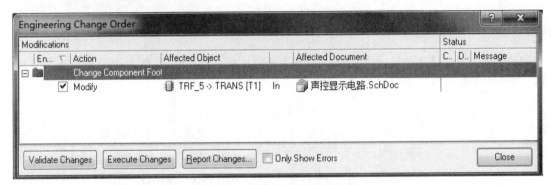

图 8-41 项目变化订单对话框

（3）单击"Validate Changes"按钮，使该变化生效，若"Check"栏均显示"√"，则变化有效。

（4）单击"Execute Changes"按钮，执行该变化，若"Done"栏均显示"√"，则执行有效，项目变化订单对话框如图 8-42 所示。

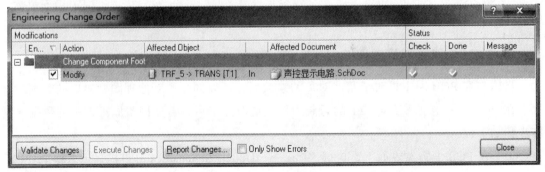

图 8-42 "执行变化"后的项目变化订单对话框

(5)单击图 8-42 中的"Close"按钮,关闭项目变化订单对话框,则完成了由 PCB 图更新原理图的操作。

返回原理图编辑器界面,双击元器件 T1 打开其属性设置对话框,可以发现其封装名称为"TRANS"。需要注意的是,由于更改了原理图文件,需及时对原理图文件和项目文件进行保存操作。

2. 由原理图更新 PCB 图

以电容 C2 为例,在 PCB 图中加载数据后,其封装为"RAD-0.3",封装图如图 8-43 所示。

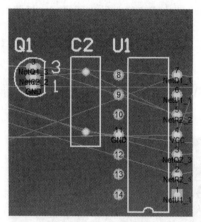

图 8-43 电容 C2 的封装 RAD-0.3

若用户在原理图中将其封装修改成了贴片式封装"C3216-1206",而数据已经导入到了 PCB 图中,此时需要同步更新 PCB 图中的数据。具体操作如下:

(1)在原理图编辑器界面下,执行"Design→Update PCB Document 声控显示电路.PCBDOC"菜单命令,弹出更改文件项目变化订单对话框,如图 8-44 所示。在该对话框中,详细列出了需要更新的内容。

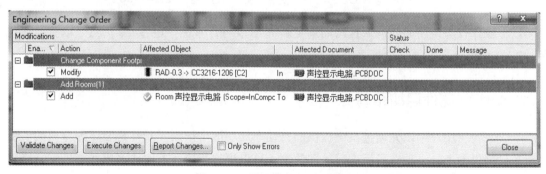

图 8-44 项目变化订单对话框

(2)单击"Validate Changes"按钮,使该变化生效,若"Check"栏均显示"√",则变化有效。

(3)单击"Execute Changes"按钮,执行该变化,若"Done"栏均显示"√",则执行有效,项目变化订单对话框如图 8-45 所示。同时,系统工作界面自动跳转到 PCB 编辑器界面。

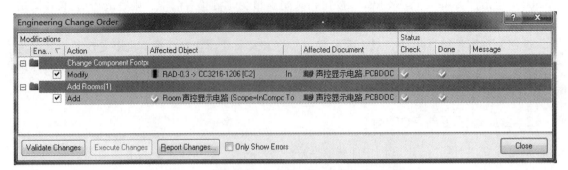

图 8-45 "执行变化"后的项目变化订单对话框

（4）单击图 8-45 中的"Close"按钮，关闭项目变化订单对话框，则完成了由原理图更新 PCB 图的操作。

在 PCB 编辑器界面下，可以看到其封装修改为贴片式封装，如图 8-46 所示。需要注意的是，由于更改了 PCB 文件，需要对 PCB 文件进行保存操作。

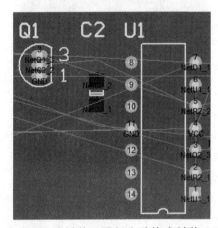

图 8-46　电容 C2 的封装已更新为贴片式封装 C3216-1206

以上操作仅为说明如何从原理图同步更新 PCB 文件，本例中电容 C2 仍然采取直插式封装"RAD-0.3"。

8.4.3　元器件自动布局

一般来说，用户可以先通过系统提供的自动布局功能来摆放元器件封装，为后面的手动调整布局提供参考。自动布局后进行手动调整，可以更加快捷、方便地完成元器件的布局工作，节省工作时间。

1. 自动布局菜单命令

执行"Tools→Component Placement"菜单命令，打开自动布局子菜单，如图 8-47 所示。各个子菜单命令的作用分别为：

① Arrange Within Room：在指定的"Room"中摆放元器件封装。
② Arrange Within Rectangle：在指定的矩形框中摆放元器件封装。
③ Arrange Outside Board：在电路板的外部区域摆放元器件封装。
④ Auto Placer：对元器件封装进行自动布局。
⑤ Stop Auto Placer：停止自动布局操作。
⑥ Shove：推挤元器件。
⑦ Set Shove Depth：设置推挤深度。
⑧ Place From File：从文件中放置元器件封装。

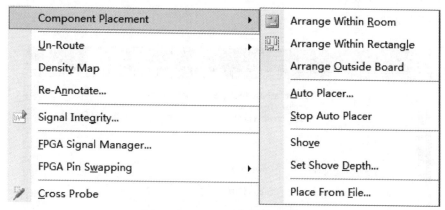

图 8-47　自动布局命令子菜单

2. 自动布局元器件

这里我们首先利用"Auto Placer"命令对堆挤在一起的元器件进行自动布局。

（1）执行"Tools→Component Placement→Auto Placer"菜单命令，打开图 8-48 所示的自动布局设置对话框。用户在此处可以对自动布局的方式进行设置。

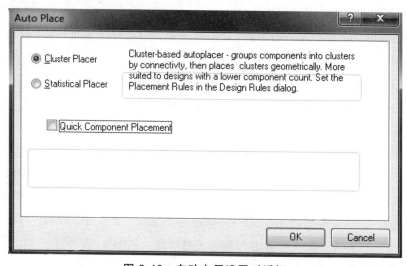

图 8-48　自动布局设置对话框

元器件封装有两种自动布局方式：

① Cluster Placer：分组布局方式。该方式根据元器件的连接关系将元器件封装分成不同的组，然后按照几何关系放置元器件组。该方式比较适合元器件较少的电路布局。

② Statistical Placer：统计布局方式。该方式基于统计计算来放置元器件，使得元器件之间的连接导线较短。这种方式比较适合元器件较多的电路布局。

若用户选中"Quick Component Placement"复选框，则元器件将进行快速布局。该复选框仅在分组布局方式下有效。

由于本例中的元器件较多，我们采用统计布局方式。选中该单选项后，自动布局设置对话框如图 8-49 所示。

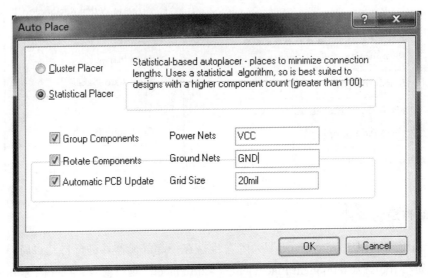

图 8-49　自动布局设置对话框

该对话框中有三个复选框可供选择：

① Group Components：用于将当前布局中连接密切的元器件组成一组，即布局时将这些元器件作为整体来考虑。

② Rotate Components：允许对元器件进行自动旋转调整。

③ Automatic PCB Update：用于在布局中自动更新 PCB。

此外，用户还可以定义电源网络名称、接地网络名称和栅格大小。

（2）本案例中，我们假设三个复选框均选中，同时也可输入电源网络名称"VCC"和电源地地网络名称"GND"，栅格大小为"20 mil"。设置完毕后，单击"OK"按钮，系统将根据统计计算结果自动布局元器件。元器件自动布局过程中，如果用户希望中途停止自动布局，只需执行"Tools→Component Placement→Stop Auto Placer"菜单命令即可。

（3）自动布局结束后，系统将弹出布局结束对话框，如图 8-50 所示。单击"OK"按钮确定后，可以看到元器件自动布局的效果，如图 8-51 所示。

图 8-50 自动布局完成确认对话框

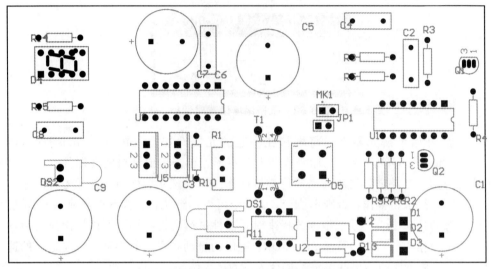

图 8-51 元器件自动布局效果示意图

需要注意的是，元器件自动布局只是将元器件放置在 PCB 规定的电气边界内，但是飞线却没有放置。执行 "Design→Netlist→Clean All Nets" 菜单命令，将清洁整理所有网络，此时所有的飞线将显示在 PCB 板上，效果如图 8-52 所示。

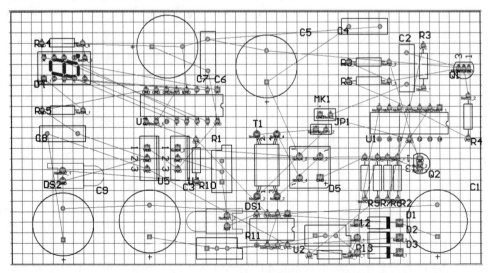

图 8-52 元器件自动布局并显示飞线的效果示意图

3. 推挤元器件

在使用自动布局的过程中,有时元器件会重叠在一起,例如元器件较多而又采取分组自动布局方式时,此时可以利用 Protel DXP 提供的推挤操作来协助完成元器件的自动布局。

(1) 执行 "Tools→Component Placement→Set Shove Depth" 菜单命令,设置推挤深度。所谓推挤深度,是指元器件被连续向周围推挤的次数。执行该命令后,弹出图 8-53 所示的推挤深度设置对话框。此处,我们输入数值 4,表示将连续向周围推挤元器件 4 次。设置完毕后单击 "OK" 按钮返回。

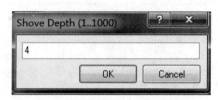

图 8-53　推挤深度设置对话框

(2) 接着开始推挤元器件,将堆挤在一起的元器件推开。执行 "Tools→Component Placement→Shove" 菜单命令,光标变成 "十" 字形,单击需要推挤的元器件,系统将根据该元器件与周围元器件之间的距离来执行推挤操作。如果该元器件与周围元器件的距离小于允许的距离则执行推挤操作,否则不执行。该命令可以连续执行,若不需要则单击右键退出。

需要注意的是,由于是系统根据分析来对元器件进行自动布局,所以每次执行后的布局结果可能都不尽相同。此外,虽然 Protel DXP 提供的自动布局功能很强大,且布局的速度和效率也很高,但是布局的结果并不是都能令人满意的。例如,元器件的标识符之间相互重叠,布局后元器件不符合布线的一般规则,等等。因此,大部分情况下必须对自动布局的结果进行调整,即手动调整布局,使元器件放置的位置满足设计要求。

8.4.4　手动调整布局

电路板中各种元器件的相对位置对电路板的性能也有一定的影响,尤其是高频电路板。因此,元器件自动布局在大部分情况下仅为设计者提供参考,用户还必须对元器件位置进行手动调整。手动调整元器件的布局一般可遵循以下规则,但设计师的经验尤为重要。

(1) 按照电路的功能模块来安排各个功能元器件组在电路板上的位置,使布局便于信号的流通,并尽量保证信号流向的一致性。

(2) 以每个功能电路的核心元器件为中心(通常为集成芯片),其他元器件围绕它进行布局。元器件应均匀、整齐、紧凑地排列在电路板上,同时,尽量缩短元器件之间导线的长度。

(3) 应尽量缩短高频元器件之间的连线,以减小它们之间的分布参数和电磁干扰。易受噪声影响的元器件不能靠得太近,输入与输出元器件之间尽量远离。

(4) 对于某些可调元器件,在考虑电子产品的整体外形和结构的情况下,应尽量把它们放置在易于用户调节和操作的位置。这些元器件主要有可调电阻、可调电容、可调电感线圈以及某些微调开关等。

(5) 对于某些易发热的元器件,如 LM317、LM7805 等,应加装散热支架来辅助散热。同时热敏元器件应尽量远离这些元器件。

（6）根据电子产品的结构，预留好固定电路板的定位孔或者预留出其他支架所需位置。手动调整元器件的方法和原理图中使用的方法类似，这里仅简述之。

1. 选取对象

要选取单个 PCB 对象，直接单击该对象即可。要选取多个对象，可按住键盘上的"Shift"键并单击各个对象，或者执行"Edit→Select"菜单下的菜单命令来选取，如图 8-54 所示。

图 8-54 选取对象操作子菜单

2. 取消选取的对象

在 PCB 空白处单击左键，或者执行"Edit→Deselect"菜单下的菜单命令（如图 8-55 所示），均可实现对选中对象的取消。

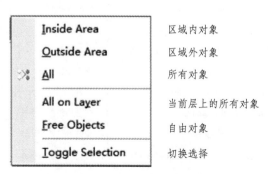

图 8-55 取消选择子菜单

3. 移动对象

需要移动某对象时，先选中该对象，然后按住鼠标左键不放，拖动其到指定位置后松开左键即可。也可通过执行"Edit→Move"菜单下的菜单命令实现对象的移动，如图 8-56 所示。

图 8-56 移动对象子菜单

4. 旋转对象

选中对象并按住鼠标左键不放，再按键盘上的空格键，可使对象旋转 90°。

5. 排列元器件

执行"Edit→Align"菜单下的菜单命令，如图 8-57 所示，可以对元器件进行排列操作，也可以通过点击辅助工具栏上对应的对齐按钮来执行类似操作。

图 8-57 元器件对齐操作子菜单

6. 删除对象

选中要删除的对象，单击键盘上的"Delete"键即可删除该对象。也可执行"Edit→Delete"菜单命令，逐个单击需要删除的对象。

本案例中，我们根据一般的布局规则对元器件进行了手动调整布局，调整后的元器件布局如图 8-58 所示。读者不妨试着和图 8-52 对比一下，观察手动调整布局前后的变化。

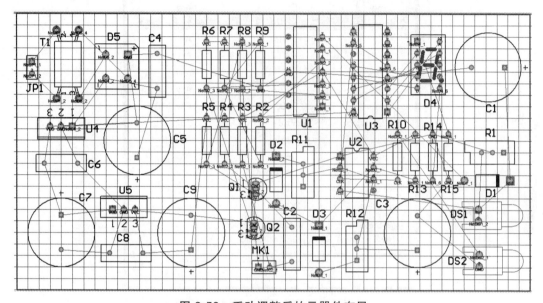

图 8-58　手动调整后的元器件布局

7. 对象的全局编辑

在设计 PCB 时，有时需要对板上的某些同类信息进行批量修改。若逐个修改，则既费时费力又容易出错。此时，利用 Protel DXP 提供的全局编辑功能将会非常方便。

本案例中，假设需要将各个元器件的标注字符尺寸改小，具体操作步骤如下：

（1）执行"Edit→Find Similar Objects"菜单命令，光标变成"十"字形，在某个元器件的标注（例如电容 C4 的标注"C4"）上单击鼠标左键，打开查找相似对象对话框，如图 8-59 所示。或者在电容 C4 的标注"C4"上单击鼠标右键，在弹出的菜单选项中选择"Find Similar Objects"命令，也可打开查找相似对象对话框。

（2）将该对话框中的"Text Height"和"Text Width"后的"Any"均修改为"Same"，表示要将文本高度和宽度相同的字符均选中。

（3）参数设置完毕后，单击"OK"按钮关闭对话框，同时打开检查器和过滤器面板。通过匹配，所有元器件的标注字符串均处于选中状态且高亮显示，其他的对象都变为浅色（掩膜功能）。

（4）在图 8-60 所示的检查器面板中，将"Text Height"和"Text Width"后的数值由原来的 60 mil 和 10 mil 修改为 40 mil 和 6 mil，按回车键确认后，关闭检查器面板。

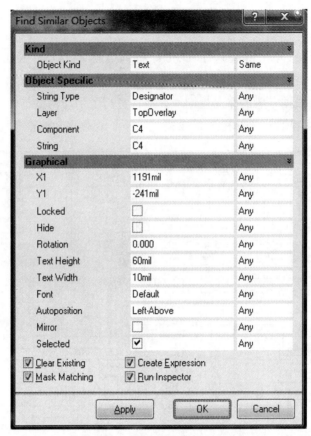

图 8-59 查找相似对象对话框

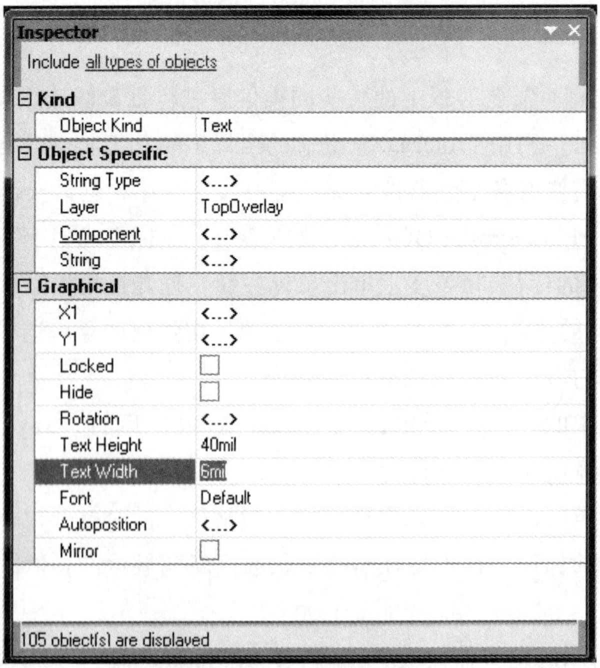

图 8-60 检查器面板

（5）点击编辑器右下角的"Clear"按钮清除掩膜状态，完成参数的批量修改。修改后的元器件标识符尺寸将全部变小，具体如图 8-61 所示。读者可以试着和图 8-58 对比，观察批量修改元器件标识符尺寸前后的变化。

图 8-61　修改元器件标注字符大小后的 PCB

8.5　PCB 设计规则

在 Protel DXP 的 PCB 编辑器进行任何操作都需要满足 PCB 的各种设计规则，比如设置导线宽度与距离、元器件的距离以及自动布线等。用户在进行自动布线或手动调整布线前，必须首先设计好布线规则，主要包括导线的宽度、布线的层面、过孔的大小等参数。

执行"Design→Rules"菜单命令，打开图 8-62 所示的 PCB 规则和约束设置对话框。PCB 中共有 10 类设计规则，分别为电气规则、布线规则、SMT 布线规则、阻焊层设计规则、内层规则、测试点规则、电路板制造规则、高速电路设计规则、元器件放置规则和信号完整性规则。这里许多规则都可以采用默认设置，下面仅对经常使用的一些规则的修改方法进行介绍。

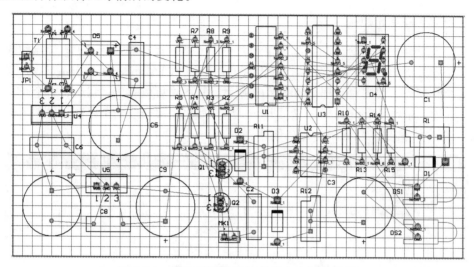

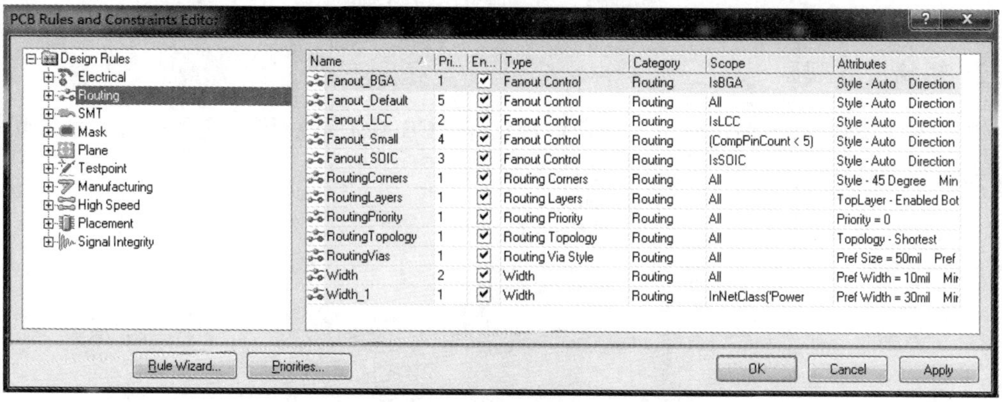

图 8-62　PCB 规则和约束设置对话框

8.5.1 电气规则

电气规则（Electrical）主要包括安全距离、短路、未连接网络、未连接引脚等设计规则。

1. 安全距离设计规则

安全距离设计规则是指在 PCB 上放置导线时，元器件焊盘和焊盘之间、焊盘和导线之间以及导线和导线之间的最小距离。依次展开"Electrical→Clearance→Clearance"，打开电气规则下的安全距离设计规则对话框，如图 8-63 所示。从图中可以看出，默认有一个安全距离设计规则，其约束条件（Constraints）为 10 mil。用户如果需要修改安全距离，只需单击安全距离数值"10 mil"并输入新的安全距离值即可。

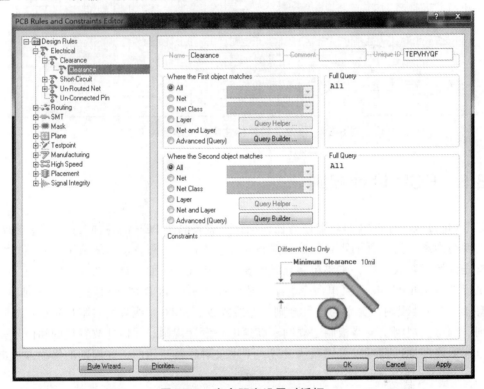

图 8-63　安全距离设置对话框

2. 短路设计规则

短路设计规则（Short-Circuit）就是是否允许 PCB 中有导线可以交叉短路。系统默认的短路规则是不允许短路，其约束条件如图 8-64 所示。

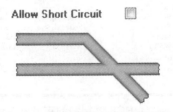

图 8-64　短路设计规则约束条件

3. 未布线网络设计规则

未布线网络设计规则（Un-Routed Net）用于检查网络是否布线成功。如果网络布线不成功，则未布线的网络将保持飞线连接。

4. 未连接引脚设计规则

未连接引脚设计规则（Un-Connected Pin）用于检查网络中元器件引脚是否连接成功。

8.5.2 布线规则

布线规则（Routing）主要包括导线宽度、布线拓扑结构、布线优先级别、布线板层、导线拐角方式、布线过孔规格和扇出式布线规则等内容。

1. 导线宽度（Width）

系统默认导线宽度约束名称（Name）为 Width，如图 8-65 所示。该规则针对本项目中所有网络的导线，宽度为 10 mil。下面以增加新的导线宽度设计规则为例，来说明如何建立和删除规则。其他各种规则的建立和删除操作均类似，不再一一介绍。

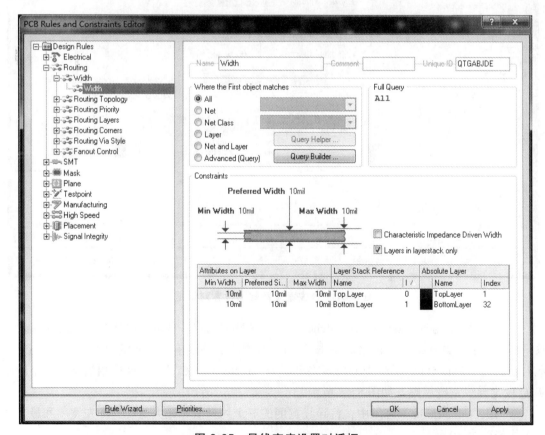

图 8-65　导线宽度设置对话框

1）为单个网络设计布线规则

一般来说，根据布线规则的要求，电源和接地网络的线宽要大于导线宽度。这里以本案例为例，假设要求电源网络 VCC 使用新的导线宽度规则，其导线宽度为 30 mil，具体操作如下：

图 8-66　修改规则命令菜单

① 在图 8-65 左侧的 Width 设计规则上单击鼠标右键，弹出图 8-66 所示的操作菜单。

② 选择 "New Rule" 命令，建立新的导线宽度规则，则系统自动在 "Width" 规则的上面增加了一个名为 "Width_1" 的新规则。单击 "Width_1"，打开新规则设置对话框，如图 8-67 所示。

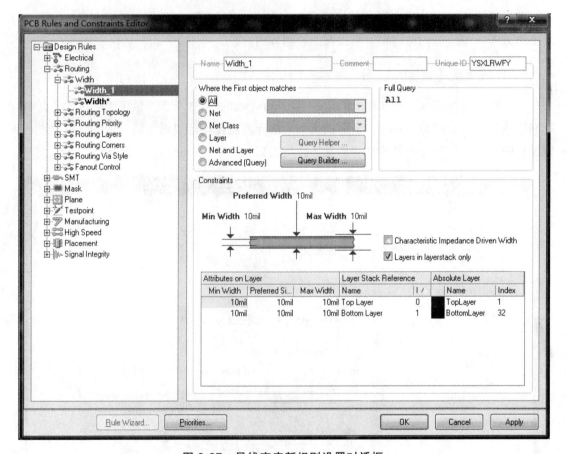

图 8-67　导线宽度新规则设置对话框

③ 在 "Where the First object matches" 选项区域中选定一种电气网络类型。这里选定选项 "Net"，表示选择某一个网络。单击 "All" 右侧的下拉菜单，从网络列表中选择 VCC。此时在右边 "Full Query" 栏中的内容将更新为 "InNet（'VCC'）"，这样相当于为单个网络 VCC 设定导线宽度规则，如图 8-68 所示。

④ 在 "Constraints" 区域中，将导线宽度的三个约束值（最大宽度、优先宽度和最小宽度）均修改为 30 mil。

244

⑤ 此外，用户还可以修改规则的名称。例如本例中在最上方"Name"栏中输入新规则名称为"VCC_Rule"，然后单击"OK"按钮完成设置。也可以不更改新规则名称，采用默认名称"Width_1"。设置完毕后，新规则如图 8-68 所示。

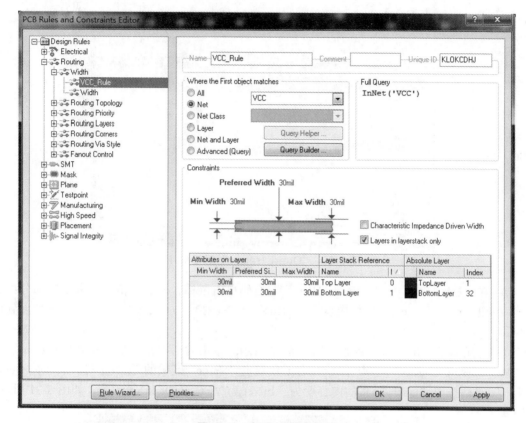

图 8-68　新导线宽度规则

2）为多个网络设计同一布线规则

以本案例为例，假设要求对电源网络 VCC、电源网络 VDD 和电源地网络 GND 三个网络设计相同的导线宽度规则，其导线宽度均为 30 mil。

当然，用户可以采取为单个网络设计线宽规则的方法，分别对电源网络 VCC、电源网络 VDD 和电源地网络 GND 设计线宽规则，线宽均为 30 mil。但是这样一个一个地建立新的规则，显得非常烦琐，此时，我们可以利用 Protel DXP 提供的功能为多个网络设计同一布线规则。具体操作步骤如下：

① 执行为单个网络设计布线规则的第①、②步操作。

② 在"Where the First object matches"选项区域中先选定选项"Net"，表示选择某一个网络。单击"All"右侧的下拉菜单，从网络列表中选择 VCC。此时在右边"Full Query"栏中的内容将更新为"InNet（'VCC'）"。

下面使用 Query Helper 功能将网络范围扩展到包括 VDD 和 GND 网络。

③ 选中"Advanced (Query)"单选框，然后单击右侧的"Query Helper"按钮，打开"Query Helper"对话框，如图 8-69 所示。

245

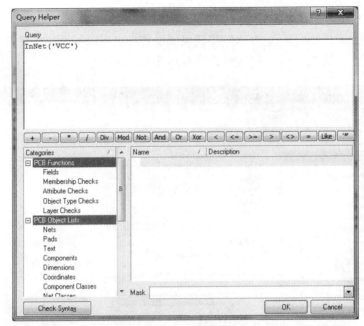

图 8-69 "Query Helper"对话框 1

④ 在"Query"栏的"InNet（'VCC'）"右侧单击鼠标，然后单击对话框中间部分中的"Or"按钮。现在"Query"栏的内容变为"InNet（'VCC'） Or"，这样就可使范围扩展到两个网络中。

⑤ 将光标定位在"Or"后面，如图 8-70 所示。单击对话框左下角"PCB Functions"类的"Membership Checks"选项，然后在右下角双击"Name"区域的"InNet"选项，则"Query Helper"对话框中"Query"栏的内容变为"InNet（'VCC'）Or InNet（ ）"，如图 8-71 所示。

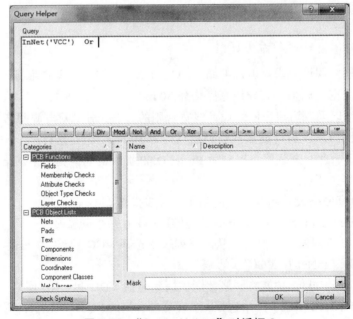

图 8-70 "Query Helper"对话框 2

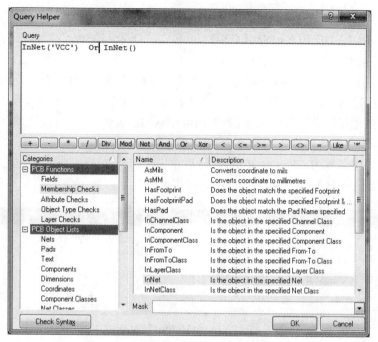

图 8-71 "Query Helper" 对话框 3

⑥ 在"Query"栏中的"InNet( )"的括号中间点击一下,将光标定位在圆括号中间,以添加 VDD 网络。单击对话框左下角"PCB Objects List"类的"Nets"选项,然后在右下角双击"Name"区域的"VDD"选项,则"Query"栏的内容变为"InNet('VCC')Or InNet(VDD)",如图 8-72 所示。

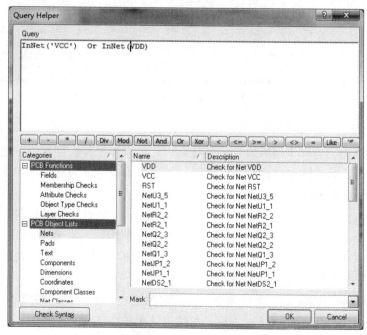

图 8-72 "Query Helper" 对话框 4

⑦ 继续重复④~⑥步，将范围扩展到三个网络中，最后"Query"栏的内容变为"InNet（'VCC'）Or InNet（VDD）Or InNet（GND）"。单击"Query Helper"对话框右下角的"OK"按钮，返回导线宽度规则设置对话框。

当然，如果用户对语法规则非常熟悉，可以直接在图 8-68 所示对话框右上角的"Full Query"栏中直接输入"InNet（'VCC'）Or InNet（VDD）Or InNet（GND）"。

⑧ 在导线宽度规则设置对话框中的"Constraints"区域中，将导线宽度的三个约束值（最大宽度、建议宽度和最小宽度）均修改为 30 mil。

⑨ 修改新规则名称为"Power_Rule"，然后单击"OK"按钮完成设置。此时的新规则如图 8-73 所示，将同时对 VCC、VDD 和 GND 网络有效。

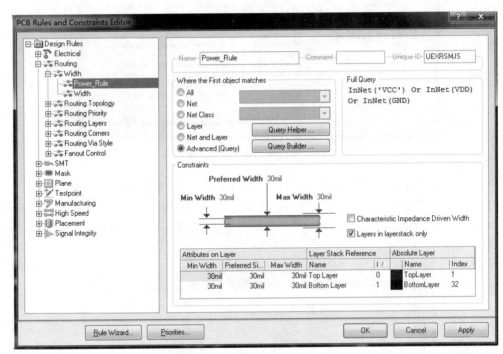

图 8-73　新导线宽度规则

3）为网络组设计布线规则

在 Protel DXP 中，为多个网络设计同一规则时，可以先把具有相同设计规则的这部分网络归为一组，然后针对该网络组设计布线规则，这样可以避免前两种情况要添加多个规则或者单个规则中添加多个网络等烦琐操作。

本案例中，由于有电源模块，根据设计规则的要求，可将整个电源模块所有网络的导线宽度均设置为 30 mil。经查看网络表或网络关系可知，电源模块共有 8 个网络，分别为：VCC、VDD、GND、NetC4_2、NetD5_2、NetD5_4、NetJP1_1 和 NetDJP1_2。为此，我们不妨先将这些网络归为一组，然后为该组添加布线规则。

① 执行"Design→Classes"菜单命令，打开对象组设计对话框，如图 8-74 所示。

② 在"Net Classes"上单击鼠标右键，在弹出的菜单中选择"Add Class"命令，新建一个新的网络组，默认名称为"New Class"。

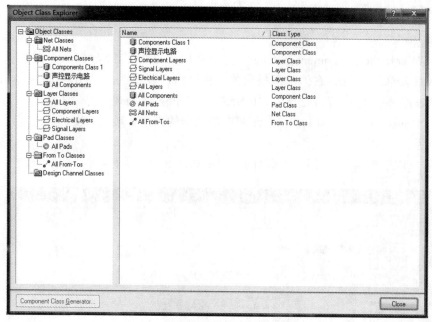

图 8-74 对象组设计对话框

③ 单击"New Class",右侧出现对该组成员编辑的界面。在"Non-members"的网络成员中,选中需要添加进该组的成员,例如 GND,单击添加按钮"›",则该网络将成为"New Class"的成员之一。类似地,将其他 7 个网络也添加为"New Class"的成员。

④ 用户还可以对新建的网络组重新命名。在"New Class"上单击鼠标右键,在弹出的命令中选择"Rename Class"命令,输入新的网络组名称"PowerClass",最终结果如图 8-75 所示。单击"Close"关闭对话框。

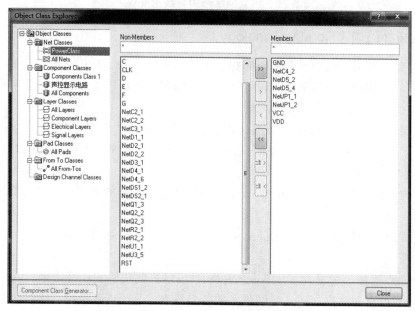

图 8-75 添加新的网络类

⑤ 打开导线宽度设置对话框，如图 8-65 所示，新建一个导线宽度规则，并命名为"PowerClass_Rule"。

⑥ 在"Where the First object matches"选项区域中先选定"Net Class"单选项，表示选择某一类网络。单击"All"右侧的下拉菜单，从网络列表中选择"PowerClass"。此时在右边"Full Query"栏中的内容将更新为"InNetClass（'PowerClass'）"。

⑦ 在"Constraints"区域中，将导线宽度的三个约束值（最大宽度、优先宽度和最小宽度）均修改为 30 mil。

⑨单击"OK"按钮完成设置，此时的新规则如图 8-76 所示。

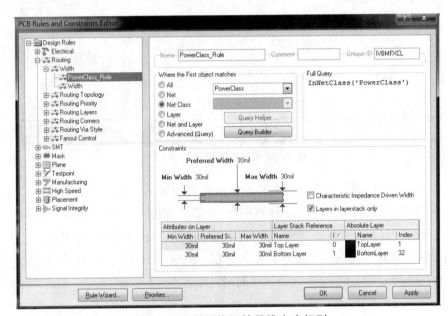

图 8-76　设置网络组的导线宽度规则

2. 布线拓扑结构（Routing Topology）

布线拓扑结构是对系统自动布线时拓扑逻辑的约束。Protel DXP 中常用的布线约束为统计最短逻辑规则，用户可以根据具体设计选择不同的布线拓扑规则，一般可采用默认设置。Protel DXP 提供了以下几种布线拓扑规则。

① 连线最短模式（Shortest）：该模式是系统默认的拓扑结构。从"Constraints"区中的"Topology"下拉菜单中选择"Shortest"选项，该选项的定义是在布线时连接所有节点的连线最短，如图 8-77（a）所示。

② 水平方向连线最短模式（Horizontal）：该模式连接节点的水平方向的连线最短，效果如图 8-77（b）所示。

③ 垂直方向连线最短模式（Vertical）：该模式连接节点的垂直方向的连线最短，效果如图 8-77（c）所示。

④ 任意起点连线最短模式（Daisy-Simple）：该模式使用链式连通法则，需要指定起点和终点，然后在起点和终点之间连通网络上的各个节点，并使连线最短，效果如图 8-77（d）所示。

⑤ 中心起点连线最短模式（Daisy-Mid Driven）：该模式也需要指定起点和终点，然后以起点为中心向两边的终点连通所有网络上的节点，并使连线最短，效果如图 8-77（e）所示。

⑥ 平衡连线最短模式（Daisy-Balanced）：该模式也需要指定起点和终点，然后将中间节点数平均分配成组，所有组都连接到同一个起点上，起点间用串联的方法连接，并使连线最短，效果如图 8-77（f）所示。

⑦ 中心放射状连线最短模式（Starburst）：该模式中网络中的每个节点都直接和起点相连接，以星形方式去连接别的节点，并使连线最短，效果如图 8-77（g）所示。

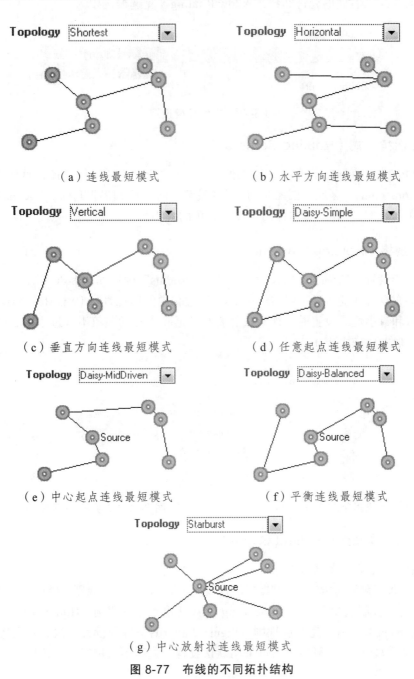

图 8-77 布线的不同拓扑结构

3. 布线优先级别（Routing Priority）

该规则用于设置布线的优先次序，设置的范围为 0~100，数值越大，优先级越高。

4. 布线板层（Routing Layers）

该规则用于设置布线板层的导线走线方法，共有 32 层可以设置，其"Constraints"区域如图 8-78 所示。由于本案例设计的是双层板，故只有两个层面可供选择，默认情况下两层均可布线，即对应层面右侧的允许布线（Allow Routing）复选框选中。

图 8-78 布线板层设置

5. 导线拐角方式（Routing Corners）

导线拐角方式共有 45°拐角、90°拐角和圆形拐角三种方式可供选择，默认为 45°拐角方式，其"Constraints"区域如图 8-79 所示。设置为 45°或圆形拐角时，"Setback"文本框用于设定拐角的长度，"To"文本框用于设置拐角的大小。

6. 过孔规格（Routing Via Style）

该规则用于设置布线中过孔的尺寸，其"Constraints"区域如图 8-80 所示。该对话框中可以修改的参数有过孔的直径（Via Diameter）和过孔中的通孔直径（Via Hole Size），包括最大值、优先值和最小值。设置时需注意过孔直径和通孔直径的差值不宜过小，否则将不利于制板加工，一般差值应大于 10 mil。

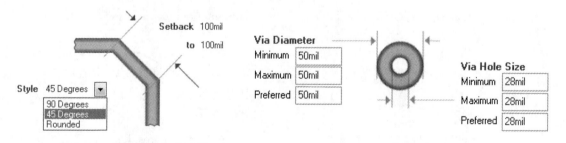

图 8-79 导线拐角方式设置　　　　图 8-80 过孔规格设置

7. 扇出式布线规则（Fanout Control）

该规则主要用于扇出布线设置。

至于 SMT 布线规则（SMT）、阻焊层设计规则（Mask）、内层规则（Plane）、测试点规则（Testpoint）、电路板制造规则（Manufacturing）、高速电路设计规则（High Speed）、元器件放置规则（Placement）和信号完整性规则（Signal Integrity）等的设置方法，和电气规则及布线规则的设置类似，而且一般情况下可采用默认设置，这里不再进行详细说明。

8.6 元器件布线

在设计完 PCB 布线规则后，就可以开始对电路板进行布线了。所谓布线，即按照原理图的电气连接将 PCB 上的元器件的引脚用铜膜导线连接起来，建立起实际的物理连接。这里的"连接"最终反映在 PCB 上就是铜膜线。布线后，原来的飞线将被导线代替。

8.6.1 自动布线

布线工作是设计 PCB 最重要的工作之一，布线的好坏决定着 PCB 是否能够正常工作。布线质量的好坏几乎与硬件设计师的经验成正比，对于高频电路的设计尤其如此。但一些常用的布线规则也可为用户布线提供参考：

（1）输入输出端的导线应尽量避免相邻或平行走线。若无法避免则尽可能在输入输出平行线之间预留较大间隔，且最好加线间地线，起到屏蔽作用。

（2）连线要尽量精简，尽可能短，且少拐弯，尤其是高频电路中。单高频电路中为了达到阻抗匹配而需要进行特殊延长的线除外，如蛇形走线等。

（3）导线宽度应以导线能承受的电流为基础进行设计。导线的载流能力主要取决于线宽、线厚（铜箔厚度）、容许温升等因素。如果电路设计允许，应尽量采用较宽的导线。

（4）尽量加宽电源线和电源地线的宽度。一般来说，电源地线宽度≥电源线宽度>信号线宽度。如果设计允许，电源地线宽度可 3 倍于信号线宽度。同时，数字信号地线和模拟信号地线要分开处理，最后再汇总于电源端地线。

（5）电路板中，导线拐弯时应尽量避免使用直角或锐角，以避免产生不必要的辐射，尤其是高频电路中更要注意。低频电路中一般采用 135° 的拐角方式来走线，高频电路中拐角要大于 135°，或者采用圆弧形作为拐角。

（6）为了提高电路的抗干扰性和去耦能力，没有布线的区域最好由大面积的电源地网络来覆盖。但是发热元器件焊盘周围应避免使用大面积的铜箔，否则长时间受热易发生铜箔膨胀脱落的现象。若必须使用大面积的铜箔，最好用栅格状的，以便于散热。

对于一块较简单的电路板，既可以选择自动布线加手动调整，也可以选择完全手动布线。但对于一块较复杂的电路板，尤其是多层板，全部采用手动布线将是一项非常复杂和烦琐的工作，而且极有可能无法 100%布线，这时自动布线显得尤为重要。在自动布线完成后，再根据电路自身工作特点和工作环境等因素的要求，对布线进行适当调整，以满足电路板的工作要求。

单击"Auto Route"菜单命令，可打开图 8-81 所示的自动布线相关命令。

Protel DXP 自动布线功能允许对 PCB 中的所有网络进行布线，也允许对 PCB 中的元器件、网络连接、指定区域的对象、指定 Room 中的对象、元器件之间的连接等进行自动布线，用户可以根据需要选择相应的操作。

以本案例为例，直接对整个 PCB 板进行自动布线。执行"Auto→Route→All"菜单命令，打开图 8-82 自动布线策略对话框。在该对话框上部区域，可以对布线的各条规则进行编辑。下部区域则为各种布线策略，默认为双层板布线，所以无需修改。单击"Route All"按钮，系统即按照设置的规则进行自动布线，并显示当前的布线信息，如图 8-83 所示。

图 8-81 自动布线菜单

All...	对全部网络布线
Net	对指定网络布线
Net Class...	对指定网络组布线
Connection	对指定连接布线
Area	对指定区域布线
Room	对指定 Room 布线
Component	对指定元器件布线
Component Class...	对指定元器件组布线
Connections On Selected Components	对选中的元器件的连接布线
Connections Between Selected Components	对选中元器件间的连接布线
Fanout	扇出
Setup...	布线设置
Stop	停止布线
Reset	复位布线
Pause	暂停布线

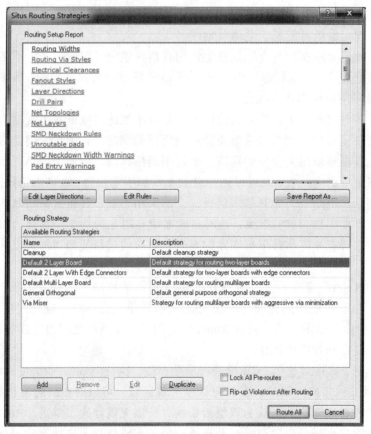

图 8-82 自动布线策略对话框

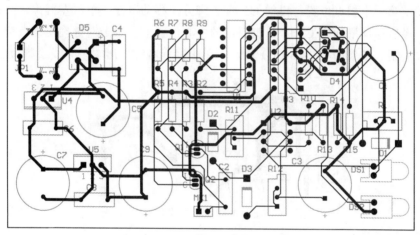

图 8-83　布线信息

从布线信息中的最后一条"Routing finished with 0 connections（s）. Failed to complete 0 connections（s）in 2seconds."可以看出，系统 100%完成了 PCB 板的布线工作，效果如图 8-84 所示。

图 8-84　自动布线完成后的效果

如果用户对自动布线的结果不满意，可以利用拆除布线相关命令来拆除布线。执行"Tools→Un-Route"命令，打开拆除布线相关命令子菜单，如图 8-85 所示，可以拆除所有网络的布线，或者某个指定的网络、连接、元器件或 Room 内的布线，这里不再赘述。

All	拆除所有布线
Net	拆除指定网络的布线
Connection	拆除指定连接的布线
Component	拆除指定元器件的布线
Room	拆除指定 Room 中的布线

图 8-85　拆除布线命令

8.6.2　手动调整布线

尽管元器件自动布线效率很高，但是结果往往不尽如人意，因为系统只会按照设定的布线规则进行布线,而不会考虑实际的电子产品对 PCB 布线的特殊要求,因此大部分情况下,还必须通过手动调整来完成,尤其是一些高频电路的布线。

1. 举例 1

本案例的自动布线中,U4 的 2 脚和 C5 的 2 脚的导线(蓝色,底层导线)与上面的一根同为底层的导线距离较近,如图 8-86(a)所示。通过观察可以发现,U4 的 2 脚和 C5 的 2 脚的连线可以从下方走线,这样两个导线的间距较大。具体操作为:

(1)点击工作界面下方的工作板层切换标签,将当前工作层面设置为底层(Bottom Layer)。

(2)点击 PCB 布线工具栏上的绘制导线按钮" ",或者执行"Place→Interactive Routing"菜单命令,光标变成"十"字形。

(3)在 U4 的 2 脚焊盘中心位置单击鼠标左键,确定导线起点;移动鼠标到合适位置,单击左键确定第一个拐点位置;再往 C5 的 2 脚方向移动鼠标,单击左键确定第二个拐点位置,……,最后移动鼠标到 C5 的 2 脚焊盘的中心位置上,单击左键确定终点位置,从而完成本条导线绘制,结果如图 8-86(b)所示。单击鼠标右键退出本条导线绘制状态。

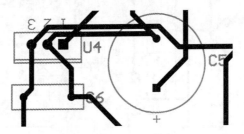

(a)自动布线效果图

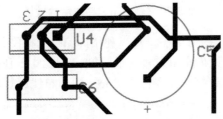

(b)未设置回路自动删除时手工调整布线的效果图

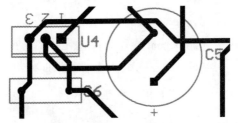

(c)设置回路自动删除时手工调整布线的效果图

图 8-86 手动调整布线示例 1

在手工调整布线时，经常需要配合使用键盘上的"Page Up""Page Down"和"End"等快捷键进行放大、缩小和刷新等操作，以准确地绘制导线。

（4）再次单击鼠标右键，退出绘制导线状态。

但是从图 8-86（b）可以看出，重新绘制导线后，原来的导线仍然存在，需要手工删除。是否可以自动删除原来的导线呢？答案是肯定的，只要用户设置了回路自动删除功能，则在重新绘制导线后，原来的导线会自动删除。设置回路自动删除的具体操作为：

执行"Tools→Preferences"菜单命令，打开优先设定对话框。打开"Protel PCB"选项卡内的"General"对话框，如图 8-87 所示。使复选框"Automatically Remove Loops"有效，单击"OK"按钮返回。然后再次重复上述步骤，会发现原来的导线会自动删除，效果如图 8-86（c）所示。

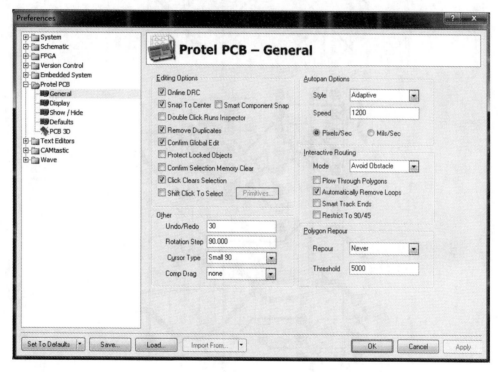

图 8-87　优先设定对话框

2．举例 2

在手工调整布线的过程中，有时还需要重新调整元器件的位置、方向等。如图 8-88（a）所示，D4 的 1 脚和 R15 的 1 脚相连，但连线较长。如果能将 R15 和 R14 换下位置，则连线更短，同时刚好 D4 的 6 脚和 R14 的 1 脚相连的导线也在同一侧。此外，R14 如果能旋转 180°，则 R14 的 1 脚和 D4 的 6 脚也非常近，且 R14 和 R15 的"GND"网络连接刚好也在同一侧。因此，可以先拆除 R14 和 R15 这两个元器件上的布线，按照刚才的要求来调整二者的位置和方向，然后重新手动布线，结果如图 8-88（b）所示。

257

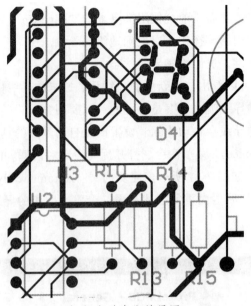

(a)自动布线效果图

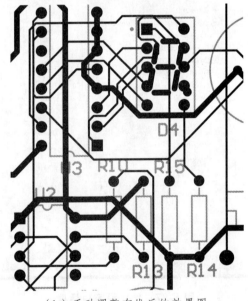

(b)手动调整布线后的效果图

图 8-88　手动调整布线示例 2

3. 其他操作

在进行手动调整布线时，用户可以配合多种操作来观察、显示和修改布线。

（1）通过板层和颜色设置对话框，来控制某些层的显示或者隐藏。执行"Design→Board Layer & Colors"命令，在打开的对话框中进行设置。例如，如果要查看所有布线的状况，即不显示元器件的封装外形，由于本案例中所有元器件外形符号都在顶层丝印层上，故只需隐藏"Top Overlayer"层，也即将图 8-10 中"Top Overlayer"后面"Show"列表的"√"去掉即可。单击"OK"按钮后返回 PCB 工作界面,结果如图 8-89 所示,PCB 图中只剩下顶层和底层的导线了。同样,用户如果仅需要观察顶层布线情况,也可以将底层隐藏;如果需要观察元器件布局情况,可以将顶层和底层隐藏。

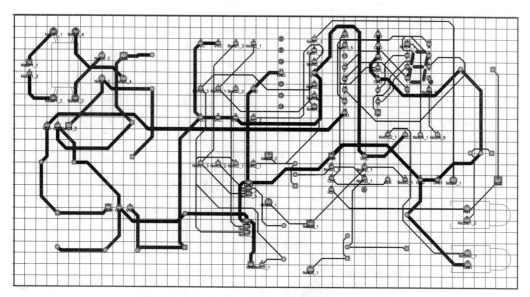

图 8-89 隐藏 Top Overlayer 层的布线效果图

(2)利用"Jump"命令快速跳转到某个指定的位置或对象上。执行"Edit→Jump"菜单命令,打开相应的子菜单,如图 8-90 所示。

图 8-90 Jump 子菜单

例如,我们要在 PCB 中快速找到元器件 R9,可执行"Edit→Jump→Component"菜单命令,在弹出的图 8-91 所示的对话框中输入"R9",并单击"OK"按钮后,光标将迅速定位到元器件 R9 上。

图 8-91　跳转到元器件对话框

（3）利用"Select"菜单命令，选择相应的网络或对象。执行"Edit→Select"命令，将打开选择子菜单，如图 8-54 所示。例如，我们要查看跟电容 C4 相连的导线布线情况，可执行"Edit→Select→Component Connections"菜单命令，然后单击元器件 C4，则跟 C4 直接相连的所有导线均高亮显示，如图 8-92 所示。

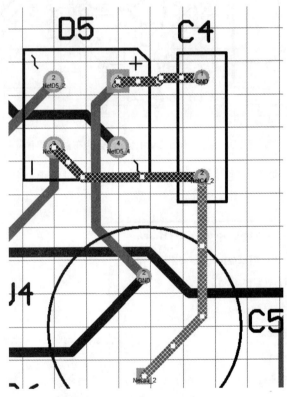

图 8-92　与元器件 C4 连接的导线

（4）通过 PCB 面板来高亮显示某网络。假设用户如果要查看"GND"网络的整体布线情况。首先打开 PCB 面板，单击工作界面下方的工作面板控制标签"PCB"，然后在图 8-93 所示的标签选项中选择"PCB"即可，此时 PCB 面板将显示在工作界面上。在图 8-94 所示的 PCB 面板最上方的对象选择下拉菜单中选择"Nets"，并在第二个网络显示区域中选择"All Nets"，在第三个区域的所有网络列表中选择"GND"网络，则 PCB 中所有的 GND 网络导线均高亮显示，其他对象颜色变浅（掩膜功能），效果如图 8-95 所示。在此界面下，用户可以对 GND 网络进行重新布线。若要恢复显示所有对象，单击右下角命令"Clear"清除掩膜。

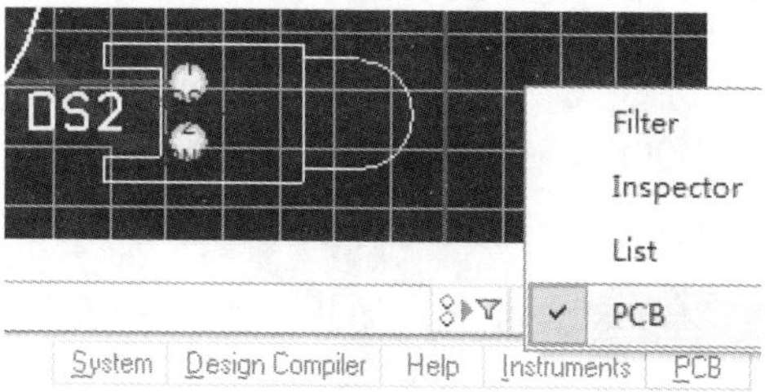

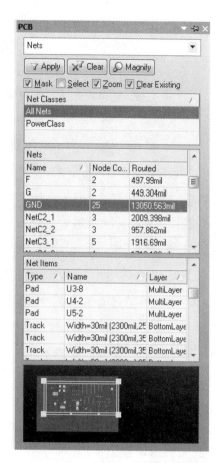

图 8-93 打开 PCB 工作面板

图 8-94 PCB 过滤器面板

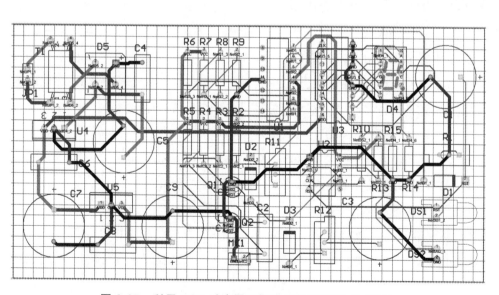

图 8-95 利用 PCB 过滤器面板显示指定网络"GND"

实训操作

1. 设计第 3 章"实训操作 1"的 PCB，要求采用单面板设计，电路板尺寸和形状自定义，元器件封装采用默认封装。

2. 将第 3 章"实训操作 2"和"实训操作 3"的原理图绘制在同一张图纸中，且要求"实训操作 2"电路的电源"＋6 V Battery"由"实训操作 3"的电源电路来提供。要求设计该电路的 PCB，采用单面板方式设计，且电源电路部分的线宽全部设置为 30 mil，其他部分的线宽为 15 mil，电路板尺寸和形状自定义，元器件封装采用默认封装。

3. 设计第 3 章"实训操作 4"的 PCB，要求采用双面板设计，电路板尺寸和形状自定义，元器件采用默认封装。

4. 设计第 3 章"实训操作 5"的 PCB，要求采用双层板设计，电路板尺寸和形状自定义。在将元器件封装导入 PCB 并布局完成后，要求将元器件"NE555P"的封装改为贴片式封装"D008"，试分别用以下两种方法实现：

（1）在原理图中将"NE555P"的封装改为"D008"，并同步更新 PCB 图中的封装形式，然后再进行 PCB 布线工作。

（2）在 PCB 图中将"NE555P"的封装改为"D008"，并同步更新原理图中的封装形式。然后再进行 PCB 布线工作。

5. 新建一个项目文件，并命名为"USB 转串口电路.PrjPCB"。

（1）在其中添加一个原理图文件"USB 转串口电路.SchDoc"，并绘制如图 8-96 所示的原理图。其中部分元器件需要读者在了解元器件的性能参数后自行制作，具体说明如下：

① 元器件 FT8U232AM 需要制作，为 32 脚芯片，其封装形式为标准形式：TQFP32。

② 元器件 MAX3245 需要制作，为 28 脚芯片，其封装形式为标准形式：SSOP28。

③ 元器件 93C46 需要制作，为 8 脚芯片，其封装形式为标准形式：SO-G8。

④ 电阻封装为 CR2012-0805。

⑤ 无极性电容封装为 CC2012-0805，极性电容封装为 RB5-10.5。

⑥ 发光二极管的封装为 CC2012-0805，三极管封装为 SOT-23。

⑦ 保险丝 FB1 的封装为 CR3225-1210。

（2）在其中添加一个 PCB 文件，并命名为"USB 转串口电路.PcbDoc"，完成"USB 转串口电路.SchDoc"原理图对应 PCB 的设计，要求采用双层板，电路板尺寸和形状自定义。

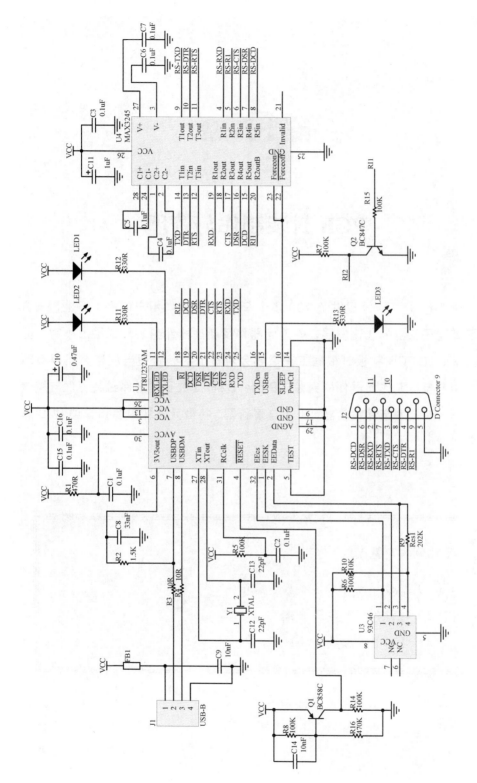

图 8-96 USB 接口转换电路

第 9 章

PCB 封装制作与管理

  Protel DXP 已经提供了 100 多个 PCB 封装库供用户使用。但是，一方面随着电子工业的飞速发展，新型元器件及新型器件封装形式层出不穷，另一方面，在 PCB 制板时根据工艺需要会对标准封装做适当调整，所以有时需要用户自己制作元器件的封装。Protel DXP 提供了元器件封装管理与编辑工具——PCB 库文件编辑器，用于自建新型、特型元器件封装和管理 PCB 库文件。

本章学习重点：

（1）PCB 库文件编辑器基本操作。
（2）制作新的元器件封装。
（3）建立项目元器件封装库。

9.1 PCB 库文件编辑器

PCB 库文件编辑器集成了针对 PCB 封装的管理和编辑功能,同时给出了绘制新型封装的各种工具。此编辑器的工作界面与系统其他编辑器维持相同的风格,方便用户的学习和使用。

9.1.1 启动 PCB 库文件编辑器

启动 PCB 库文件编辑器的方法有 2 种。

1. 创建空白的 PCB 封装库文件

执行"File→New→Library →PCB Library"菜单命令,创建一个空白的 PCB 封装库文件,默认名称为"PCBLIB1.PcbLib"。在该文件上单击鼠标右键,在弹出的菜单中选择"Save As"命令,或执行"File→Save As"菜单命令,在打开的保存文件对话框中,用户可以选择保存的具体位置,并输入新的文件名,如"我的封装库",点击保存后,新的 PCB 封装库文件"我的封装库.PcbLib"将出现在 Projects 面板中。保存好后的 Projects 面板如图 9-1 所示。

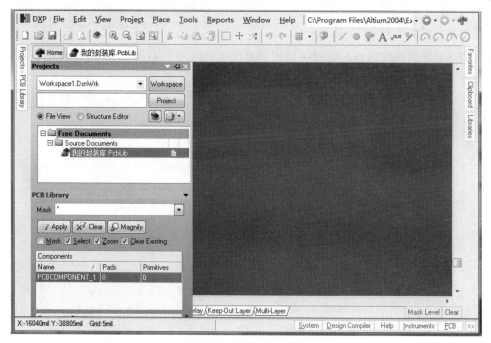

图 9-1　Projects 面板

2. 打开一个已存在的 PCB 库文件

执行"File→Open"菜单命令,进入打开选中文件对话框。例如,选择"Altium2004\Library\Pcb\Miscellaneous Devices PCB.PcbLib",单击"打开"按钮后,进入 PCB 封装库编辑器,同时编辑器窗口显示库文件中的第一个封装,如图 9-2 所示。

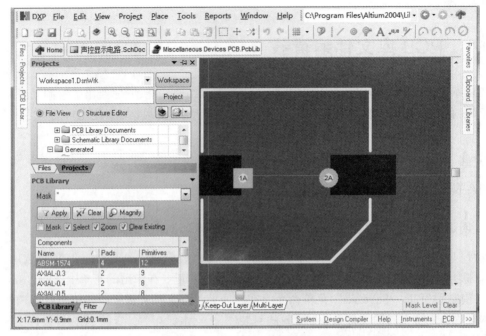

图 9-2 打开 PCB 封装库文件

9.1.2 工具和放置菜单

PCB 库文件编辑器界面与原理图编辑器界面大同小异，只是"Tools"和"Place"选项的内容差异较大。

（1）"Tools"选项提供了 PCB 库文件编辑器所使用的工具，包括新建、属性设置、元器件浏览、图件放置等，如图 9-3 所示。

图 9-3 Tools 菜单

（2）"Place"选项提供了创建一个新元器件封装所需的图件，如焊盘、过孔等，如图 9-4 所示。

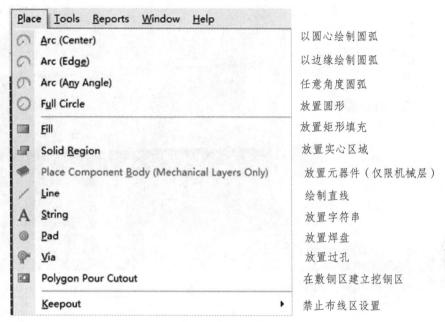

图 9-4　Place 菜单

9.2　创建 PCB 封装

创建 PCB 封装在库文件编辑器中也可称为创建元器件。创建一个 PCB 封装主要有两种途径：手动创建和利用向导创建。

9.2.1　手动创建 PCB 封装

1. 元器件命名

（1）打开上节建立的"我的封装库.PcbLib"文件，此时 PCB 库文件编辑器界面打开。单击编辑器界面右下角的"PCB"按钮，再单击"PCB Library"按钮，打开 PCB 库工作面板，此时会发现文件中有一个默认的封装"PCBCOMPONENT-1"，如图 9-5 所示。注意这里的工作面板只打开了"PCB Library"。

（2）在该封装名称上点击右键，选中右键菜单中的"Component Properities"一项，弹出元器件属性设置对话框。在"Name"一栏中填入"RB2.54-5.08"，如图 9-6 所示，创建一个电解电容的封装，其外径为 5.08 mm，引脚间距为 2.54 mm。同时，在"Description"栏中输入"电解电容器"，以便用户了解该封装。

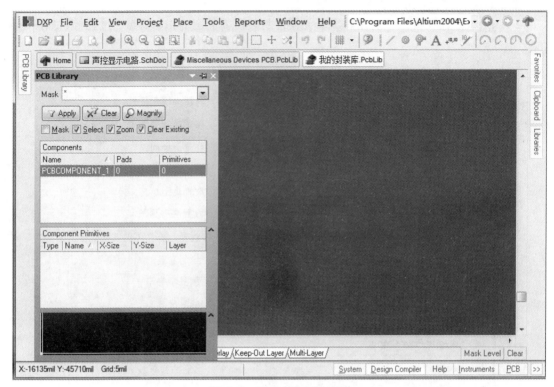

图 9-5　PCB 库工作面板

图 9-6　封装属性设置对话框

2．确定长度单位

系统默认长度单位为英制单位，即 mil，但我们也可以设置为公制单位，即 mm。可通过菜单命令"View→Toggle Units"设定。在创建封装时，一般应遵循标准封装的最小焊盘间距，即 100 mil，这样既便于与标准封装符号统一，也有利于制作 PCB 时进行元器件布局和布线。

3．设置环境参数

执行菜单命令"Tools→Library Options"，进入环境参数设置对话框，如图 9-7 所示。可按图设置各个参数。

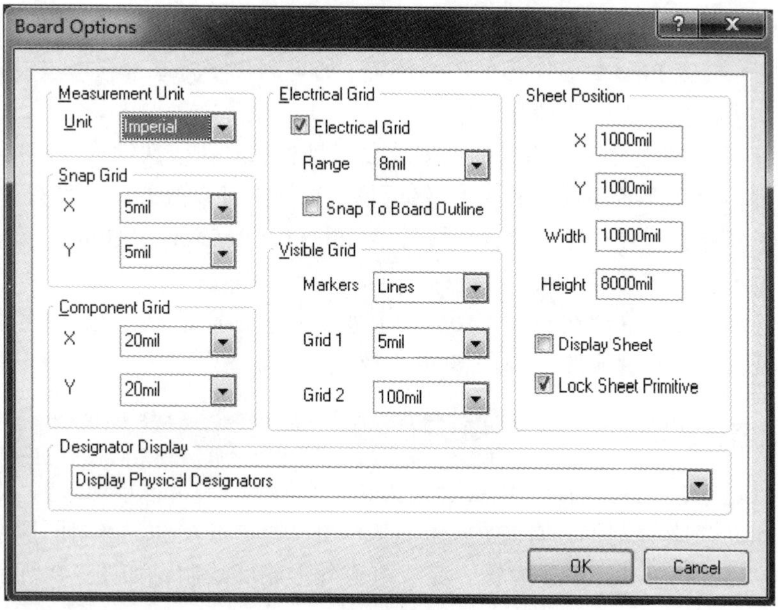

图 9-7 环境参数设置对话框

4. 放置焊盘

在放置焊盘之前,应将"Multi-Layer"设置为当前层。

执行"Place→Pad"菜单命令,光标变成"十"字形,并附着了一个焊盘。若要对焊盘属性进行设置,可在执行放置焊盘命令后按键盘上的"Tab"键,或者双击已经放置好的焊盘,打开焊盘属性设置对话框,如图 9-8 所示。这里主要设置焊盘的编号和形状,通常 1 号焊盘设置为方形,以便用户可以很快找到 1 号焊盘位置。

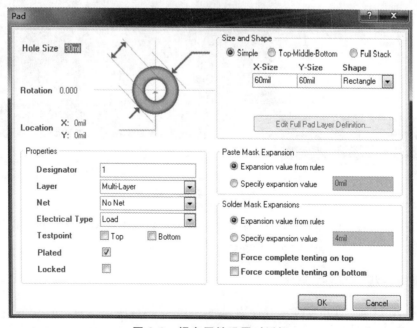

图 9-8 焊盘属性设置对话框

需要注意的是，绘制 PCB 封装时一定要设置基准参考点。通常可将基准参考点设置为 1 号焊盘中心位置，或者 PCB 封装图形的中心位置。如果用户要将基准参考点设置为 1 号焊盘位置中心位置，可以执行以下两种操作：

（1）在放置 1 号焊盘之前，当光标处于放置焊盘状态时，依次键入"E、J、R"三个快捷键，使光标跳转到基准参考点（0，0），然后单击鼠标左键以放置 1 号焊盘。

（2）先将 1 号焊盘放置在任意位置，执行"Edit→Set Reference→Pin 1"菜单命令，则 1 号焊盘中心将被设置为基准参考点。

放置好 1 号焊盘后，继续在坐标（100，0）处放下第 2 号焊盘。注意 2 号焊盘形状为圆形。放置完毕后，单击右键或按"Esc"键退出放置焊盘状态。

5. 绘制元器件轮廓

绘制元器件轮廓须先将当前工作层设置为顶层丝印层（Top Overlay）。执行菜单命令"Place→Full Circle"放置圆形。首先在坐标（50，0）处单击左键，确定圆形中心，然后移动光标至坐标（150，0）处，单击左键，完成电容外形轮廓绘制，如图 9-9 所示。

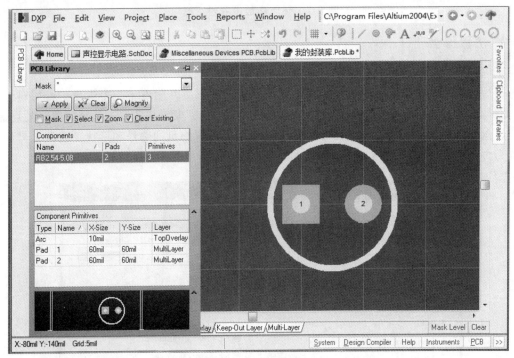

图 9-9　绘制封装轮廓

此时，该元器件的 PCB 封装基本绘制完毕。若用户想设置该图形符号的中心为基准参考点，只需执行"Edit→Set Reference→Center"菜单命令即可。

6. 放置电容极性标注

仍然将顶层丝印层（Top Overlay）作为当前工作层，执行命令"Place→String"，出现"十"字光标，进入字符放置状态，按计算机键盘"Tab"键，进入字符属性设置对话框。如图 9-10

所示，在 Text 一栏中输入"+"号，放置层选择顶层丝印层（Top Overlay），然后使浮动的"+"号靠近 1 号焊盘附近，单击左键即可完成放置。

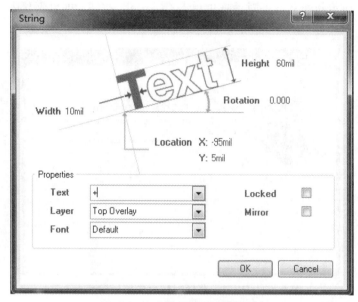

图 9-10　字符属性设置对话框

7．保存封装

执行菜单命令"File→Save"，即可保存创建好的封装。最终完成的封装如图 9-11 所示。

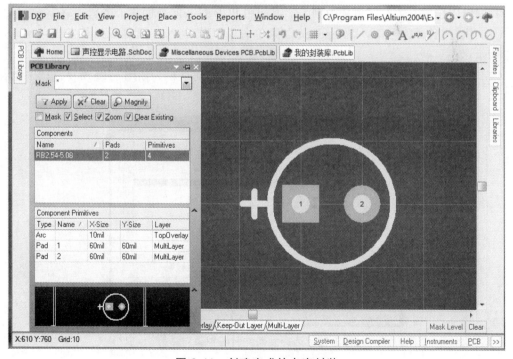

图 9-11　创建完成的电容封装

271

如果用户还需要制作新的 PCB 封装，类似于新增原理图元器件，无须新建 PCB 库文件，只需要在已经新建好的库文件编辑界面下，执行"Tools→New Component"菜单命令，然后在弹出的图 9-12 所示新建元器件对话框中单击"Cancel"按钮，即可新建一个 PCB 封装，接着制作该封装即可。

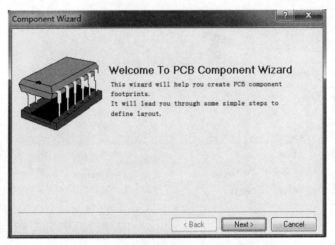

图 9-12　PCB 元器件封装生成向导启动界面

9.2.2　利用向导创建元器件封装

Protel DXP 提供了 PCB 元器件封装生成向导（PCB Component Wizard），按照此向导提示逐步设定各种规则，系统将自动生成元器件封装。

我们仍以创建一个电容封装为例，学习利用 PCB 封装向导创建一个新封装。

（1）执行"Tools→New Component"菜单命令，启动 PCB 元器件封装生成向导，如图 9-12 所示。

（2）单击"Next"按钮，进入选择元器件封装类型对话框，如图 9-13 所示。选中电容封装类型"Capacitors"，单位选择"mil"。

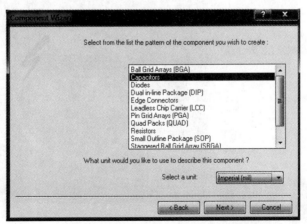

图 9-13　选择元器件封装种类对话框

（3）单击"Next"按钮，选择封装的类型。如图 9-14 所示，有两种封装类型可以选择：

直插式（Through Hole）和表贴式（Surface Mount）。这里我们选择直插式封装。

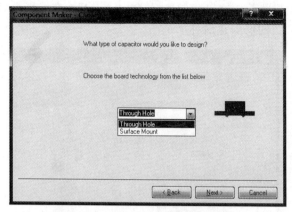

图 9-14　选择电容封装类型对话框

（4）单击"Next"按钮，进入下一步，设定焊盘尺寸，如图 9-15 所示。对话框中各数值均可修改，但应注意外径数值需大于内径数值。

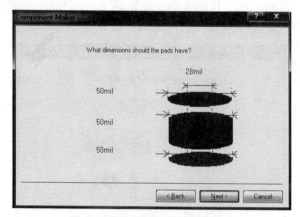

图 9-15　设置焊盘尺寸对话框

（5）单击"Next"按钮，进入下一步，设定焊盘间距，如图 9-16 所示。可根据实际情况设定对话框中的数值，这里我们设置为 100 mil。

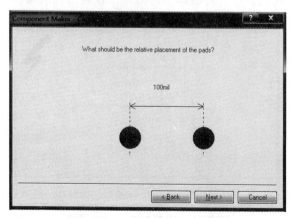

图 9-16　设置焊盘间距对话框

（6）单击"Next"按钮，选择电容外形，如图 9-17 所示。其外形包括是否为有极性电容、外形风格、外形的几何形状等。这里我们选择"Polarised"（有极性电容）、"Radial"（放射状外形风格）和"Circle"（圆形的几何外形）。

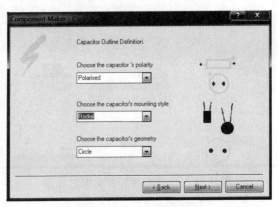

图 9-17　选择电容外形

（7）单击"Next"按钮，设置其轮廓外圆半径和丝印层线宽，如图 9-18 所示。一般丝印层线宽选默认值。这里我们修改元器件轮廓外圆半径值为 100 mil。

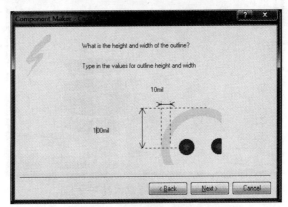

图 9-18　设置轮廓参数对话框

（8）单击"Next"按钮，进入封装命名对话框，设置封装的名称，如图 9-19 所示。

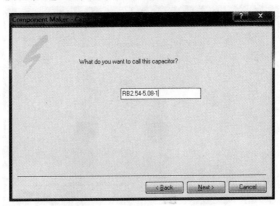

图 9-19　设置封装名称对话框

（9）单击"Next"按钮，进入结束界面，如图 9-20 所示，单击"Finish"按钮完成电容封装创建工作。此时编辑窗口出现刚创建的封装，如图 9-21 所示。

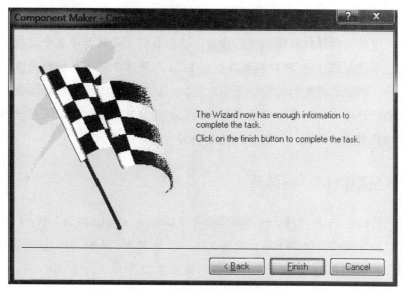

图 9-20　向导结束界面

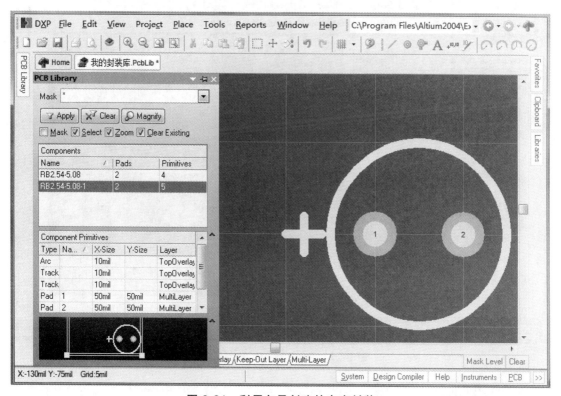

图 9-21　利用向导创建的电容封装

9.3 建立项目 PCB 封装库

Protel DXP 的 Library 目录提供了较为齐全的 PCB 封装库，使用中应避免直接对系统自带元器件封装库中的元器件封装做编辑、修改。如果我们需要对其中某个元器件封装参数做微调，应该建立新的元器件 PCB 封装库并在此 PCB 封装库中修改、编辑具体元器件封装的基本参数。另外，如果要将我们的设计工作远传，一般不会将本地的设计环境一并发出或要求对方有相同的设计环境，而是将设计中用到的元器件及其封装打包成项目元器件库和项目 PCB 封装库，连同其他设计文件一起，作为项目的一部分一并远传。

9.3.1 生成项目 PCB 封装库

打开设计项目内的 PCB 文件，执行菜单命令"Design→Make PCB Library"，系统将生成与项目同名的封装库文件，保存于项目文件夹内，扩展名为"PcbLib"，同时打开 PCB 库文件编辑器界面，并加载 PCB Library 工作面板，如图 9-22 所示。

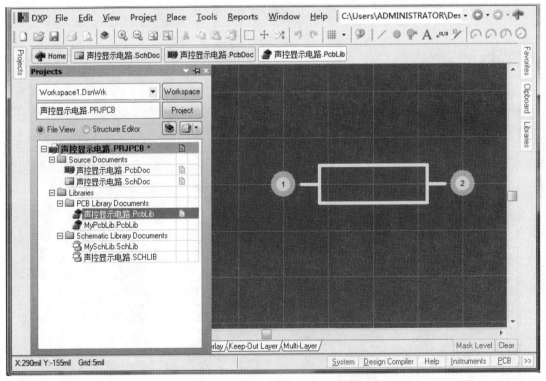

图 9-22 生成项目 PCB 封装库

点击 PCB Library 工作面板，可以看到项目包含的 PCB 文件中用到的所有封装都包含在新生成的 PCB 库文件中。

9.3.2 在项目PCB封装库中添加新封装

在PCB Library工作面板的"Components"区域点击鼠标右键,在右键菜单中选择"New Blank Components"或者"Component wizard"可以手动创建封装或者利用生成向导创建新封装,如图9-23所示。其步骤与前节相同,这里不再赘述。

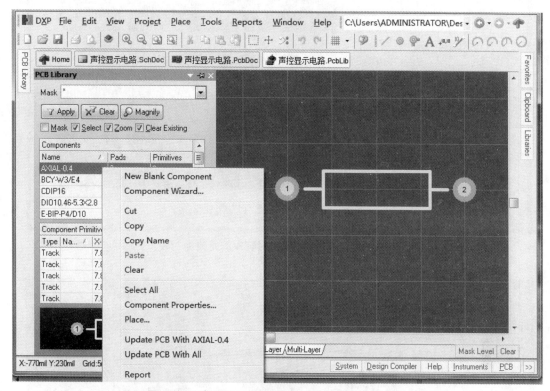

图 9-23 在PCB Library工作面板点击右键操作

9.3.3 修改项目PCB封装库中的封装

某些特殊情况下,需要修改PCB设计中的元器件封装。例如,对于高频电路板,为减少电磁干扰,我们需要改变三极管的焊盘分布,可进行如下操作:

选中封装库中三极管对应的封装BCY-W3/E4,在封装编辑界面上将2号焊盘由(0,0)点拖拽至(-50,0)点,如图9-24所示。

元器件封装修改后,用户可以对PCB进行更新操作。执行菜单命令"Tools →Up PCB With Current Footprint"即可完成该操作。我们可以比较PCB文件中封装BCY-W3/E4的变化,见图9-25和图9-26。

特别说明:应避免直接对系统自带元器件封装库中的元器件封装做编辑、修改,进行上述修改应当在项目PCB封装库中进行。

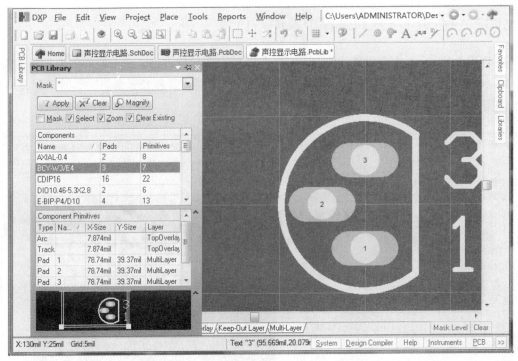

图 9-24 修改项目 PCB 封装库的元器件封装

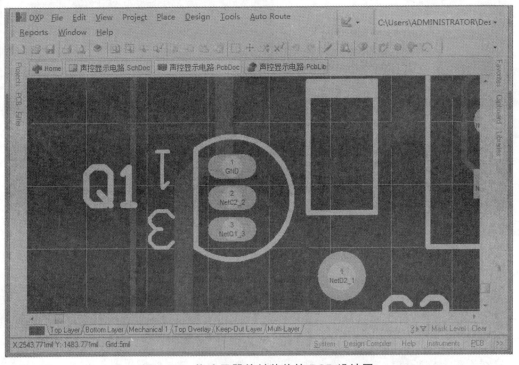

图 9-25 修改元器件封装前的 PCB 设计图

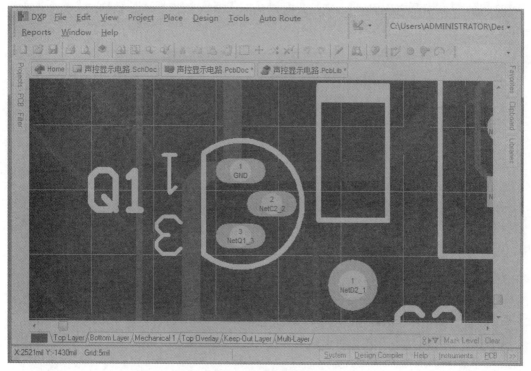

图 9-26 修改 PCB 封装后的 PCB 设计图

实训操作

1. 使用手动绘制和利用制作向导绘制两种方法来制作图 9-27 和 9-28 所示的元器件封装，并将以上新建封装以"我的封装库.PcbLib"命名，保存于第 4 章"实训操作 1"建立的文件夹中。

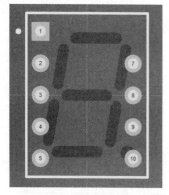

图 9-27　LEDDIP-9（10）/10RHD

图 9-28　LEDDIP-11（15）CDM

2. 在本书案例下新建 PCB 封装库，命名为"MyPcbLib.PcbLib"并保存在 D 盘下的"声控显示电路"文件夹中。在该元器件库中绘制元器件 CD40110 的封装 CDIP16，并命名为

279

"CDIP16S"（其规格同 CDIP16）。该封装如图 9-29 所示。制作好该封装后，试着与第 4 章绘制的元器件 CD40110 关联起来。

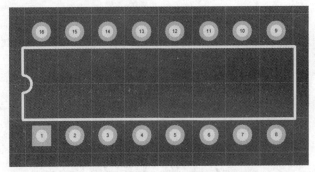

图 9-29　CDIP-16S

3. 针对第 8 章 "实训操作 1" 和 "实训操作 2" 生成的 PCB 设计成果，各自生成其项目 PCB 封装库。

4. 仿照 9.3 节的步骤，尝试修改第 8 章 "实训操作 1" 中三极管的封装参数，并更新 PCB 文件数据。

5. 小组讨论：为什么要避免直接对系统自带元器件封装库中的元器件封装做编辑、修改，而应在在项目 PCB 封装库中进行？

第 10 章

PCB 设计后处理

在完成 PCB 的布线工作后，常常还要进行一些后续处理，包括敷铜、补泪滴、生成各种报表和输出文件等。这些处理对于增强 PCB 的抗干扰能力，提高产品的成品率，增强文件的可读性等有很重要的作用。

本章学习重点：

（1）补泪滴。

（2）放置敷铜。

（3）设计规则检查（DRC）。

（4）PCB 信息报表。

（5）PCB 元器件报表。

（6）PCB 网络状态报表。

（7）输出 Gerber 文件。

（8）文件的打印输出。

10.1 补泪滴

为了在加工和焊接时分散应力,在窄导线进入焊盘或过孔时逐步加大导线宽度,让焊盘更加坚固,防止机械制板时焊盘(或过孔)与导线之间的连接断裂,通常的做法是在焊盘(或过孔)与导线的连接处用铜膜布置一个过渡区域,使导线宽度慢慢变大。由于其形状像泪滴,故称该操作为补泪滴。

(1)执行"Tools→Teardrops"菜单命令,打开泪滴设置对话框,如图 10-1 所示。

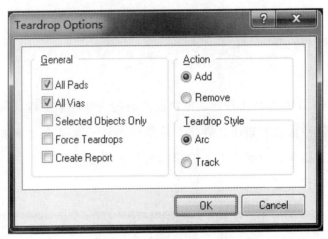

图 10-1 滴泪设置对话框

① General 选项区域中,各参数意义为:
- All Pads:是否对所有焊盘都进行补泪滴操作,默认有效。
- All Vias:是否对所有过孔都进行补泪滴操作,默认有效。
- Selected Objects Only:只对选中的元器件进行补泪滴操作。
- Force Teardrops:是否强制性地补泪滴。
- Create Report:补滴泪操作结束后是否产生补泪滴的报告文件。

② Action 选项区域中两个参数含义为:
- Add:添加补泪滴操作,默认有效。
- Remove:删除补泪滴操作。

③ Teardrops Style 选项区域中两个参数含义为:
- Arc:选择圆弧形泪滴,默认有效。
- Track:选择导线形泪滴。

(2)假设全部采用默认设置,单击"OK"按钮即可进行补泪滴操作。本案例补泪滴后的部分电路的效果如图 10-2 所示(为了观测滴泪效果,仅截取部分 PCB 图)。

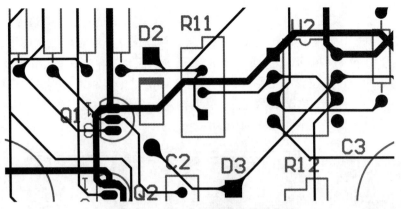

图 10-2　PCB 上补泪滴后的效果图

10.2　放置敷铜

通常在 PCB 设计中，为了使电路板具有屏蔽能力并增强其去耦能力，需将电路板上没有布线的空白区间进行大面积敷铜。一般将所铺的铜膜网络设置为电源地网络，以提高电路板的抗干扰能力。

下面以本案例为例，为 PCB 的顶层和底层放置电源地网络敷铜。具体操作步骤如下：

（1）单击 PCB 工作界面下的工作层标签"Top Layer"，将当前工作层面设定为顶层。

（2）单击 PCB 布线工具栏上的放置敷铜按钮" "，或者执行"Place→Polygon Pour"菜单命令，将打开敷铜属性设置对话框，如图 10-3 所示。这里均采用默认参数，并将"Connect to Net"设置为"GND"，同时勾选"Remove Dead Copper"复选框（即"移除孤立的铜箔"）。

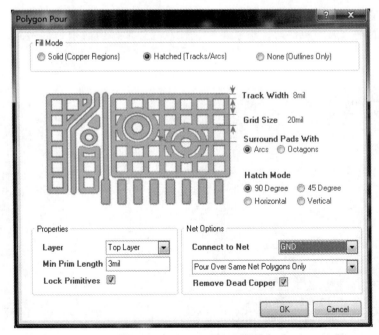

图 10-3　敷铜设置对话框

(3)单击"OK"按钮,光标变成"十"字形。在电路板左上角距离边缘 20～50 mil 的位置单击左键,确定矩形敷铜的第一个顶点;向右移动鼠标,在矩形敷铜的第二个顶点位置单击左键;继续向下移动鼠标,在矩形敷铜的第三个顶点位置单击左键;接着向左移动鼠标,在矩形敷铜的第四个顶点位置单击左键;最后向上移动鼠标,回到第一个顶点位置,待光标和第一个顶点完全重合时,单击鼠标左键,从而构建一个封闭的矩形敷铜区域。绘制结束后,系统将自动在顶层放置好敷铜,效果如图 10-4 所示。

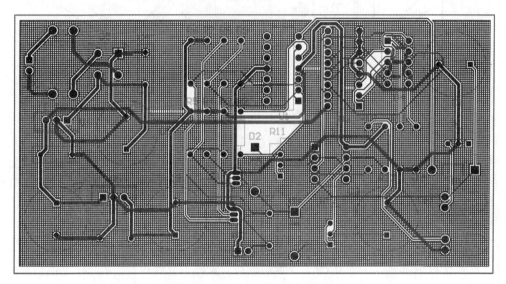

图 10-4　顶层放置敷铜后的效果

(4)将当前工作层面切换为底层,重复步骤(1)～(3)的操作,为底层也铺设敷铜网络(电源地网络),效果如图 10-5 所示。

需要注意的是,放置敷铜时,形状可以是任意多边形,但必须是封闭的,否则无法放置敷铜。

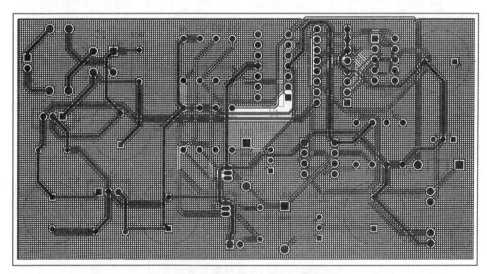

图 10-5　底层放置敷铜后的效果图

10.3 设计规则检查

PCB 布线完毕后,建议用户进行设计规则检查(Design Rule Check,DRC),确保 PCB 完全符合用户的设计要求。一般来说,简单的电路布线不易出错,但复杂的 PCB 布线非常容易出错,此时进行设计规则检查显得尤为重要。

(1)执行"Tools→Design Rule Check"菜单命令,打开设计规则检查设置对话框,如图 10-6 所示。其内容主要包括"Report Options"和"Rule To Check"两项。

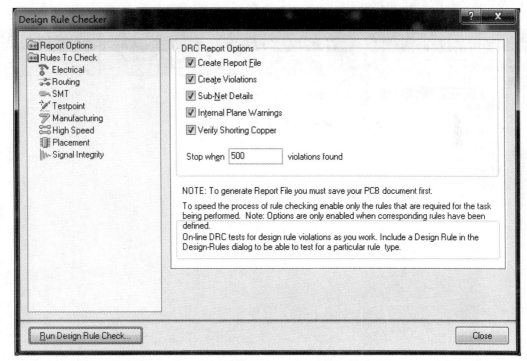

图 10-6 设计规则检查的"Report Options"选项

① "Report Options"选项。

图 10-6 所示就是"Report Options"选项卡,当用户执行设计规则检查后,将以报表的形式生成检查结果。是否生产报告以及设计规则检查的内容可以在该选项卡进行设置。在选项卡的右侧"DRC Report Options"区域中,共有 5 个复选框,它们作用分别为:

- Create Report File:是否生成设计规则检查报告文件。
- Create Violations:是否显示设计规则违反信息。
- Sub-Net Details:是否检查 PCB 板中的子网络。
- Internal Plane Warnings:是否给出内容警告信息。
- Verify Shorting Copper:是否标明短路的铜膜。

下方的违反规则次数输入栏则用来设置设计规则检查时违反设计规则的具体次数。如果设计规则检查时违反设计规则的次数达到了输入值，那么系统将停止设计规则检查，否则将会继续进行设计规则检查。

② "Rules To Check" 选项。

"Rules To Check" 选项的主要作用是设置是否采用在线方法（Online）进行设计规则检查，或者在设置设计规则检查时一并（Batch）进行检查。在该选项的对话框中，左侧的区域列出了要进行检查的设计规则名称以及它所属的规则种类，右侧的区域则用来设置是进行"Online"检查还是"Batch"检查。例如，点击左侧的"Electrical"规则，则右侧显示了相应的检查方式，如图10-7所示。

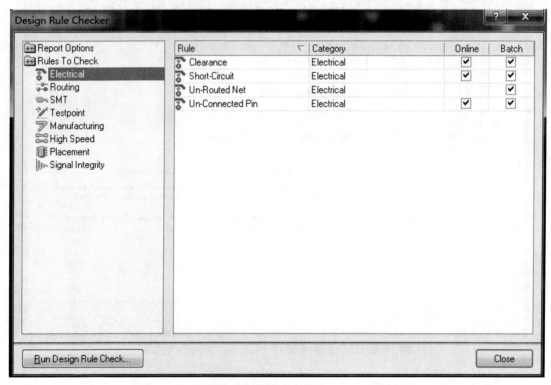

图 10-7　设计规则检查的"Rules To Check"选项

（2）以本案例为例，所有参数设置完毕后，单击"Run Design Rule Check"按钮，开始对当前设计的PCB板进行设计规则检查。设计规则检查结束后，系统会自动生成一个"声控显示电路.DRC"的检查报告文件。报告文件将会给出所进行的所有设计规则的检查情况，如图10-8所示。

从报告中可以看出，该报告文件包括电源线宽检测、一般线宽检测、过孔内径检测、安全间距检测、断路检测和短路检测等项目的检查结果。如果报告中有违反设计规则的信息出现，那么当设计人员将窗口切换到PCB界面时，可以发现PCB板上违反设计规则的连线将以高亮显示，这样用户可以很快找到违反设计规则的地方，从而对其进行修改。

图 10-8　DRC 检查报告

10.4　生成 PCB 报表

设计完 PCB 后，通过生成的各种报表，用户可以直观地掌握电路板的各种信息。PCB 报表主要包括 PCB 信息报表、元器件报表、网络状态报表等。

在 PCB 编辑器中，点击"Reports"菜单可以看到各种报表的生成命令子菜单，如图 10-9 所示。执行相关的命令可生成各种 PCB 所需报表文件。下面以本案例为例，对各种报表的生成作说明。

图 10-9　Reports 子菜单

10.4.1 PCB 信息报表

PCB 信息报表的主要功能是为用户提供一个完整的电路板信息，包括电路板尺寸、电路板上的焊盘和过孔的数量，以及电路板的元器件封装序号等。

执行"Reports→Board Information"菜单命令，将打开 PCB 信息对话框，如图 10-10 所示。该对话框共有三个标签页，分别为：

1) **General** 标签页

该标签页主要用于显示电路板的一般信息，例如电路板边框的大小、电路板中各种对象的数量以及其他一些相关信息。本案例中，共有 133 个焊盘、0 个过孔、23 个字符串。

2) **Components** 标签页

该标签页显示了当前电路板中使用的元器件封装相关信息，包括元器件封装序号、元器件封装所在的板层、元器件封装的总数量以及在各个工作层中的数量。本案例中，元器件封装的相关信息如图 10-11 所示。

图 10-10 PCB 信息对话框 General 标签页

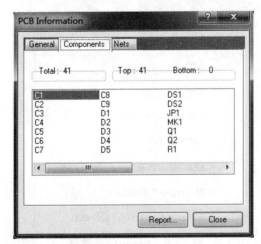

图 10-11 PCB 信息对话框 Components 标签页

3）Nets 标签页

该标签页列出了当前电路板上网络的统计信息，包括电路板中网络的总数量和网络名称。本案例中，网络总数为 35 个，具体的网络名称如图 10-12 所示。单击下方"Pwr/Gnd"按钮，将打开内层信息对话框。本案例中由于是双面板，打开的内层信息对话框均为空白。

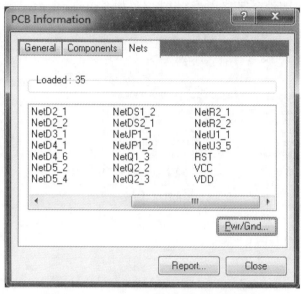

图 10-12　PCB 信息对话框 Nets 标签页

浏览完上述各个标签页的信息后，用户可以单击 PCB 信息对话框下方的"Report"按钮生成 PCB 信息报表。单击该按钮后，将打开 PCB 信息报表设置对话框，如图 10-13 所示。

图 10-13　PCB 信息报表设置对话框

在该对话框中，用户可以对 PCB 信息报表包含的内容进行设置。若报告中需要包含某项内容，只需勾选该选项即可。如果想要显示所有的内容，单击下方的"All On"按钮即可；如果不想显示任何内容，只需单击"All Off"按钮。设置完成后，单击对话框下方的"Report"按钮，系统会自动生成一个名为"声控显示电路.REP"的文件，该文件包含了用户需要显示的所有信息。本案例中假设全部选中，该报告文件如图 10-14 所示。

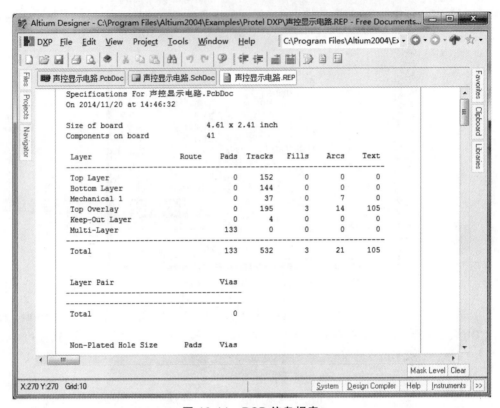

图 10-14　PCB 信息报表

10.4.2　元器件报表

元器件报表主要用来为用户提供一份完整的元器件材料清单，这些清单包括元器件的流水号、封装信息和库文件名称等内容。在实际应用中，用户经常将该报表作为元器件的采购清单，同时也可利用此报表检查 PCB 中的元器件封装信息是否有误。

执行"Reports→Bill of Materials"菜单命令，将打开元器件报表设置对话框，如图 10-15 所示。

在该对话框的右边区域显示了当前 PCB 中元器件清单的项目和内容，左边区域用于设置要在右边区域显示的项目。另外，在该对话框中还可以设置文件输出的格式或模板等内容。设置完成后，单击"Report"按钮，将生成 BOM（Bill of Materials）格式的元器件报表打印预览对话框，如图 10-16 所示。

点击"Print"按钮可打印元器件清单，也可点击"Export"按钮导出其他文件格式的报告，例如 Microsoft Excel 格式。

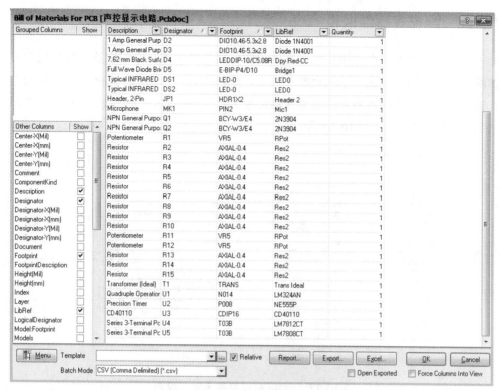

图 10-15 元器件报表设置对话框

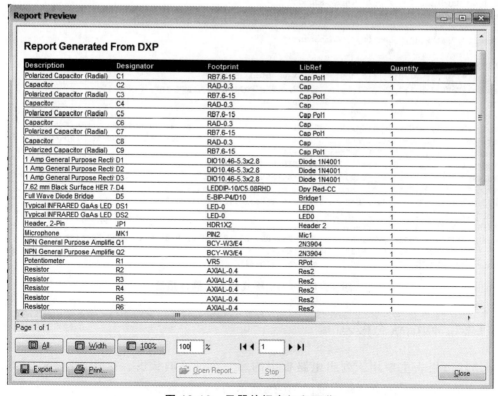

图 10-16 元器件报表打印预览

291

10.4.3 简易元器件报表

上一节所介绍的方法中，用户可以对生成的元器件报表进行详细设置。如果用户不需要进行详细设置，仅需要生成简单的元器件报表，可以执行"Reports→Simple of BOM"菜单命令，系统将自动生成两种格式的简易元器件报表："声控显示电路.BOM"和"声控显示电路.CSV"，分别如图10-17和10-18所示。

```
Bill of Material for 声控显示电路.PcbDoc
On 2014/11/20 at 15:03:50

Comment            Pattern            Quantity  Components
--------------------------------------------------------------------------------
2N3904             BCY-W3/E4          2         Q1, Q2                    NPN General Purpose Amplifier
Bridge1            E-BIP-P4/D10       1         D5                        Full Wave Diode Bridge
Cap Pol1           RB7.6-15           5         C1, C3, C5, C7, C9        Polarized Capacitor (Radial)
Cap                RAD-0.3            4         C2, C4, C6, C8            Capacitor
CD40110            CDIP16             1         U3                        CD40110
Diode 1N4001       DIO10.46-5.3x2.8   3         D1, D2, D3                1 Amp General Purpose Rectifier
Dpy Red-CC         LEDDIP-10/C5.08RHD 1         D4                        7.62 mm Black Surface HER 7-Segment Display: CC, RH DP
Header 2           HDR1X2             1         JP1                       Header, 2-Pin
LED0               LED-0              2         DS1, DS2                  Typical INFRARED GaAs LED
LM324AN            N014               1         U1                        Quadruple Operational Amplifier
LM7808CT           T03B               1         U5                        Series 3-Terminal Positive Regulator
LM7812CT           T03B               1         U4                        Series 3-Terminal Positive Regulator
Mic1               PIN2               1         MK1                       Microphone
NE555P             P008               1         U2                        Precision Timer
Res2               AXIAL-0.4          12        R2, R3, R4, R5, R6, R7, R8  Resistor
                                                R9, R10, R13, R14, R15
RPot               VR5                3         R1, R11, R12              Potentiometer
Trans Ideal        TRANS              1         T1                        Transformer (Ideal)
```

图 10-17　BOM 格式简易元器件报表

```
"Bill of Material for 声控显示电路.PcbDoc"
"On 2014/11/20 at 15:03:50"

"Comment","Pattern","Quantity","Components"

"2N3904","BCY-W3/E4","2","Q1, Q2","NPN General Purpose Amplifier"
"Bridge1","E-BIP-P4/D10","1","D5","Full Wave Diode Bridge"
"Cap Pol1","RB7.6-15","5","C1, C3, C5, C7, C9","Polarized Capacitor (Radial)"
"Cap","RAD-0.3","4","C2, C4, C6, C8","Capacitor"
"CD40110","CDIP16","1","U3","CD40110"
"Diode 1N4001","DIO10.46-5.3x2.8","3","D1, D2, D3","1 Amp General Purpose Rectifier"
"Dpy Red-CC","LEDDIP-10/C5.08RHD","1","D4","7.62 mm Black Surface HER 7-Segment Display: CC, RH DP"
"Header 2","HDR1X2","1","JP1","Header, 2-Pin"
"LED0","LED-0","2","DS1, DS2","Typical INFRARED GaAs LED"
"LM324AN","N014","1","U1","Quadruple Operational Amplifier"
"LM7808CT","T03B","1","U5","Series 3-Terminal Positive Regulator"
"LM7812CT","T03B","1","U4","Series 3-Terminal Positive Regulator"
"Mic1","PIN2","1","MK1","Microphone"
"NE555P","P008","1","U2","Precision Timer"
"Res2","AXIAL-0.4","12","R2, R3, R4, R5, R6, R7, R8, R9, R10, R13, R14, R15","Resistor"
"RPot","VR5","3","R1, R11, R12","Potentiometer"
"Trans Ideal","TRANS","1","T1","Transformer (Ideal)"
```

图 10-18　CSV 格式简易元器件报表

10.4.4 网络状态报表

网络状态报表主要用于列出电路板中的每一个网络的长度。执行"Reports→Netlist Status"菜单命令，系统将自动生成图10-19所示的网络状态报表。

```
Nets report For
On 2014/11/20 at 15:28:03

A       Signal Layers Only   Length:1265 mils

B       Signal Layers Only   Length:1470 mils

C       Signal Layers Only   Length:1876 mils

CLK     Signal Layers Only   Length:1879 mils

D       Signal Layers Only   Length:727 mils

E       Signal Layers Only   Length:729 mils

F       Signal Layers Only   Length:498 mils

G       Signal Layers Only   Length:449 mils

GND     Signal Layers Only   Length:13051 mils

NetC2_1    Signal Layers Only   Length:2009 mils

NetC2_2    Signal Layers Only   Length:958 mils

NetC3_1    Signal Layers Only   Length:1917 mils

NetC4_2    Signal Layers Only   Length:1716 mils
```

图 10-19　网络状态报表（部分内容）

10.5　输出 Gerber 文件

如果用户在设计时将元器件的参数都定义在 PCB 文件中，而又不想让这些参数显示在 PCB 成品上，且在送去制板时，用户又未做说明，则制板厂可能会将这些参数都保留在 PCB 成品上。若用户自己将 PCB 文件转换成 Gerber 文件，就可以避免此类事情发生。

Gerber 文件是一种国际标准的光绘格式文件，它包含 RS-274-D 和 RS-274-X 两种格式。其中，RS-274-D 称为基本 Gerber 格式，并要同时附带 D 码文件才能完整描述一张图形；RS-274-X 称为扩展 Gerber 格式，它本身包含有 D 码信息。

执行"Files→Fabrication Outputs→Gerber Files"菜单命令，将弹出光绘文件设置对话框，如图 10-20 所示。它的几个主要标签页如下：

1）General 标签页

该标签页主要用来设置输出 Gerber 文件的单位（Units）和格式（Format）。单位可以是公制（Millimeters）或英制（Inches）。在格式（Format）栏可以设置相关数据的精度，为 PCB 指定加工对象放置的精度。2∶3 表示 1 mil 的分辨率，2∶4 表示 0.1 mil 的分辨率，2∶5 表示

0.01 mil 的分辨率。默认单位为英寸（默认设置）、格式为 2∶3。一般来说，精度要和制板工厂事先协商确定，通常只有在输出对象需要控制在 1 mil 的网格内时，才选用 2∶4 或 2∶5 的格式。

2）Layers 标签页

该标签页主要用来选择要输出 Gerber 文件的层定义，也可以指定任何需要产生镜像的层定义。同时，还可以指定哪些机械层需要被添加到所有的 Gerber 图中。例如，本案例的双层板，可以选择图 10-21 所示导出层。在该对话框左边列表栏中可以选择设定需要绘制及产生镜象的层，在右边列表中可以设定机械层是否添加到所有 Gerber 图中。"Include unconnected mid-layer pads"复选框表示不与中间信号层上孤立的焊盘连接在一起。该项功能仅限于包含了中间信号层的 PCB 输出 Gerber 文件时使用。

3）Drill Drawing 标签页

该标签页主要用于对绘制钻孔进行设置，如图 10-22 所示。用户可以指定哪一对信号层进行钻孔绘制，还可以设置钻孔绘制符号的类型和大小。

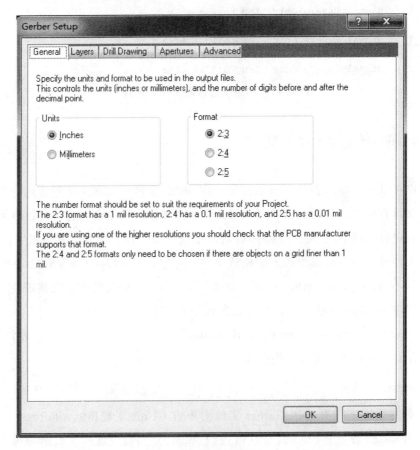

图 10-20　光绘文件设置对话框 General 标签页

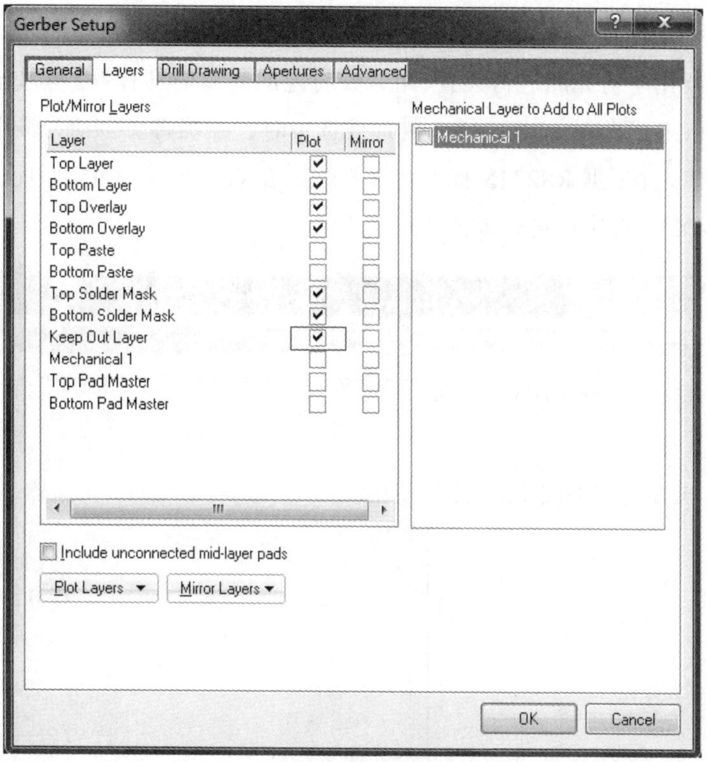

图 10-21 光绘文件设置对话框 Layers 标签页

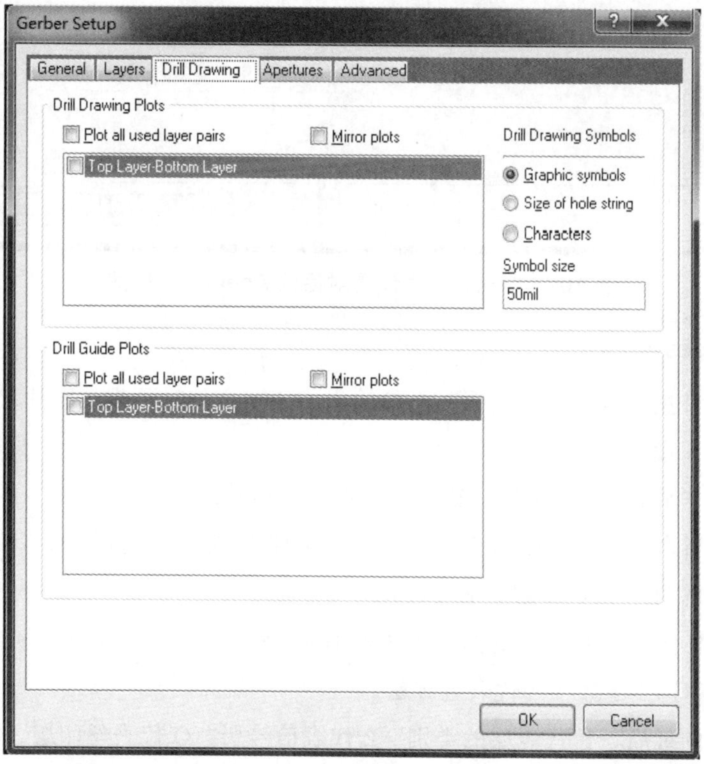

图 10-22 光绘文件设置对话框 Drill Drawing 标签页

4）Apertures 标签页

该标签页主要用于对光圈进行设置，可以使特定的光圈信息有效。当"Embedded apertures（RS274X）"，即嵌入式光圈（RS274X）复选框选中时，系统将会自动为输出的 Gerber 文件产生一个光圈列表，并根据 RS274X 标准将光圈嵌入在 Gerber 文件中。因此，保持"Embedded apertures（RS274X）"选中即可，如图 10-23 所示。

图 10-23　光绘文件设置对话框 Apertures 标签页

5）Advances 标签页

该标签页允许用户进行高级设置，例如输出 Geber 文件时可视的胶片尺寸、光圈匹配公差及零抑止等，如图 10-24 所示。

参数设置完毕后，单击"OK"按钮，即可生产 Gerber 文件。

Protel DXP 所产生的 Gerber 文件各层的扩展名都是统一的，主要有：

（1）扩展名的第一位 G 一般代表 Gerber。

（2）扩展名的第二位代表层的面，B 代表 Bottom 面，T 代表 Top（面），"G + 数字"代表中间线路层，"G + P + 数字"代表电源层。

（3）扩展名的最后一位代表层的类别。L 代表信号层，O 代表丝印层，S 代表阻焊层，P 代表锡膏层，M 代表外框、基准孔、机械孔等。

图 10-24 光绘文件设置对话框 Advances 标签页

Gerber 文件中，具体各层和对应的扩展名如表 10-1 所示。

表 10-1 Gerber 文件扩展名和层的对应关系

扩展名	对应的层
GTL	顶层信号层
GBL	底层信号层
G1，G2，……，G30	中间信号层 1，2，……，30
GP1，GP2，……，GP16	内电层 1，2，……，16
GTO	顶层丝印层
GBO	底层丝印层
GTP	顶层锡膏层
GBP	底层锡膏层
GTS	顶层阻焊层
GBS	底层阻焊层
GKO	禁止布线层
GM1，GM2，……，GM16	机械层 1，2，……，16
GPT	顶层阻焊层

续表

扩展名	对应的层
GPB	底层阻焊层
GD1，GD2，……	钻孔图层
GG1，GG2，……	钻孔引导层
APR	当设置为嵌入式光圈（RS274X）时的光圈定义文件
APT	当未设置为嵌入式光圈（RS274X）时的光圈定义文件

本例中，经过上述设置后，生产的 Gerber 文件列表如图 10-25 所示。

图 10-25　本例生成的 Gerber 文件

10.6　文件的打印输出

用户在输出 PCB 时，有时不仅要输出 Gerber 文件，还需要打印 PCB 文件。Protel DXP 提供了丰富的 PCB 打印功能，用户可以进行打印预览、打印方法设置、比例设置等操作。

（1）执行"Files→Page Setup"菜单命令，打开 PCB 文件打印设置对话框，如图 10-26 所示。

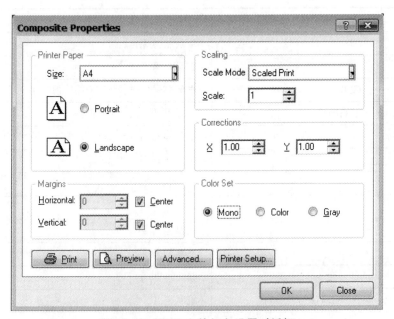

图 10-26　PCB 文件打印设置对话框

该对话框中，"Printer Paper"区域主要用于对纸型和纸张进行设置。"Margins"区域主要用于对图纸离纸张边界的距离进行设置。"Scaling"区域主要用于对 PCB 文件的打印比例进行设置："Fit Document On Page"选项指按纸张大小来打印图纸；"Scaled Print"则是按比例来打印。如果要打印与 PCB 文件 1∶1 大小的图纸，这里选择"Scaled Print"，并将比例（Scale）修改为 1。"Corrections"是指对尺度比例进行修正，X 轴和 Y 轴比例均设置为 1。"Color Set"是指打印的颜色，普通打印方式下设置为"Mono"，即黑白色。设置完毕后，单击"OK"按钮可关闭该对话框。

（2）单击图 10-26 中的"Advanced"按钮，打开设置打印层面对话框，如图 10-27 所示，默认为复合打印模式（Multilayer Composite Print），即同时打印出需要的所有层面。在该对话框中，可以设置打印时是否需要打印顶层或底层的元器件、是否需要打印过孔、是否需要镜像打印等。

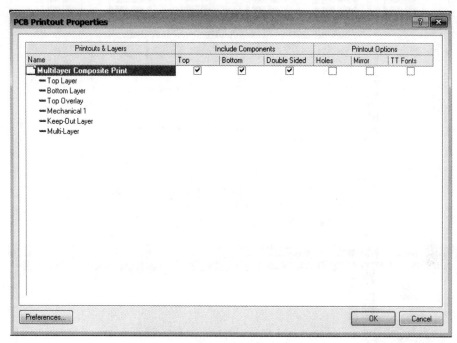

图 10-27　复合打印层方式设置对话框

例如，本案例中共有 6 个层面，用鼠标双击任何一个需打印的层面，将打开该层需要打印的对象设置对话框。例如双击顶层，弹出的对话框如图 10-28 所示。用户可以对顶层需要打印的各个对象进行设置，分别有三种形式："Final"指完整打印该对象，"Draft"指打印该对象的简化线条，"Hide"指隐藏该对象。设置完毕，单击"OK"按钮关闭对话框。

（3）设置完毕后，执行"Files→Print Preview"菜单命令，或在图 10-26 所示的对话框中点击"Preview"按钮，将打开打印预览对话框，如图 10-29 所示。

（4）最后单击图 10-26 所示对话框中的"Print"按钮，打印图纸。

很多情况下，用户可能需要打印某一个层面上的对象，此时可以利用 Protel DXP 提供的其他组合打印方式来打印。具体操作为：

（1）在图 10-27 所示的对话框中任何一个工作层面上单击鼠标右键，打开打印方式选择子菜单,如图 10-30 所示。

例如,选择"建立分层打印方式"菜单命令后,图 10-27 所示的对话框将变为图 10-31 所示的分层打印方式设置对话框。

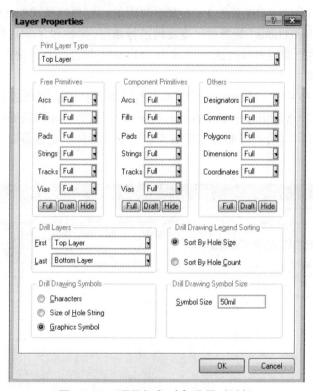

图 10-28 顶层打印对象设置对话框

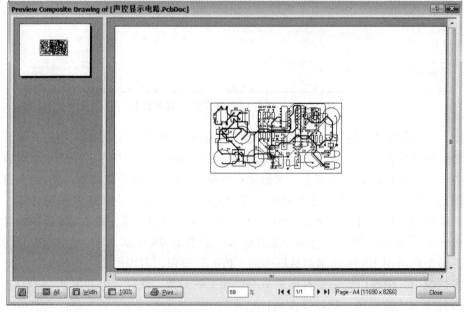

图 10-29 打印预览对话框

Create Final	建立分层打印方式
Create Composite	建立复合打印方式
Create Power-Plane Set	建立电源平面打印方式
Create Mask Set	建立阻焊层、锡膏层打印方式
Create Drill Drawings	建立钻孔图打印方式
Create Assembly Drawings	建立安装图打印方式
Create Composite Drill Guide	建立复合钻孔图向导式打印方式
Insert Printout	插入打印输出
Insert Layer	插入层
Delete	删除
Properties...	属性设置
Preferences...	优先设置

图 10-30　打印方式选择子菜单

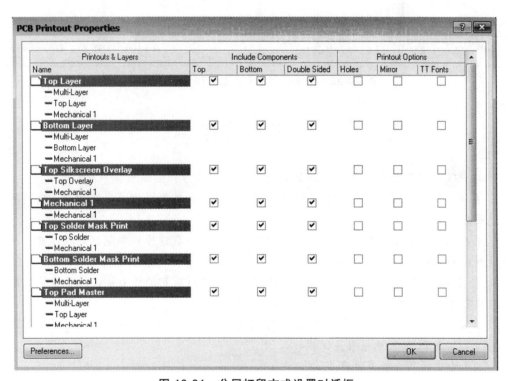

图 10-31　分层打印方式设置对话框

（2）此时用户再执行"Files→Print Preview"菜单命令可以看到分层打印方式的预览效果，如图 10-32 所示。该打印方式按照不同的层面来打印图纸，该对话框的左边显示各个层面图纸的缩略图，右边显示当前选择的层面（图中显示的为顶层）。通过点击左边的缩略图可以在右边预览区域看到各层的打印效果图。

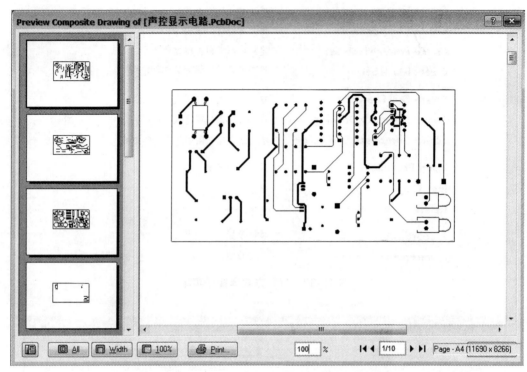

图 10-32 分层打印方式下的打印预览对话框

实训操作

1. 在第 8 章"实训操作 1"的 PCB 设计完成后,进行补泪滴操作并观察效果。

2. 在第 8 章"实训操作 2"的 PCB 设计完成后,进行敷铜操作并观察效果。敷铜网络为电源地网络 GND。

3. 在第 8 章"实训操作 3"的 PCB 设计完成后,进行敷铜操作并观察效果。敷铜网络为电源地网络 GND。

4. 在第 8 章"实训操作 4"的 PCB 设计完成后,进行敷铜操作(要求两个信号层均要敷铜)并观察效果。敷铜网络为电源地网络 GND。

5. 在第 8 章"实训操作 5"的 PCB 设计完成后,进行以下操作:

(1)生成 PCB 信息报表并保存。

(2)生成元器件报表并保存。

(3)生成简易元器件报表并保存。

(4)生成网络状态报表并保存。

(5)进行敷铜操作(要求两个信号层均要敷铜)并观察效果。敷铜网络为电源地网络 GND。

附录　Protel DXP 常用快捷键

在设计原理图和 PCB 时，有很多操作可以利用快捷键来完成，既避免了频繁使用鼠标左键带来的疲劳感，同时又可以极大地提高设计效率。附表列出了 Protel DXP 中一些常用的快捷键。

附表　Protel DXP 中常用的快捷键

快捷键	所代表的操作和意义
Page Up（PgUp）	以光标所在位置为中心放大
Page Down（PgDn）	以光标所在位置为中心缩小
Ctrl + 鼠标滚轮	以光标所在位置为中心放大/缩小
鼠标滚轮	上下移动视图画面
Shift + 鼠标滚轮	左右移动视图画面
X	选择元器件对象且处于悬浮状态时，左右翻转元器件
Y	选择元器件对象且处于悬浮状态时，上下翻转元器件
Space	选择元器件对象且处于悬浮状态时，逆时针旋转元器件 90°
Space	放置导线（总线或多边形线）时切换 90° 拐角模式
Shift + Space	放置导线（总线或多边形线）时切换走线模式
Tab	放置对象处于悬浮状态时，打开属性设置对话框
Esc	退出当前命令（相当于命令状态下单击鼠标右键退出）
Ctrl + Tab	在打开的各个设计文档之间切换（相当于鼠标单击文档标签）
Alt + Backspace	恢复前一次的操作
Ctrl + Backspace	取消前一次的回复
Home	将光标所在位置居中
End	刷新视图
←	光标左移一个电气栅格距离
→	光标右移一个电气栅格距离
Shift + ←	光标左移 10 个电气栅格距离
Shift + →	光标右移 10 个电气栅格距离
↑	光标上移一个电气栅格距离
↓	光标下移一个电气栅格距离
Shift + ↑	光标上移 10 个电气栅格距离

续表

快捷键	所代表的操作和意义
Shift + ↓	光标下移 10 个电气栅格距离
Ctrl + F4	关闭当前文档
Alt + F4	退出 Protel DXP 设计浏览器
V + D	显示整张原理图或 PCB 文档
V + F	显示原理图中的所有对象或整块 PCB
Ctrl + 鼠标拖动	原理图中拖动元器件时，与该元器件相连接的导线也发生移位
P	原理图或 PCB 中弹出对应的"Place"菜单
P + W	原理图中调用绘制导线命令
P + P	原理图中快速放置元器件命令
P + O	原理图中快速放置电源端口命令
P + T	PCB 中调用绘制导线命令
P + V	PCB 中调用放置过孔命令
L	PCB 中打开板层与颜色设置对话框
+（数字键盘）	PCB 布线时快速切换到下一层
-（数字键盘）	PCB 布线时快速切换到上一层
*（数字键盘）	PCB 布线时快速到下一布线层
Q	PCB 中显示单位在公制和英制之间切换

参考文献

[1] 陈学平. Protel 2004 快速上手[M]. 北京：人民邮电出版社，2005.

[2] 李小坚，赵山林，冯晓君，等. Protel DXP 电路设计与制版实用教程[M]. 2 版. 北京：人民邮电出版社，2009.

[3] 王冬，来羽，王会良. Protel DXP 2004 应用 100 例[M]. 北京：电子工业出版社，2011.

[4] 刘刚，彭荣群，范中奇. Protel DXP 2004 SP2 原理图与 PCB 设计实践[M]. 北京：电子工业出版社，2013.

[5] 许向荣，张涵，闫法义. 零点起飞学 Protel DXP 2004 原理与 PCB 设计[M]. 北京：清华大学出版社，2014.

[6] 谈世哲. Protel DXP 2004 电路设计基础与典型范例[M]. 北京：电子工业出版社，2007.

[7] 薛楠. Protel DXP 2004 原理图与 PCB 设计实用教程[M]. 北京：机械工业出版社，2012.

[8] 陈兆梅. Protel DXP 2004 SP2 印制电路板设计实用教程[M]. 2 版. 北京：机械工业出版社，2012.